수리학

HYDRAULICS

수리학

김민환, 정재성, 최재완 저

씨아이알

서 문

수리학을 공부하는 학생이나 수험생에게 이해하기 쉬운 교재가 필요하다는 것을 인지한 지가 오래 전이다. 수리학이라는 학문에 대한 부족함을 항상 느끼면서 우선 수리학을 공부하는 데 쉽게 학생들이 쉽게 이해할 수 있도록 여러 가지 좋은 문제를 만들고 좋은 문제를 인용한 수리학 연습 문제집을 엮어서 내놓은 적이 있다. 그러나 수리학의 기본원리를 이해시키고 전달시키는 문제만으로는 불충분하기 때문에 이해하기 쉬운 수리학 교재를 구성해보려고 시도하였다. 역시 쉬운 일이 아님을 깨닫고 덮으려고 하였다. 시작한 일이니 어떻게든 마무리를 지어야겠다는 욕심으로 부족한 책을 만들게 되었다.

책의 내용을 구성하면서 수리학에서 공부해야 할 단원을 최대한 줄이기 위해 수문학의 지하수, 수자원공학의 수공구조물 설계, 해안공학의 파동역학 부분 등을 생략하였다. 또한 학부과정에서 다루기 어려운 단원들을 제외시켰다. 수리학의 기초를 공부하는 데 도움이 되도록 내용을 쉽게 기술하려고 노력하였으며 예제를 통해 이해를 돕도록 하였다. 각 장의 말미에는 학습한 내용을 보강할 수 있도록 주관식 문제를 수록하였다. 또한 토목기사 시험에 응시하는 데 도움이 되도록 최근의 토목기사 기출제 문제를 그대로 인용하여 그 경향을 파악하도록 하였다.

수리학을 공부하는 데 쉽고 흥미롭게 재구성하거나 개정하려는 앞으로의 계획을 갖고 있으며 본 교재를 계속 수정하고 보완하려는 마음을 독자들에게 전달하면서 성공적인 수리학 공부를 기원해본다. 본 교재를 출판할 수 있도록 도와주신 도서출판 씨아이알의 김성배 사장님과 이 교재의 편집과 그림 제작에 도움을 준 직원 여러분에게 감사드립니다.

2014년 6월
저자 일동

목 차

서문 / 5

제1장   서론

1.1 수리학 ·· 13

1.2 수리학사(水理學史) ·· 13

1.3 단 위 ··· 18

1.4 물의 기본성질 ·· 21

　　1.4.1 물의 밀도, 단위중량, 비중 / 21

　　1.4.2 물의 점성 / 23

　　1.4.3 물의 표면장력과 모세관현상 / 25

　　1.4.4 물의 압축성과 탄성 / 26

연습문제 ·· 28

제2장   정수역학

2.1 정수압 ··· 35

2.2 정수역학의 기본식 ·· 40

2.3 압력의 전달과 수압기 ·· 42

2.4 압력 측정 ·· 44

2.5 수중의 평면과 곡면에 작용하는 정수압 ················ 48

　　2.5.1 평면에 작용하는 전수압과 작용점 / 48

　　2.5.2 곡면에 작용하는 전수압과 작용점 / 53

　　2.5.3 원형관에 작용하는 압력 / 56

2.6 부체의 안정 ·· 57

2.7 수면형의 계산 ··· 62

연습문제 ·· 67

제3장   동수역학

3.1 흐름과 그 분류 ··· 77

　　3.1.1 흐 름 / 77

　　3.1.2 흐름의 분류 / 79

3.2 1차원 흐름의 연속방정식과 운동방정식 ···································· 83
    3.2.1 연속방정식 / 83
    3.2.2 오일러 방정식 / 85
    3.2.3 베르누이 방정식 / 87
    3.2.4 베르누이 방정식의 응용 / 90
3.3 3차원 흐름의 연속방정식과 운동방정식 ···································· 94
    3.3.1 3차원 연속방정식 / 94
    3.3.2 3차원 오일러의 운동방정식 / 96
3.4 운동량방정식과 그 응용 ··· 98
3.5 에너지 보정계수와 운동량 보정계수 ·· 105
3.6 점성에 의한 마찰력과 에너지 손실 ··· 110
3.7 고체 경계면상의 유체 흐름 ··· 112
연습문제 ··· 114

제4장 관수로 흐름

4.1 관수로에서의 층류 흐름 ··· 125
4.2 관수로에서의 마찰손실과 그 계수 ··· 133
4.3 평균유속공식 ··· 140
4.4 미소손실수두 ··· 144
4.5 단순관 문제와 해석 ·· 148
4.6 펌프 또는 터빈이 포함된 관수로 ·· 161
4.7 사이폰(Siphon) ·· 164
4.8 분기관과 합류관의 계산 ··· 167
4.9 관망의 계산 ··· 172
연습문제 ··· 178

제5장 개수로 흐름

5.1 개수로 단면 ··· 188
5.2 흐름의 분류 ··· 192
    5.2.1 정류와 부정류 / 192
    5.2.2 등류와 부등류 / 193

5.3 흐름의 상태 ··· 195
    5.3.1 층류와 난류 / 195
    5.3.2 상류와 사류 / 196
5.4 개수로 흐름의 유속 ··· 196
5.5 등류와 평균유속 공식 ··· 198
5.6 복합단면 수로의 조도 ··· 202
5.7 등류의 계산 ·· 204
5.8 수리상 유리한 단면 ··· 209
    5.8.1 직사각형 수로 / 210
    5.8.2 사다리꼴 수로 / 211
5.9 수리특성곡선 ·· 213
5.10 개수로의 정상부등류 ··· 215
    5.10.1 비에너지 / 217
    5.10.2 비력과 도수현상 / 226
5.11 점변류의 기본방정식 ··· 231
    5.11.1 수면곡선식 / 231
    5.11.2 점변류의 수면형 / 234
    5.11.3 수면곡선의 분류 / 236
    5.11.4 수면곡선의 계산 / 241
연습문제 ·· 253

제6장 유체 흐름의 측정

6.1 유체의 성질 측정 ·· 263
    6.1.1 유체의 밀도 / 263
    6.1.2 유체의 점성 / 264
6.2 유속측정 ··· 269
6.3 압력측정 ··· 272
6.4 유량측정 ··· 272
    6.4.1 관수로의 유량측정 / 272
    6.4.2 개수로의 유량측정 / 276
연습문제 ·· 286

제7장 차원해석과 수리모형

7.1 차원해석 ·· 293

  7.1.1 Rayleigh 방법의 차원해석 / 294

  7.1.2 버킹검의 π(Pi) 정리 / 297

7.2 상사법칙 ·· 301

  7.2.1 기하학적 상사 / 302

  7.2.2 운동학적 상사 / 302

  7.2.3 동력학적 상사 / 303

  7.2.4 특별상사법칙 / 304

7.3 기타 상사법칙 ·· 307

연습문제 ·· 309

참고문헌 / 313

찾아보기 / 314

HYDRAULICS

제1장

서 론

서 론

1.1 수리학

역학(mechanics)이란 물체의 운동과 그 운동을 야기시킨 힘을 다루는 학문이다. 수리학 (hydraulics)은 역학의 한 분야로서 물의 흐름이나 거동을 다루는 학문이다. 물체는 2가지 상태, 즉 고체와 유체로 구분되며 유체는 액체와 기체로 구분된다. 주로 기계공학에서 다루는 유체역학은 일반적인 액체와 기체의 역학에 대해 연구한다. 수리학은 유체역학의 이론을 응용한 학문으로서 물의 물리적 성질과 물에 관한 역학적 원리에 대해 다루는 실제적인 학문이다. 토목공학에서는 물의 공급, 배수, 홍수조절 등에 대해 필요하고 적절한 물의 서비스를 제공하는 역할을 한다. 그러므로 인간의 역사와 동반된 오래된 학문이다.

수리학(水理學)은 토목공학이나 환경공학의 기초과목 중의 1과목이며 수리학을 기초로 하는 공학을 수공학(hydraulic engineering)이라 한다. 수리학을 기초로 하는 수공학 과목은 수자원공학, 하천공학, 지하수공학, 상하수도공학, 해안공학, 항만공학 등이다.

1.2 수리학사(水理學史)

수리현상을 이해하려는 인간의 욕구는 물의 공급, 관개, 주운, 수력으로서 매우 오래된 과학이다. 이집트인과 바빌로니아인들은 관개와 외부세력의 방어용(순천 낙안읍성, 일본의 구마모토성 주변, 그림 1.2.1)으로 운하를 건설하였다. 그 당시에는 흐름법칙을 이해하고 시도한 것은 아니었다. 수압과 흐름의 특성을 이론적으로 접근한 첫 번째 시도는 그리이스인들에 의해 시행되었다. 정수역학과 부력법칙이 아르키메데스(B.C. 287~212)에 의해 발표되었고, 피스톤 펌프와 물시계 장치가 Cetsibius와 Hero에 의해 설계되었다. 로마인은 수리학에서 이론을 정립하기보다는 실용적이고 건설적인 측면에 더 많은 관심을 기울였다. 로마의 인구가 증가하고 도시의 규모가 커짐에 따라 이에 상응하는 상수도를 건설하였다(그림 1.2.2). 로마인은 관의 길이와 수두 사이에 어떤 관계가 있다는 사실을 알고 있었지만 이에 대해 정량적 또는 정성적으로 그 특성을 파악하지 못하였다. 상수공급을 위한 수로는 대부분 지하수로이며 지상에는 육교나 고가형식의 수로로 되어 있다. 지하수로가 대부분인 이유로는 로마가 남쪽에 위치하고 있어 수온이 높은 편으로 물의 온도 상승방지, 물의 증발 방지를 고려한 것으로 그들의 지혜를 엿볼 수 있다.

로마제국 멸망 후(A.D.476)에 수리학(유체역학)의 발전은 거의 없었으나 레오나르도 다빈치(1452~1519)의 출현으로 수리학의 진전이 시작되었다. 그는 Milan 근처에 최초의 밀폐식 수로를 설계하여 건설함으로써 수리학의 새로운 기원을 선도하였다. 현재는 세련된 형태로 다듬어져 이용되고 있는 질량보존법칙(흐름의 연속성), 마찰저항과 표면파의 속도에 관한 개념들이 나타났다. 이탈리아 학교들이 이들의 업적 덕택으로 유명해졌다. 토리첼리 등은 물

[그림 1.2.1] 성의 외곽에 시공된 침입 방어 수로(앙코르왓트)

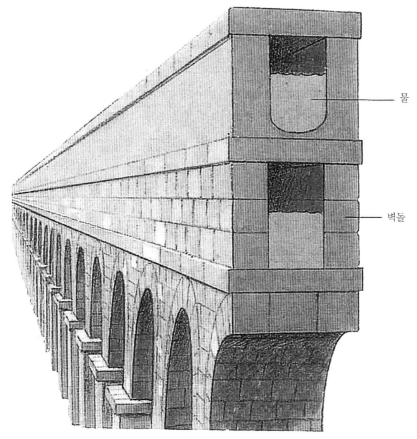

물

벽돌

[그림 1.2.2] 로마시대의 송수 시설(출처: 로마인 이야기)

분사의 거동을 고찰하였다. 그들은 자유 분사에 의해 추적되는 궤적을 포물선 이론과 비교하였고 또한 분사 속도는 흐름을 발생시키는 압력의 제곱근과 관련을 지었다.

Guglielmini 등은 하천 흐름에 대해 관찰한 결과를 발표하였다. 이탈리아인들은 최초의 경험주의자들이었다. 이 시점까지도 수학은 이런 부류의 과학에서 중요한 역할을 하지 못하고 있었다. 실로 그 당시의 수학은 주로 기하학의 원리에 한정되어 있었으나 막 변화하려고 하였다.

17세기에 몇 명의 우수한 과학자가 출현하였다. 데카르트, 파스칼, 뉴턴, 보일, 훅크와 라이프니츠 등이 현대의 수학과 물리학의 기초를 세워놓았다. 이것이 연구자들로 하여금 역학의 다양한 면들을 논리적인 모형으로 이해하도록 해주었다. 이를 토대로 4명의 위대한 과학자-베르누이, 오일러, 클레어아우트, D'Alembert-들이 동수역학의 학문적 체계를 발전시켰다. 그들은 완벽한 수학적 기틀에 그들이 나타내려고 하는 물리적 현상의 예리한 직관을 접목시켰다. 18세기에는 실험과 분석에 더욱 진전이 있었다. 예를 들면 이탈리아에서 플레니(Poleni)는 유량계수의 개념을 연구하였다. 그러나 그 당시에 그 방법을 이끈 사람은 프랑스와 독일의 연구자들이었다. Henri de Pitot는 유속을 측정하는 장치를 만들었고, Antoin Chezy(1718~98)는 하천의 흐름을 나타내는 합리식을 개발하였다. Borda, Bossut와 du Buat는 지식을 확장시키고 지식을 전수시키는 많은 역할을 하였다.

볼츠만과 벤츄리는 유량 측정의 법칙을 발전시키기 위한 기초로서 베르누이법칙을 이용하였다. 베르누이의 정리는 매우 유명하며 베르누이는 운동에너지와 위치에너지의 합은 일정하다고 주장하였는데, 압력수두에 대한 고려가 충분하지 않은 듯하였다. 18세기에 베르누이 정리와 함께 오일러의 운동방정식, Lagrange의 운동방정식 유도나 속도포텐셜, 흐름함수 도입 등에 의해 저항을 무시하는 이상유체역학의 기초가 확립되었다.

19세기는 더 큰 발전이 있었던 시기였다. 하겐(1797~1884)은 관수로 흐름에서 온도의 영향을 조사하기 위한 실험을 하였다. 유체 점성의 본질에 대한 그의 지식은 뉴턴의 이론에 국한되었으나 그의 작업이 굉장히 정교하여 그 결과가 현대의 측정결과에 의하면 그 차이가 1% 이내에 있다. 그는 유체의 운동을 눈에 보이게 하기 위하여 실험에서 유체에 톱밥을 주입하였다. 그는 아마 난류의 중요성을 완전히 터득하지는 못한 듯했지만 그것을 아는 것처럼 관찰한 최초의 사람이었다. 거의 동시에 프랑스 의사인 포아쥬도 역시 관수로의 흐름에 관하여 관찰(혈관에서 혈류를 이해하기 위한 시도에서)하고 있었는데, 그것이 관수로에서 층류에 대한 방정식을 개발하는 계기가 되었다. Weisbach, Bresse와 Herri Darcy는 관수로와 하천 흐름에서 마찰저항에 대한 방정식을 개발하는 데 기여하였다(이 문제를 해결하려고 노력한 최초의 시도들은 '경계층'의 존재를 초기에 인식한 징후와 일치한다). 19세기 후반에는 실험에 중요한 진전이 있었다.

선박의 모형실험을 위한 최초의 실용적인 풍동, 최초의 토잉 탱크와 최초로 감조하구를 모형화하려는 실질적인 시도(레이놀즈에 의해서)로 인해 이 모든 지식이 꽃피운 것이다. 이러한 기술들이 현재에도 사용되고 있다.

레이놀즈는 또한 흐름의 여러 종류를 정의하는 데에도 성공하였는데, 공동현상을 관찰하고 Darcy의 마찰법칙을 더욱 상세하게 설명한 것이 바로 그것이다.

이 단계까지도 유체의 흐름에 대한 연구가 '고전적인 동수역학'(이것은 실험적인 작업은 거의 없고 순수하게 수학적으로 접근함)과 '실험적인 수리학'으로 세분되었다. 이론과 실험 사이의 논쟁으로 인하여 두 학파가 탄생하였다. D'Alembert는 물체가 이상(비점성)유체 중을 운동할 때 운동에 대한 저항이 없지만 실제유체 중을 운동할 때는 안 그렇다고 주장하였다. 이 이론과 실험의 다른 점을 'D'Alembert의 역설(paradox)'이라고 하는데, 이는 이론의 한계를 보여주고 있다.

두 학파는 현재도 존재하고 있는데, 동수역학에 기여를 한 학자는 Euler, D'Alembert, Navier, Stokes, Coriolis, Lagrange, Saint-Venant, Stokes, Helmholtz, Kirchhoff, Rankine, Kelvin, Lamb 등이다. 동수역학 학자들은 수리방정식과 방법(구조적인 변환을 포함하는)을 어렵게 정리하며 발전시키는 데 공헌하였다. 이들의 연구는 실용화한 사람(수리기술자)과 간혹 일치하였고, 실제로 두 이론에 의해서 제시된 결과 사이에서 빈번히 큰 차이점이 나타나기도 하였다. 오리피스, 관수로, 개수로에서 일어나는 유동현상의 연구는 넓은 의미에서 실험 수리학이다. 이 분야의 연구를 한 학자는 Chezy, Bossut, Borda, du Buat, Coulomb, Venturi, de Prony, Eytolwein, Bidone, Belanger, Hagen, Poiseuille 등이다. 20세기 중엽에 Navier와 Manning, Francis 등에 의해 수집되어 공식들을 발표하기에 이르렀다. 실험값들을 이용하여 도표화하여 실험공식을 얻었지만 물리적 실험과 얻은 공식과의 관계는 분명하지 않다.

19세기와 20세기에 산업이 급속하게 성장함에 따라 흐름현상을 더 잘 이해하려는 요구가 나타나게 되었다. 실제적인 큰 성과는 프란틀의 연구에서 있었다. 그는 유체에 대한 이상유체와 실제유체 운동 사이의 관계를 설정하였고 유체역학의 기초를 제공하였다. 프란틀은 '흐름은 두 개의 서로 의존하는 부분으로 나뉘어진다. 즉, 비점성으로 취급되는 자유유체(즉 동수역학 법칙에 따르는)가 있는 한편, 고정경계에 천이층(천이층은 마찰력이 지배적인 유체 내의 얇은 층)이 있다(1901).'라고 제안하였다. 이러한 탁월한 식견으로 프란틀은 근본적으로 다른 두 개의 이론을 효과적으로 함께 융합하였고 유체역학이라는 합치된 과학이 발전하게 되는 토대를 세웠다.

계속하여 20세기에는 공학의 거의 모든 분야에서 유체역학의 이해와 응용면에서 괄목할 만한 발전이 있었다. 여기에서는 아주 수박 겉핥기식의 개괄만이 가능하다. 프란틀과 칼만은 경계층 이론과 난류의 여러층 면들을 포함한 논문들을 1920년대와 30년대에 연속적으로 발표하였다. 그들의 연구는 정교한 실험들에 의하여 보완되었다. 이러한 노력들은 공업 유체역학의 모든 면에 영향을 미쳤다. 1930년대에는 니쿠라제(독일), 무디(미국), 코리브룩(영국)과 다른 학자들의 노력으로 관수로의 흐름과 특히 관수로 마찰에 영향을 미치는 요인을 보다 명확하게 이해하게 되었다. 이것으로부터 관수로와 수로의 흐름을 평가하는 현대의 방법들이 직접적으로 개발되었다. 정류와 부정류, 그리고 유사이송에 대한 이론들이 꾸준히 발달되었다. 결과적으로 측정기술과 해석기구들의 발달로 인하여 현재 공학자들은 더욱 효과적이고 경제적으로 설계할 수 있게 되었다.

세계적으로 연구가 급속히 계속되고 있고 20세기 후반기에는 공학자들에게 진보, 변화, 그리고 도전이 있는 격동기가 될 것이라고 가정할 만한 모든 이유가 있다.

1.3 단 위

물리학 분야에서 많은 변수들을 볼 수 있다. 변수 간의 정성적 유사성, 또는 차이점을 강조하는 데 차원의 개념은 유용하다. 예를 들어, 모든 거리는 길이(L)의 차원을 갖는다고 할 수 있으며 모든 기간은 시간(T)의 차원을 갖는다. 물질의 양과 가속도에 대한 저항의 관계 개념은 질량(M)의 차원으로 주어지며, 밀고 당기는 것은 힘(F)의 차원을 갖는다.

관심의 대상으로 많은 변수가 있지만 몇 개의 1차적 차원은 차원계의 일관성과 유용성을 제공하기 위해 필요하다. 많은 변수는 차원의 조합으로 구성된다. 면적 A는 거리 제곱으로 계산된다. 즉, 면적의 차원은 $[L^2]$으로 표시된다. 속도 V는 거리를 시간으로 나눈 것이므로 속도는 $[LT^{-1}]$의 차원을 갖는다. 차원을 나타내기 위해 사각의 괄호[ ]를 사용한다. 예를 들어 면적 $A=[L^2]$의 표현을 'A의 차원을 L^2이다'라고 해석한다.

비교 가능한 양적인 측정을 위해서 각각의 기본적 차원에 의해 표준량과의 관계가 필요하다. 현재, 대부분의 국가들이 상업과 기술적인 분야에서 미국이 사용하는 국제단위계(SI단위계)를

[표 1.3.1] SI의 기본단위

구분		질량	길이	시간
절대단위계	SI	kg	m	s
	MKS	kg	m	s
	CGS	g	cm	s
공학단위계	중력단위	$kg_f \cdot s^2/m$	m	s

받아들여 사용하고 있다. SI단위계는 국제단위위원회에서 상세하게 정의된 단위계이다. SI단위계의 1차 또는 기본단위에 대하여 표 1.3.1에 수록하였다. 모든 변수의 단위는 이와 같이 기본단위의 항으로 표현될 수 있는데, 이는 차원의 동질성 원리를 통해서 가능하다. 즉, 물리적으로 의미가 있는 방정식의 각 항은 동일한 차원을 가져야 한다. 본질적으로 이 원칙은 다른 어느 것도 임의로 추가되면 안 된다.

단위계는 절대단위계와 공학단위계로 분류되며, 절대단위계에는 SI, MKS, CGS 단위가 있다. 이들을 표 1.3.1에 제시하였다. 우리나라에서는 국제단위계(SI, International System of Units)의 사용을 원칙으로 하고 있으나 아직도 공학단위계가 사용되고 있다. 본 교재에서는 국제단위계를 사용하지만 때때로 공학단위계를 혼용하여 사용할 것이다. SI 단위계에서 힘은 기본차원이 아님을 명심해야 한다. 반면, 힘은 뉴턴의 제 2운동법칙에 차원적 동질성의 원리를 적용함으로써 기본적 차원들의 조합으로 표시될 수 있다. 즉,

$$F = ma$$

여기서, F = 물체에 가해진 힘
m = 물체의 질량
a = 물체의 가속도

차원 동질성의 원리에 따르면,

$$F = ma = [MLT^{-2}] \tag{1.3.1}$$

이다. 그러므로 SI단위계에서 힘의 단위는 1kilogram·meter/second²이다. 힘은 통상적으로 양이기 때문에 기본단위의 조합을 뉴턴(N)으로 사용한다.

$$1N = 1kg\ m\ s^{-2}$$

물리 용어로 말하면, $1\ N$은 $1kg$의 질량을 $1m/s^2$의 율로 가속시키는 데 필요한 힘이다. 불행하게 지구중력에 의해 $1kg$의 질량을 나타낼 수 있는 힘이 아니다. $1kg_f$는 질량 $1kg$을 $9.8m/s^2$의 율로 가속시켰을 때 얻을 수 있는 힘을 말한다. 중력 g에 기인되는 이 가속도는 위도, 고도 및 지구 표면에서 질량 편차에 따라 약간 변한다. 하지만 다른 곳에서는 어떻게 사용되든 간에 이 책에서는 상수로 취급한다. 지구상에서 $1kg_f$는 $9.8\ N$의 무게를 갖는다.

$$W = mg$$

$$1kg_f = 1kg(9.8m/s^2) = 9.8N(Newton) = 980000\,g\,cm/s^2 = 0.98 \times 10^6 dyne$$

참고 $1dyne = (1g)(1cm/s^2) = 1g\,cm/s^2$ 이다.

불행하게도 미국의 많은 기술자들은 SI단위계 사용이 타당하다고 하지만, 비체계적이고 잘못된 경향의 전통적 단위를 계속해서 사용하고 있다. 이런 상황이 지속된다면 양 단위계의 사용과 양 단위계의 변환 능력이 있어야 한다.

예제 1.1 면적이 $3\ m^2$인 평면에 $9t$의 힘이 작용할 때 단위면적당 힘을 공학단위계와 SI단위계로 나타내어라.

풀이 $9\,ton/3m^2 = 3\,ton/m^2 (= 3000\,kg_f/m^2)$
$$= 3(9.8 \times 10^3 N)/m^2 = 29.4 \times 10^3 N/m^2$$
$$= 29.4 \times 10^3 Pa = 29.4\,kPa$$

참고 $1\,N/m^2 = 1Pa(Pascal)$이며 차원은 $[F/L^2]$이다. 이를 응력(stress)이라고 하며 수리학에서 압력(pressure)을 나타내기도 한다.

1.4 물의 기본성질

수리학에서 물의 성질을 이해하는 것은 필수적인 사항이다. 이 절에서 물의 단위중량, 밀도, 비중, 점성, 표면장력, 압축성 등을 살펴보기로 한다.

1.4.1 물의 밀도, 단위중량, 비중

어떤 물체의 무게를 W라고 하면 $W = mg$이다. 이 체적을 Vol라고 하면 **밀도** ρ는 다음과 같다.

$$\rho = \frac{m}{Vol} \tag{1.4.1}$$

> **참고** 밀도의 차원은 $[ML^{-3}]$로서 kg/m^3 또는 g/cm^3이다. 공학단위계(FLT계)로 차원을 나타내면 식(1.3.1)을 이용한다. 즉, $[ML^{-3}]=[FL^{-1}T^2][L^{-3}]=[FL^{-4}T^2]$이다.

액체에 대한 밀도는 실제의 압력 변화에 대해 상수로 취급할 수 있다. 물의 밀도는 4℃에서 $1000kg/m^3$이다. 온도에 따른 물의 밀도와 여러 가지 물질에 대한 밀도를 표 1.4.1과 1.4.2에 각 각 제시하였다.

기체의 밀도는 기체에 대한 상태방정식을 이용하여 계산할 수 있다.

$$\frac{pv_s}{T} = R(\text{Boyle–Charles의 법칙}) \tag{1.4.2}$$

여기서 p는 절대압력(pascal), 비체적 v_s는 m^3/kg으로 단위질량당 체적을 의미하고, 온도 T는 절대온도(273+℃), R은 기체상수 $J/(kg\ K)$이다. 밀도와 비체적 관계는 $\rho = 1/v_s$인데 이를 위 식에 적용하면 다음과 같다.

$$\rho = \frac{p}{RT} \tag{1.4.3}$$

[표 1.4.1] 온도에 따른 물의 밀도와 단위중량

온도(°C)		−10	0	4	10	15	20	30	50	80	100
밀도	g/cm^3	0.9979	0.9999	1.0000	0.9997	0.9991	0.9982	0.9957	0.9881	0.9718	0.9583
	$kg_f\ s^2/m^4$	101.76	101.90	101.97	101.94	101.88	101.79	101.53	100.76	99.10	97.72
단위중량 (kg_f/m^3)		997.9	999.9	1000.0	999.7	999.1	998.2	995.7	988.1	971.8	958.3

[표 1.4.2] 여러 가지 액체의 밀도

액체	온도(°C)	밀도	액체	온도(°C)	밀도
에칠알코올	20	0.789	해수	−	1.01−1.05
메칠알코올	20	0.791	가솔린	−	0.66−0.75
글리세린	20	1.261	수은	0	13.596
벤젠	20	0.879	수은	20	13.546

특히 액체를 다룰 때 ρg가 사용되는데, g는 통상적으로 중력가속도 $9.8m/s^2$이다. ρg를 **단위중량** 또는 比重量(specific weight)이라고 하고 γ(SI 단위: N/m^3)를 사용한다. SI 단위에서 어미의 比(specific)는 단위질량당의 성질을 단순히 나타내기 위해 사용되며 비중량이라는 용어는 더 이상 사용하지 않는다.

$$\gamma = \rho g \tag{1.4.4}$$

1기압하에서 물의 단위중량 γ는 다음과 같다.

$$\gamma = 1\,ton/m^3 = 1,000kg_f/m^3 = 9,800N/m^3 = 9.8\,kN/m^3$$

참고 γ의 차원은 $[ML^{-2}T^{-2}]$ 또는 $[FL^{-3}]$이다.

어떤 물체의 **비중**(specific gravity) S는 4°C에서의 물의 체적과 이 체적에 해당하는 물체에 대한 무게 비를 의미한다. 그러므로 비중은 물과 어떤 물체의 밀도 또는 단위중량의 비로 표현된다.

$$S = \frac{W}{W_w} = \frac{\rho}{\rho_w} = \frac{\gamma}{\gamma_w} \qquad\qquad (1.4.5)$$

1.4.2 물의 점성

평판 위에 물의 흐름을 생각하자. 그림 1.4.1에서처럼 물의 흐름 속도를 u라고 하면 물은 벽면에 부착하려는 성질($u = 0$)을 갖고 있으며 속도는 평면에 연직인 y방향에 대해 일정하지 않고 유체 내부에서 속도의 차이가 존재한다. 이런 경우에 층별로 속도가 다르기 때문에 상대 운동을 하며 유속이 빠른 유체는 느린 유체를 끌어당기려고 하고, 반대로 유속이 느린 유체는 빠른 유체를 지체시키려고 한다. 이와 같이 y축에 수직인 단위면적에 작용하는 힘을 **전단력**(shear stress)이라고 한다. 그림 1.4.1에서처럼 위의 이동평판이 일정한 속도 U로 움직이도록 힘 F가 작용하고 있다. 이 판에 접하고 있는 유체의 속도는 U가 되고 아래의 고정된 판에 접하고 있는 유체의 속도는 0(zero)이 된다. 만일, 거리 y와 속도 U가 아주 크지 않다면 속도 변화(경사)는 직선이 될 것이다. 힘 F는 판의 면적과 속도 U에 따라 비례하고 거리 y에 대해 반비례함이 실험에 의해 알려져 있다. 닮은 삼각형에 의해 $U/y = du/dy$이므로 다음과 같이 나타낼 수 있다.

$$F \propto \frac{AU}{y}, \ 또는 \ \frac{F}{A} = \tau \propto \frac{du}{dy}$$

여기서 $\tau = F/A$는 전단응력이다. 만일 점성계수라고 부르는 뉴턴의 비례상수 μ를 사용하여 나타내면 다음과 같이 표현된다.

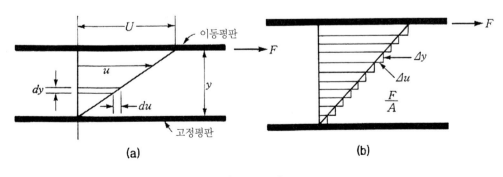

[그림 1.4.1]

$$\tau = \mu \frac{du}{dy} \tag{1.4.6}$$

물이나 기체에서 μ가 일정한 경우를 **뉴턴유체**라고 하며 μ(mu)를 **점성계수**(dynamic viscosity)라고 부른다. 혈액, 고분자액체, 고농도의 토사가 함유된 액체는 μ가 일정하지 않으며 이를 **비뉴턴유체**라고 한다. 점성계수 μ를 밀도 ρ로 나눈 것을 ν(nu)라고 하며 이를 **동점성계수**(kinematic viscosity)라고 한다.

$$\nu = \frac{\mu}{\rho} \tag{1.4.7}$$

μ의 차원은 $[ML^{-1}T^{-1}]$, 또는 $[FTL^{-2}]$이며, 단위는 $Pa\,s\,(N\,s/m^2)$이고, $0.00102\,g_f\,s/cm^2 = 1dyne\,\sec/m^2 = 1g/(\sec\,cm) = 1$Poise라고 한다. ν의 차원은 $[L^2T^{-1}]$이며 단위는 m^2/s이며, $1cm^2/s = 1$Stokes라고 한다. 온도에 따른 물의 점성계수와 동점성계수를 표 1.4.3에 제시하였다.

[표 1.4.3] 물의 점성계수와 동점성계수

온도	0	5	10	15	20	25	30	40	50
점성계수 μ $10^{-4}kg_f\,s/m^2$	1.816	1.547	1.332	1.161	1.021	0.907	0.814	0.666	0.558
동점성계수 ν $10^{-6}m^2/s$	1.785	1.519	1.306	1.139	1.003	0.893	0.800	0.658	0.553

예제 1.1.2 경사 $\theta = 30^o$인 평판이 그림과 같이 놓여 있으며 그 위를 무게가 $5N$이고 면적이 $0.2\,m^2$인 물체가 미끄러져 내려오고 있다. 이 물체가 미끄러져 내려오는 속도를 구하여라. 물체와 평판 사이의 점성계수가 $\mu = 0.19\,N \cdot \sec/m^2$인 기름이 채워져 있고 그 사이는 $y = 0.3\,cm$이다.

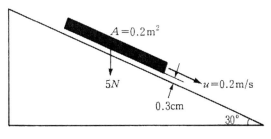

[그림 예제 1.1.2]

풀이 뉴턴의 점성법칙 $\tau = \mu\dfrac{du}{dy} \simeq \mu\dfrac{u}{y}$를 이용한다.

$$F = 5N\,\sin 30^o = 2.5N$$

$$\tau = \frac{F}{A} = \frac{2.5}{0.2} = 12.5\,N/m^2$$

$$u = \tau\,\frac{y}{\mu} = 12.5\frac{0.3/100}{0.19} = 0.2\,m/s$$

1.4.3 물의 표면장력과 모세관현상

물질의 분자 상호 간에 끌어당기는 힘(인력)을 **응집력**(cohesive force)이라 부르고 서로 다른 물질 분자 사이의 인력을 **부착력**(adhesive force)이라고 부른다. 그림 1.4.2는 수면에 연직으로 직경이 D인 가느다란 유리관을 세운 것이다. 관 내의 수면 높이가 상승하였다. 이를 **모(세)관현상**이라고 부른다. 그리고 액체표면 아래의 물분자 사이에는 모든 방향으로 동일한 크기의 응집력이 작용하여 평형을 이루고 있으나 액체표면 외부에서는 물 분자와 공기분자와

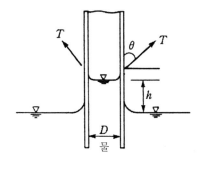

[그림 1.4.2]

[표 1.4.4] 물의 표면장력

온도(℃)	0	5	10	15	20	25	30	40	50
표면장력(g_f/cm)	0.0772	0.0764	0.0757	0.0750	0.0742	0.0734	0.0726	0.0710	0.0706

[표 1.4.5] 액체와 고체 사이의 접촉각

접촉 물질	물과 유리	물과 매끈한 유리	수은과 유리
접촉각	8~9°	0°	130~150°

의 인력이 액체 내부의 인력보다 작아서 인력의 평형을 이루지 못하여 액체표면에 있는 분자는 표면에 접선인 방향으로 끌어당기는 힘을 받게 되는데, 이를 **표면장력** T(surface tension, 차원:$[FL^{-1}]$, 단위:N/cm, g_f/cm)라고 부른다. 온도에 따라서 물의 표면장력을 표 1.4.4에 표시하였다. 그림 1.4.2에서 표면장력에 의해 수면이 h만큼 상승하였다. 이때 h를 **모관(상승)고**라고 하며 h는 힘의 평형조건식에 의해 구할 수 있다.

$$\gamma \frac{\pi D^2}{4} h = \pi D (T \cos \theta)$$

$$h = \frac{4T \cos \theta}{\gamma D} \tag{1.4.7}$$

여기서 θ는 액체와 고체 사이의 접촉각이며 여러 가지 액체와 고체 사이의 접촉각이 표 1.4.5에 제시되어 있다.

1.4.4 물의 압축성과 탄성

물을 용기에 채우고 압력(힘)을 가하면 물이 압축되어 체적이 감소되고 압력을 제거하면 원래의 체적으로 환원되는데, 이와 같은 물의 성질을 **압축성**(compressibility) 또는 **탄성** (elastisity)이라고 한다. 물의 경우에 1기압을 가하면 약 2만분의 1, 1000기압을 가하면 약 5% 정도가 수축된다. 정상적인 상태에서 물의 압축성은 대단히 작기 때문에 물을 비압축성 유체로 가정하여 통상적으로 해석한다. 그러나 관수로 내의 수격작용(water hammer)을 해석할 때에 물의 압축성을 고려하기도 한다.

탄성이 있는 고체 물질에 힘을 가하면 응력과 길이의 변형률 사이에 탄성계수라는 비례상수

[**표 1.4.6**] 여러 가지 액체의 체적탄성계수

액체	온도(°C)	압력(기압)	체적탄성계수($E,\ kg_f/cm^2$)
물	0	1-500	2.16
물	20	1-500	2.36
에칠알코올	20	1-500	1.18
수은	0	1-1000	2.59
수은	20	1-1000	2.49

주) 1기압=1.013bar, 1bar=$10^5 N/m^2$

를 사용하는데, 유체에는 강성이 없으므로 작용한 압력과 체적변화율 사이에 **체적탄성계수**를 사용한다. 온도가 일정할 때, 액체의 압력을 P_1에서 P_2로 변화시켜 압력을 가하면 체적탄성계수는 다음과 같다.

$$E = -\frac{\Delta P}{\Delta V/V_0} \tag{1.4.8}$$

여기서 $V_0 = \dfrac{V_1 + V_2}{2}$이다. 그리고 체적탄성계수 E의 역수를 **압축률** α라고 한다. 표 1.4.6에 여러 가지 액체에 대한 체적탄성계수를 제시하였다.

연습문제

1.3.1 비중이 0.85인 밀도를 SI 단위계와 공학단위계로 나타내어라.

[**해답**] $\rho = 850\,kg/m^3$(SI 단위계), $\rho = 86.7\,kg_f\;s^2/m^4$

1.3.2 대기압이 $1013hPa$이다. 이 대기압을 kPa, kg_f/m^2으로 나타내어라.

[**해답**] $101.3kPa$, $10336.7kg_f/m^2$

1.4.1 부피가 $5.0m^3$인 기름의 무게가 $40,000N$이다. 이 기름의 밀도와 비중은 얼마인가?

[**해답**] 밀도 $\rho = 816.33kg/m^3 = 83.30kg_f\;s^2/m^4$, 비중 $S = 0.816$

1.4.2 $200l$의 기름을 용기와 함께 측정하였더니 무게가 $1.5kN$이었다. 기름의 단위중량(γ), 밀도(ρ), 비중(S)을 계산하여라. 단, 용기의 무게는 $100N$이다.

[**해답**] 단위중량 $\gamma = 7000N/m^3$(SI)$= 714.3kg_f/m^3$(MKS)

밀도$\rho = 714.3N\;s^2/m^4$(SI)$= 72.89kg_f\;s^2/m^4$(MKS)

비중 $S = 0.71$

1.4.3 액체의 점성계수가 $0.005kg/m \cdot s$, 밀도가 $950kg/m^3$일 때 이 액체의 동점성계수를 SI 단위로 나타내어라.

[**해답**] $\nu = 5.26 \times 10^{-6}m^2/s$

1.4.4 20°C인 물의 점성계수가 0.02poise이다.

(a) 이 점성계수를 $Pa \cdot s$ 단위로 환산하여라.

(b) 비중이 0.998이라면 동점성계수는 몇 m^2/s인가?

[해답] (a) $2.0 \times 10^{-3} Pa \cdot s$, (b)$\nu = 2.0 \times 10^{-6} m^2/s$

1.4.5 그림과 같이 고정평판과 이동평판 사이의 거리가 d이고 평판 사이에 기름이 채워져 있다. 이동평판이 속도 u_0로 일정하게 움직일 때 기름의 유속이 (1) 포물선 분포 $(u^2 = ay)$ 일 때, (2) 선형 분포($u = \dfrac{u_0}{d}y$)일 때 이동평판에서의 전단응력을 구하여라.

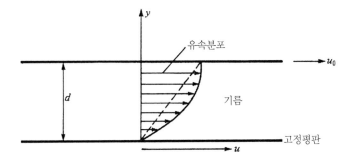

[해답] (1) $\tau = \mu \dfrac{u_0}{2d}$, (2) $\tau = \mu \dfrac{u_0}{d}$

1.4.6 그림과 같은 물방울 속의 압력을 표면장력(T)과 물방울의 직경(D)의 항으로 표시하여라.

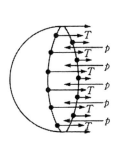 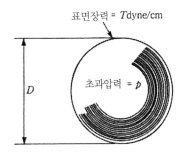

[해답] $p = \dfrac{4T}{D}$

1.4.7 그림에서 수조의 압력 p_1을 측정하기 위해 유리관을 사용하였다. 유리관의 직경은 $1mm$이고 물의 온도는 20℃이다. 표면장력($T = 0.0728N/m$)을 고려하여 압력 p_1을 수두로 계산하여라.

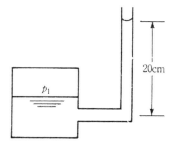

[해답] $17.0cm$

1.4.8 반경이 r_o와 r_i인 2개의 유리관이 그림과 같이 액체 속에 세워져 있다. 접촉각이 θ이고 이 액체의 단위중량이 γ일 때 모세관 높이를 구하기 위한 공식을 유도하여라.

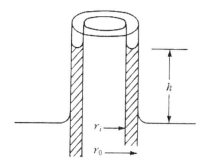

[해답] $h = \dfrac{2\,T\cos\theta}{\gamma\,(r_o - r_i)}$

1.4.9 어떤 액체가 $0.01m^3$의 체적을 갖는 실린더 속에서 $676.2N/cm^2$의 압력을 받고 있다. 압력이 $1352.4N/cm^2$로 증가되었을 때 액체의 체적이 $0.0099m^3$로 축소되었다. 이 액체의 체적탄성계수 E는 얼마인가?

[해답] $E = 67620N/cm^2 = 6.762 \times 10^8\,Pa$

1.1 다음 중 점성계수(μ)의 차원으로 옳은 것은?

　　가. $[ML^{-1}T^{-1}]$　　나. $[L^2T^{-1}]$　　　　다. $[LMT^{-2}]$　　　　라. $[L^{-3}M]$

[정답 : 가]

1.2 액체가 흐르고 있을 경우, 어느 한 단면에서 유속이 빠른 부분은 느린 부분의 입자를 앞으로 끌어당기려 하고 유속이 느린 부분은 빠른 부분의 물입자를 뒤로 잡아당기는 듯한 작용을 한다. 이러한 유체의 성질을 무엇이라 하는가?

　　가. 점성　　　　　나. 탄성　　　　　　다. 압축성　　　　　라. 유동성

[정답 : 가]

1.3 부피 $5m^3$인 해수의 무게(W)와 밀도(ρ)를 구한 값으로 옳은 것은? (단, 해수의 단위중량은 $1.025t/m^3$이다.)

　　가. $5ton$, $\rho=0.1046kg\cdot\sec^2/m^4$　　　　나. $5ton$, $\rho=104.6kg\cdot\sec^2/m^4$

　　다. $5.125ton$, $\rho=104.6kg\cdot\sec^2/m^4$　　라. $5.125ton$, $\rho=0.1046kg\cdot\sec^2/m^4$

[정답 : 다]

1.4 $10^\circ C$의 물방울 지름이 $3mm$일 때 그 내부와 외부의 압력차는? (단, $10^\circ C$에서 표면장력은 $75dyne/cm$이다.)

　　가. $250dyne/cm^2$　　나. $500dyne/cm^2$　　다. $1000dyne/cm^2$　　라. $2000dyne/cm^2$

[정답 : 다]

1.5 직경 $1mm$인 모세관의 모관상승 높이는?

　　(단, 물의 표면장력은 $74dyne/cm$, 접촉각은 8°)

　　가. $15mm$　　　　　나. $20mm$　　　　　다. $25mm$　　　　　라. $30mm$

[정답 : 라]

1.6 바닥으로부터 거리가 $y(\mathrm{m})$일 때의 유속이 $v = -4y^2 + y(m/s)$인 점성유체 흐름에서 전단력이 0이 되는 지점까지의 거리는?

가. $0m$ 나. $\dfrac{1}{4}m$ 다. $\dfrac{1}{8}m$ 라. $\dfrac{1}{12}m$

[정답 : 다]

1.7 동점성계수 차원으로 옳은 것은?

가. $[\mathrm{FL}^{-2}\mathrm{T}]$ 나. $[\mathrm{L}^2\mathrm{T}^{-1}]$ 다. $[\mathrm{FL}^{-4}\mathrm{T}^2]$ 라. $[\mathrm{FL}^2]$

[정답 : 나]

1.8 물의 체적탄성계수 E, 체적변형률 e 등과 압축계수 C의 관계를 바르게 표시한 식은? (단, e:체적변형률 dV/V, dp:압력변화량)

가. $C = \dfrac{1}{E} = \dfrac{e}{dp}$ 나. $C = E = \dfrac{dp}{e}$

다. $C = \dfrac{dV}{V} = e$ 라. $C = \dfrac{V}{dV} = \dfrac{1}{e}$

[정답 : 가]

제2장

정수역학

제 2 장

정수역학

흐르지 않고 정지상태에 있는 물, 즉 유체요소 사이에 상대적인 운동이 없는 물을 역학적으로 다루는 분야를 **정수역학**(hydrostatics)이라고 한다. 정지하고 있는 유체에서 물분자 사이에 상호 간의 운동이 없기 때문에 유체의 점성은 역할을 하지 못한다. 즉, 마찰력이 존재하지 않는다. 정지유체에서는 외력에 대한 내부적인 저항이 발생되지 않기 때문에 인장응력과 전단응력도 발생되지 않는다. 그러므로 정수역학의 문제에 대해서는 이론적인 해석에 의해서 해결이 가능하다. 본 장에서는 수중의 물체에 작용하는 수압을 계산하기 위해 필요한 기초적인 사항 등에 대해서 공부한다.

2.1 정수압

자유수면을 갖는 물은 높은 곳에서 낮은 곳으로 흐른다. 용기(vessel)로 둘러싸여 있는 물은 정지상태로 존재한다. 물은 일정한 형상을 유지할 수 없기 때문에 물이 담겨져 있는 용기의 형상과 같다. 수조를 만들어 물을 넣으면 물은 흐르려고 벽면이나 바닥면을 누른다. 수조 안에서 흐름이 발생하지 않기 때문에 전단력이 작용하지 않고 어떤 활동도 하지 않는다. 정지상태에 있는 물속에는 점성으로 인한 마찰력이 존재하지 않는다. 또한 정지유체에서는 외력에 대한 내부적인 저항이 발생하지 않기 때문에 인장응력과 전단응력도 발생하지 않는다. 오직 그 면에 수직인 압력만이 작용한다. 이와 같이 정수 중에 용기의 벽면이나 물체에 직각방향으로 작용하는 물의 압력을 **정수압**(hydrostatic pressure)이라 한다. 정수압이란 면에 작용하는 물의 힘, 즉 단위면적($1\,cm^2$, $1\,m^2$)에 작용하는 힘을 말하며 수압의 강도를 의미한다. 즉, 면적이 A인 평면상에 작용하는 **전수압**(total water pressure)을 P라고 하면 전수압 강도 p는 다음 식과 같다.

$$p = \frac{P}{A} \tag{2.1.1}$$

단위는 $Pa(N/m^2)$, kPa, kg_f/cm^2 등이다. 또한 전수압이란 어떤 면에 작용하는 정수압의 총합이며 P로 나타낸다. 단위는 N, kN, kg_f 등이다.

예제 2.1 넓이가 $10m^2$인 평판 위에 두부가 일정한 두께로 놓여 있다. 면적 $1m^2$을 잘라내어 두부의 무게를 측정하였더니 $1kg_f$였다. 이때 평판이 받는 압력강도와 전압력을 구하여라.

풀이 압력강도 p는 $1kg_f/m^2 = 9.8N/m^2 = 9.8\,Pa$이다.

여기서, $1kg_f = 1kg(9.8m/s^2) = 9.8kg\ m/s^2 = 9.8N$이다.

전압력 $P = (pA) = 9.8\,N/m^2(10m^2) = 98\,N$

자유수면을 갖는 정지유체에서 정수압을 구하기 위해 그림 2.1.1에서와 같이 수중에 미소직육면체$(dx,\ dy,\ dz)$인 검사체적을 고려하자. 미소직육면체에 작용하는 힘은 수심 z에서 압력 $p(x,y,z)$, 수심 $z+dz$에서 압력 $p(x,y,z+dz)$, 그리고 미소직육면체의 무게 γAdz $(A = dx\ \cdot\ dy)$이다. z 방향에 대해 힘의 평형조건식을 적용하면,

$$p(x,y,z)A + \gamma Adz = p(x,y,z+dz)A \tag{2.1.1}$$

이다. 우변의 $p(x,y,z+dz)$에 대해 테일러 전개(Taylor series)를 사용하여 근사적으로 나타내면,

$$p(x,y,z+dz) \simeq p(x,y,z) + \frac{\partial p(x,y,z)}{\partial z}dz \tag{2.1.2}$$

이다. 식(2.1.2)를 (2.1.1)의 우변에 대입하여 정리하면,

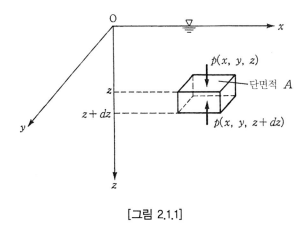

[그림 2.1.1]

$$\frac{\partial p}{\partial z} = \gamma \tag{2.1.3}$$

가 된다. $z = 0$에서 대기압 $p = p_a$가 작용하는데, 이 조건을 식(2.1.3)에 적용하여 적분하면,

$$p = \gamma z + p_a \tag{2.1.4}$$

가 된다. 수리학에서는 수압 p와 대기압 p_a의 차를 **계기압력**(여기서 $p_g = \gamma z$임)이라고 한다. 대기압은 고도나 온도에 따라 다르며 평균해면(15℃)에서의 압력을 기준으로 **표준대기압**이라고 부른다. 표준대기압을 여러 가지 단위로 표시할 수 있다.

$$
\begin{aligned}
1 \text{ 기압} &= 760mm\,Hg = 10.33m\,H_2O \\
&= (10.33m)(9800N/m^3) \\
&= 1.013 \times 10^5\,N/m^2 = 1.013\,bar = 1013\,milibar \quad \text{(SI 단위)} \\
&= (10.33m)(1000kg_f/m^3) \\
&= 1.033\,kg_f/cm^2 = 10.33\,t/m^2 \quad\quad\quad \text{(MKS 단위)}
\end{aligned}
$$

　　임의의 지역에서 대기압을 **국지대기압**이라 하며 이 압력은 수은압력계를 이용하여 측정된다. 수은압력계를 그림 2.1.2에 나타냈으며 유리관 내의 수은주 h를 읽어 대기압을 측정한다. 유리관의 상부에 수은의 증기압이 작용하고 있지만 거의 무시할 정도로 작고 그 공간은 진공상

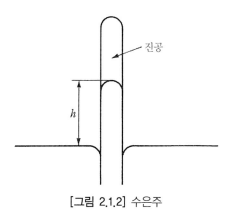

[그림 2.1.2] 수은주

태이다. 수은주의 무게와 대기압은 평형을 이루기 때문에 이를 식으로 나타내면 다음과 같다.

$$p_a = \gamma_m h \tag{2.1.5}$$

여기서 γ_m은 수은의 단위중량이다. 압력을 나타내기 위해 절대영압(완전진공)이나 국지대기압을 기준으로 표현한다. 이를 그림 2.1.3에 나타냈으며 절대압력, 계기압력, 국지대기압의 범위를 보여주고 있다. 절대압력 p_{abs}는 국지대기압 p_a에 계기압력 p_g를 더한 값으로 표시된다.

$$p_{abs} = p_a + p_g \tag{2.1.6}$$

대부분의 공학문제에서는 절대압력을 사용하지 않고 계기압력을 사용하기 때문에 본 수리

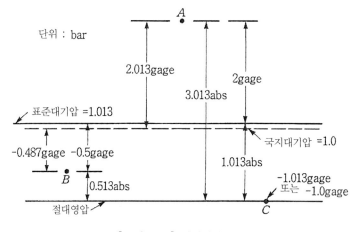

[그림 2.1.3] 절대영압 등

학에서도 특별한 언급이 없는 한 계기압력을 사용한다.

예제 2.1.2 (a) 자유수면 아래의 $10\,m$ 지점에서 압력은 몇 Pa인가? (b) 이때 대기압이 $760\,mm\,Hg$일 때 절대압력은 몇 Pa인가? 단, 수은의 비중은 13.57이다.

풀이 (a) $p = \gamma h$에서 $\gamma = \rho g = 9800 N/m^3$

$$p = 9800(10) = 98000\ N/m^2 = 98000\ Pa$$

(b) 절대압력＝대기압＋계기압력

$$p_{abs} = (13.57 \times 9800)(0.76) + 98000$$

$$= 199069.36\ Pa$$

정수압의 방향을 살펴보기 위해 그림 2.1.4와 같이 정수 중에 두께가 1이며 길이가 Δx, Δy, Δs인 미소삼각주를 생각해보자. 각 변에 작용하는 수압의 평균강도가 각각 p_1, p_2, p_3이고 물의 단위중량을 γ라고 하자. 이 미소삼각주가 정지 유체 중에 잠겨 있기 때문에 수평과 연직방향에 대해 힘의 평형조건식을 적용할 수 있다. 즉,

$$p_1\Delta y - p_3\Delta s\ \sin\theta = 0 \tag{2.1.7}$$

$$p_3\Delta s\ \cos\theta + \frac{1}{2}\Delta x\ \Delta y\ \gamma = p_2\Delta x \tag{2.1.8}$$

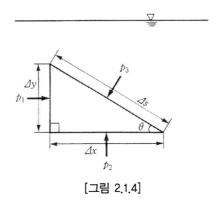

[그림 2.1.4]

여기서 $\Delta s = \sqrt{\Delta x^2 + \Delta y^2}$, $\sin\theta = \Delta y / \Delta s$, $\cos\theta = \Delta x / \Delta s$이다. 각 θ를 일정하게 유지시키고 Δx, Δy를 0(zero)으로 접근시키면 식(2.1.8)의 우변의 2번째 항을 다른 항과 비교할 때 매우 작기 때문에 무시할 수 있다. 이 결과로부터, $p_1 = p_2 = p_3$가 된다. 이는 정수 중에 한 점에 작용하는 수압의 강도는 모든 방향으로부터 동일한 크기로 작용한다는 것을 의미한다.

2.2 정수역학의 기본식

정지상태의 유체 중에 미소직육면체 $dx\,dy\,dz$의 유체요소를 그림 2.2.1에 나타냈다. 이 미소직육면체에 작용하는 힘은 질량력과 유체요소 표면에 작용하는 정수압이다. 작용하는 힘을 결정하기 위해 x, y, z 방향을 고려하자.

우선, x 방향에 작용하는 힘은 압력 p와 $p + \dfrac{\partial p}{\partial x} dx$, 질량력 X라고 가정하자. 정지상태에서 힘의 평형방정식을 적용하면 다음과 같다.

$$p\,dy\,dz - (p + \frac{\partial p}{\partial x} dx)dy\,dz + \rho X dx\,dy\,dz = 0 \qquad (2.2.1)$$

그리고 y, z 방향에 대해 같은 방법으로 적용하여 정리하면 각각 다음과 같다.

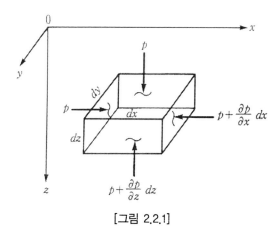

[그림 2.2.1]

$$\frac{\partial p}{\partial x} = \rho X \tag{2.2.2a}$$

$$\frac{\partial p}{\partial y} = \rho Y \tag{2.2.2b}$$

$$\frac{\partial p}{\partial z} = \rho Z \tag{2.2.2c}$$

여기서 Y와 Z도 X와 같이 y와 z 방향에 대한 질량력이다. 미소직육면체에 작용하는 힘을 구하기 위해 이 식들을 더해주면 된다. 이때 식들의 양변에 각각 dx, dy, dz을 곱하면 다음과 같다.

$$\frac{\partial p}{\partial x}dx + \frac{\partial p}{\partial y}dy + \frac{\partial p}{\partial z}dz = \rho(Xdx + Ydy + Zdz) \tag{2.2.3}$$

식(2.2.3)의 좌변은 전미분의 규칙에 따라 dp이며 다음과 같다.

$$dp = \rho(Xdx + Ydy + Zdz) \tag{2.2.4}$$

이 식은 정지상태의 유체 안에서 성립되는 식으로 정수역학의 기본식이 된다. 자유수면에서는 대기압으로 동일하고 수심이 일정한 곳에서 압력은 동일하므로 $p = constant$이다. 즉, $dp = 0$이며 등압면의 식이 된다.

$$Xdx + Ydy + Zdz = 0 \tag{2.2.5}$$

정지상태의 유체에서 질량력은 중력가속도만 있기 때문에 $X = 0$, $Y = 0$, $Z = g$이며 이 관계를 식(2.2.4)에 대입하면 다음과 같다.

$$dp = \rho(gdz) = \gamma dz \tag{2.2.6}$$

만일 비압축성유체라고 가정하면 유체의 단위중량 γ가 일정하므로 압력 p는 z만의 함수이기 때문에 적분이 가능하다.

$$p = \gamma z + C$$

z가 0인 수면에서 대기압 p_a를 경계조건으로 적용하면 $C = p_a$이고 수면에서 h만큼 떨어진 곳에서 압력은 다음과 같다.

$$p = \gamma h + p_a \qquad (2.2.7)$$

2.3 압력의 전달과 수압기

그림 2.3.1과 같은 밀폐된 용기에 물이 채워져 있고 마개를 힘 P로 가할 때 마개와 용기 사이의 마찰력과 마개의 무게를 무시한다면 마개 밑면(면적=a)에 작용하는 수압은,

$$p = \frac{P}{a} \qquad (2.3.1)$$

이고, 이 압력은 용기 내의 모든 부분으로 동일하게 전달된다. 이를 **파스칼 원리**라고 하며 이 원리를 응용한 도구가 수압기 등이다. 그리고 그림 2.3.1에서 용기 속의 점 x에 작용하는 수압 p_x는 다음과 같다.

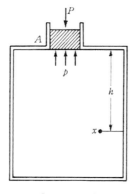

[그림 2.3.1]

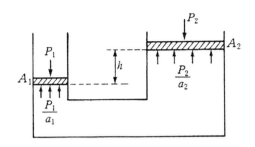

[그림 2.3.2]

$$p_x = p + \gamma h = \frac{P}{a} + \gamma h \tag{2.3.2}$$

파스칼의 원리를 응용한 수압기의 원리를 이해하기 위해 그림 2.3.2를 살펴보자. 그림과 같이 힘 P_1과 P_2가 마개에 작용하였을 때 평형상태라고 하자. 마개의 밑면적은 각각 a_1, a_2이고 마개의 무게와 마개의 주변의 마찰력을 무시하면 마개의 밑면의 압력강도는 P_1/a_1, P_2/a_2이며 양자 사이에는 평형상태이므로 다음과 같은 관계가 성립한다.

$$\frac{P_1}{a_1} = \frac{P_2}{a_2} + \gamma h \tag{2.3.3}$$

외부에서 작용하는 힘 P_1과 P_2가 충분히 크면 γh는 이들 힘과 비교하여 미소하기 때문에 무시할 수 있다. 즉,

$$\frac{P_1}{a_1} = \frac{P_2}{a_2} \tag{2.3.4}$$

이고, 면적의 비를 조정하면 작은 힘으로 큰 힘을 얻을 수 있다는 것을 알 수 있다.

예제 2.3.1 그림과 같은 수압기에서 단면 1과 2의 직경이 각각 $5cm$, $10cm$이고 큰 피스톤이 작은 피스톤 아래인 $0.75m$에 놓여 있다. P_1의 값이 $8N$이라 할 때 P_2의 값은 얼마인가? 단, 수압기에서 유체의 밀도는 $1000kg/m^3$이다.

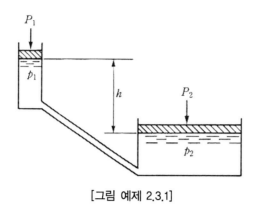

[그림 예제 2.3.1]

풀이 큰 피스톤이 작은 피스톤 아래의 h만큼 떨어져 있는 경우, 압력 p_2는 수두 h와 ρg의 곱 때문에 p_1보다 크다. 즉,

$$p_2 = p_1 + \rho g h$$

$$p_1 = P_1/a_1 = 8/(\frac{\pi(0.05^2)}{4}) = 4076.4 \ N/m^2$$

$$p_2 = 4076.4 + (1000 \times 9.81)(0.75) = 11433.9 \ N/m^2$$

$$P_2 = (11433.9)(\frac{\pi(0.1^2)}{4}) = 89.8 \ N$$

2.4 압력 측정

자유수면을 갖는 물에서 수면 아래의 임의 점에서의 정수압은 2.2절에서 기술한 바와 같이 수면에서부터 임의 점까지의 거리에 비례한다. 그러나 폐쇄된 관의 압력 측정을 위해서는 별도의 장치가 필요하다. 압력을 측정하기 위한 계기로는 액주계, 버어돈 압력계 등이 있다.

액주계는 관로 내의 압력이나 두 관의 압력 차이를 측정할 수 있는 압력계이다. 간단한 액주계로는 그림 2.4.1(a)와 같은 관에 임의의 유체가 흐를 때 관벽을 뚫어서 가느다란 유리관을 세우면 관 내부의 압력이 대기압과 동일해질 때까지 상승하며 그 높이를 관의 중심에서부터 측정하여 압력을 계산할 수 있는데, 그 높이를 h라고 하자. 즉, 관의 중심인 A점에서 압력 $p_A = \gamma h$가 된다. 이와 같은 액주계를 **연직액주계**(piezometer) 또는 **수압관**이라고도 한다.

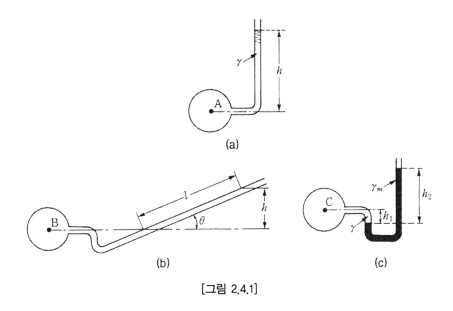

[그림 2.4.1]

관 내의 압력이 작을 때에 연직액주계에 의해 압력의 측정이 가능하나 압력이 큰 경우에 수압
관의 길이가 길어져야 하기 때문에 큰 압력의 측정에는 어려움이 따른다.

또한 미소한 압력을 측정하기 위해 연직액주계 대신에 **경사액주계**(inclined manometer)를
사용한다. 그림 2.4.1(b)에서 보는 바와 같이 관의 중심인 B점에서 압력 $p_B = \gamma l sin\theta = \gamma h$가
되는데, h보다는 l의 길이가 길어서 눈금을 자세하게 세길 수 있기 때문에 미소 압력 측정에
수월하다.

관 내의 수압이 클 때는 이와 같은 액주계에 의한 압력측정이 불편하기 때문에 그림 2.4.1(c)
와 같은 U자형 액주계를 사용한다. 동일 수평면상에 있는 점의 압력은 같다는 원리를 적용하여
관 내의 압력을 측정한다. U자관 내에는 보통 수은을 사용하는데, 비중이 크기 때문에 관속의
높은 압력을 측정하는 데 편리하다.

그림 2.4.2와 같은 경우에 액주계를 오른쪽 관과 왼쪽 관으로 구분하여 점 A와 B의 압력을
고려하면,

$$점 \ A의 \ 압력 : p_A = \rho_h \, g(H_1 + H_3)$$
$$점 \ B의 \ 압력 : p_B = \rho g H_2 + \rho_h \, g H_3$$

이다. 점 A와 B는 동일 수평면상에 있기 때문에 그 압력은 같다. 즉, $p_A = p_B$이므로,

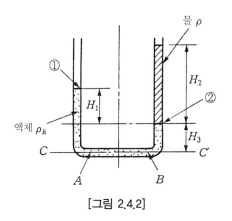

[그림 2.4.2]

$$\rho_h\, g H_1 + \rho_h\, g H_3 = \rho g H_2 + \rho_h\, g H_3$$

$$\therefore\ \rho_h\, g H_1 = \rho g H_2 \tag{2.4.1}$$

이다. 이 결과로부터 알 수 있는 바와 같이 $C-C'$를 선택하여 압력을 구하는 방법보다는 선분 ②의 아랫부분은 수은으로 동일하기 때문에 윗부분만을 고려하면 편리하다.

예제 2.4.1 그림과 같이 비중이 0.85인 액체가 관 속에 흐른다. 이 관의 압력을 측정하기 위해 액주계를 설치하였다. 그림에서 액주계 속의 액체 비중은 1.0이고, $h_1 = 160mm$, $h_2 = 95mm$일 때 압력 p_A는 계기압력으로 몇 $mmHg$인가? 기압계의 독치가 $720mmHg$이라면 p_A는 절대압력으로 몇 mmH_2O인가?

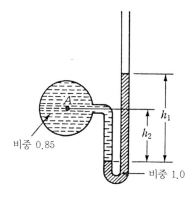

[그림 예제 2.4.1]

풀이 $p_A + (0.85)(95) - (1.0)(160) = 0$

$p_A = 79.25 \, mm \, H_2O(계기압력) = 79.25/13.57 = 5.84 \, mmHg(계기압력)$

$p_A(abs.) = 79.25 + (13.57)(720) = 9849.65 \, mm H_2O(절대압력)$

두 점 사이의 압력차를 정밀하게 측정하거나 압력차이가 미소할 경우에 압력차를 측정하기 위해서 **미차액주계**(micro-manometer)를 사용한다. 이 원리는 그림 2.4.3에서 볼 수 있는 바와 같이 관속에 서로 다른 액체 A, B, C가 사용되며 U자관의 단면적이 a_2, 상부의 관 단면적이 a_1으로 동일하다. 좌우의 평형을 고려하면 다음과 같다.

$$p_1 + \gamma_A(h + \Delta z) + \gamma_B(z - \Delta z + \frac{y}{2})$$

$$= p_2 + \gamma_A(h - \Delta z) + \gamma_B(z + \Delta z - \frac{y}{2}) + \gamma_C y \qquad (2.4.2)$$

압력이 작용되기 전의 두 액주계의 원위치를 고려하면,

$$a_1 \Delta z = a_2 \frac{y}{2}$$

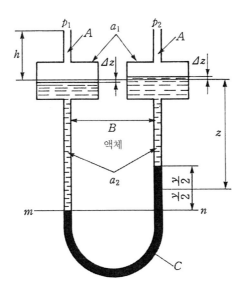

[그림 2.4.3]

이다. 이 식에서 Δz에 관해 정리하고 식(2.4.2)에 대입하여 다시 정리하면 다음과 같다.

$$p_1 - p_2 = y\left[\gamma_C - \gamma_B\left(1 - \frac{a_2}{a_1}\right) - \gamma_A\left(\frac{a_2}{a_1}\right)\right] \qquad (2.4.3)$$

3가지의 액체의 단위중량과 단면적비를 알고 y만 읽으면 두 점 사이의 압력차를 계산할 수 있다. 그리고 그림에서 $a_2 \ll a_1$이므로 식 (2.4.3)은 다음과 같이 간단하게 나타낼 수 있다.

$$p_1 - p_2 \simeq (\gamma_C - \gamma_B)y \qquad (2.4.4)$$

또 다른 압력계인 버어돈 압력계는 관벽에 직접 부착하거나 관의 말단부에 연결하여 압력을 측정하는 상품화된 장치이다. 이 압력계는 대체로 고압을 측정하는 데 사용되며 작은 압력을 측정하기에는 정밀도가 낮으며 압력은 계기판에서 바늘이 지시하는 숫자를 읽어서 측정된다.

2.5 수중의 평면과 곡면에 작용하는 정수압

수문, 댐, 수조 등과 같은 구조물에 작용하는 정수압, 작용방향, 작용점은 수공구조물 설계에 중요하다. 수압이 작용하는 면이 수평이거나 연직인 경우와 경사진 경우로 구분하여 평면이 받는 전수압과 작용점을 구하는 방법, 곡면에 작용하는 압력에 대해 공부한다.

2.5.1 평면에 작용하는 전수압과 작용점

임의 형태의 평면이 수중에 있고, 수면과 각 θ를 이루고 있는 평판이 받는 전수압과 힘의 작용점을 구한다. 그림 2.5.1에서와 같이 수면에서 h인 점(경사방향에 대해서 z인 지점)에 있는 미소면적 dA에 작용하는 전수압을 dP라고 하면,

$$dP = \rho g\, h\, dA = \rho g\, z \sin\theta\, dA$$

이고, 평판 A에 작용하는 전수압 P는,

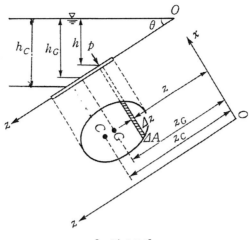

[그림 2.5.1]

$$P = \int dP = \gamma \sin\theta \int_A z dA = \gamma \sin\theta \, z_G \, A = \gamma h_G A \qquad (2.5.1)$$

이다. 여기서 z_G는 O점에서 평면의 도심까지 거리이다. 수면에서 평면의 도심까지의 거리 h_G는 $z_G \sin\theta$와 같다.

전수압 P가 작용하는 작용점에 대해서 y축에 관한 모멘트를 고려하여 dPz의 총합을 구한다. 점 O에서 전수압 P가 작용하는 점까지의 거리를 z_C라고 하면,

$$P z_C = \int_A dP z = \int_A \gamma \sin\theta \, z \, dA \, z = \gamma \sin\theta \int_A z^2 dA = \gamma \sin\theta \, I_x \quad \cdot \qquad (2.5.2)$$

여기서 I_x는 x축에 관한 단면 2차 모멘트이며 도심축에 관한 단면 2차 모멘트 I_G와의 관계는 다음과 같다.

$$I_x = I_G + z_G^2 A \qquad (2.5.3)$$

식(2.5.3)과 식(2.5.1)을 식(2.5.2)에 대입하여 정리하면,

$$z_C = z_G + \frac{I_G}{z_G A} \qquad\qquad (2.5.4)$$

이다. 만일 θ가 90°이면 식(2.5.4)는 다음과 같다.

$$h_C = h_G + \frac{I_G}{h_G A} \qquad\qquad (2.5.5)$$

참고로 여러 가지 도형에 대한 면적, 도심, 단면 2차 모멘트를 표 2.5.1에 제시하였다.

[표 2.5.1] 여러 가지 도형과 단면 2차모멘트

형상	면적	도심	도심축에 관한 단면 2차 모멘트
직사각형	$b \cdot h$	$\bar{x} = \dfrac{1}{2} b$ $\bar{y} = \dfrac{1}{2} h$	$\dfrac{1}{12} b \cdot h^3$
삼각형	$\dfrac{1}{2} b \cdot h$	$\bar{x} = \dfrac{b+c}{3}$ $\bar{y} = \dfrac{h}{3}$	$\dfrac{1}{36} b \cdot h^3$
원형	$\dfrac{1}{4} \pi d^2$	$\bar{x} = \dfrac{1}{2} d$ $\bar{y} = \dfrac{1}{2} d$	$\dfrac{1}{64} \pi d^4$
사다리꼴	$\dfrac{h(a+b)}{2}$	$\bar{y} = \dfrac{h(2a+b)}{3(a+b)}$	$\dfrac{h^3(a^2+4ab+b^2)}{36(a+b)}$
반원	$\dfrac{1}{2} \pi r^2$	$\bar{y} = \dfrac{4r}{3\pi}$	$\dfrac{(9\pi^2-64)r^4}{72\pi}$
타원형	πbh	$\bar{x} = b$ $\bar{y} = h$	$\dfrac{\pi}{4} b \cdot h^3$
반타원형	$\dfrac{\pi}{2} bh$	$\bar{x} = b$ $\bar{y} = \dfrac{4h}{3\pi}$	$\dfrac{(9\pi^2-64)}{72\pi}$
포물선단면	$\dfrac{2}{3} bh$ $y = h\left(1 - \dfrac{x^2}{b^2}\right)$	$\bar{x} = \dfrac{3}{8} b$ $\bar{y} = \dfrac{2}{5} h$	$\dfrac{8}{175} b \cdot h^3$

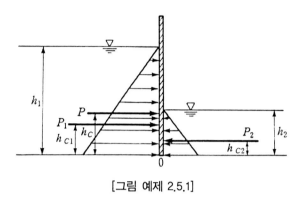

예제 2.5.1 그림과 같이 폭이 $2m$인 수로에 수문을 설치하였다. 이때 상류 측 수위가 $2.1m$이고 하류 측 수위가 $0.9m$이었다. 수문에 작용하는 전수압과 작용점을 구하여라.

[그림 예제 2.5.1]

풀이 전수압 $P = \gamma h_G A$

$$P_1 = \gamma h_{G1} A_1 = 9800(1.05)(2 \times 2.1) = 43218\,N \fallingdotseq 43.22\,kN$$

$$P_2 = \gamma h_{G2} A_2 = 9800(0.45)(2 \times 0.9) = 7938\,N \fallingdotseq 7.94\,kN$$

수문에 작용하는 전수압은,

$$P = P_1 - P_2 = 43218 - 7938 = 35280N \fallingdotseq 35.28\,kN$$

작용점을 수면에서 $h_C = h_G + \dfrac{I_G}{h_G A}$로 구할 수 있으나 여기서는 바닥을 기준으로 구하면 편리하다. 즉,

$$h_{C1} = \frac{1}{3}h_1 = \frac{1}{3}(2.1) = 0.7m$$

$$h_{C2} = \frac{1}{3}h_2 = \frac{1}{3}(0.9) = 0.3m$$

전수압 P의 작용점을 구하기 위해 점 O에 관해 모멘트를 취하여 구한다.

$$Ph_C = P_1 h_{C1} - P_2 h_{C2}$$

$$h_C = \frac{43.22 \times 0.7 - 7.94 \times 0.3}{35.28} = 0.79m \quad \text{(수로 바닥에서부터)}$$

2.5.2 곡면에 작용하는 전수압과 작용점

임의의 곡면에 작용하는 전수압은 직접 결정할 수 없기 때문에 분력으로 나누어 계산하고 이를 합성하여 구한다. 정수 중의 곡면에 작용하는 정수압을 구하기 위해 곡면의 미소면적 dA를 생각하자(그림 2.5.2 참조). 미소면적 dA를 평면으로 가정하여 평면에 작용하는 정수압 으로 다룬다. 그림 2.5.2에서 수면을 x축이라 하고 미소면적 dA에 수압 P가 작용할 때 x와 y축 방향에 대한 전수압은,

$$dP_x = p\cos\theta\,dA, \;\; dP_y = p\sin\theta\,dA \tag{2.5.6}$$

이다. 이 식을 다시 정리하면,

$$dP_x = p(dA\cos\theta) = pdA_x, \; dP_y = p(dA\sin\theta) = p\,dA_y \tag{2.5.7}$$

로 나타낼 수 있다. $p = \gamma y$이므로 전수압 P는,

$$P_x = \int_{A_x} pdA_x = \gamma\int_{A_x} ydA_x = \gamma(\text{수면에서 } A_x\text{의 도심까지 거리})A_x \tag{2.5.8}$$

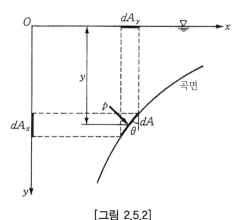

[그림 2.5.2]

$$P_y = \int_{A_y} p \, dA_y = \gamma \int_{A_y} y \, dA_y = \text{밑면} A \text{에 대한 연직 수주의 무게} \qquad (2.5.9)$$

곡면에 작용하는 수압은 수평분력과 연직분력으로 구분하여 구하고 이를 합성하여 전수압을 결정한다. 식(2.5.8)과 (2.5.9)에 대해 보충 설명을 하면,

(1) 수중의 곡면에 작용하는 정수압의 수평분력은 그 곡면을 연직면에 투영시켰을 때 생기는 투영면적 A_x에 작용하는 수압과 같고 그 작용점은 연직면에 작용하는 힘의 작용점과 같다.

(2) 수중의 곡면에 작용하는 정수압의 연직분력은 그 곡면이 밑면이 되는 물기둥의 무게와 같고 그 작용점은 물기둥의 중심을 지난다.

부가적으로 연직분력을 구할 때 곡면의 상부가 빈 공간으로 있을 때에도 그 곡면을 밑면으로 수면까지의 부피에 해당하는 물의 무게와 같으며 그 작용점은 물기둥의 중심을 지난다.

그리고 그림 2.5.3과 같이 곡면 S_1과 S_2로 이루어진 물체가 수중에 놓여 있다. 이때 전수압의 연직성분은 곡면 S_1을 밑면으로 하는 물기둥의 무게(AS_1BCD)가 아래 방향으로 작용하고 있으며 곡면 S_2를 밑면으로 하는 물기둥의 무게(AS_2BCD)가 위 방향으로 작용하고 있기 때문에 실제 이 물체가 받는 힘은 이 물체의 부피에 해당하는 물의 무게만큼 위 방향으로 작용한다. 이 힘을 **부력**이라고 부르며 **아르키메데스 원리**로 알려져 있다. 이 물체에 대한 수평방향의 힘은 연직면에 투영한 면적이 어느 쪽에서나 동일하기 때문에 방향이 반대인 같은 힘이 양쪽에 작용하고 있다.

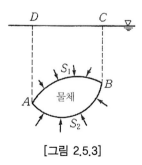

[그림 2.5.3]

예제 2.5.2 그림과 같은 수문 AD에 작용하는 전수압의 수평성분과 연직성분, 작용점을

구하여라. 단, 수문의 폭은 $1m$이다.

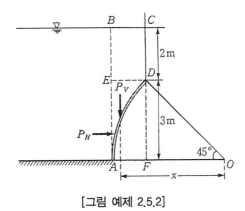

[그림 예제 2.5.2]

풀이 수문의 반경은 3/sin45°이다. 전수압의 수평분력 P_H는 연직면에 투영한 면적 AE ($3 \times 1m$)에 작용하는 것과 같으므로,

$$P_H = \gamma h_G A = 1t/m^3 \cdot (2 + \frac{3}{2}) \cdot (3 \cdot 1) = 10.5\,t = 103kN$$

작용점은 수면에서,

$$h_C = h_G + \frac{I_o}{h_G A} = 3.5 + \frac{\dfrac{1 \cdot 3^3}{12}}{3.5 \cdot 3} = 3.71\,m$$

연직분력 P_V는 체적 $ABCD$에 해당하는 물의 무게이다.

$$체적ABCD = 체적EBCD + 체적AEDO - 체적AOD$$

$$= [2(3/\sin 45 - 3) + [(3/\sin 45^o - 3) \cdot 3 + 3 \cdot 3 \cdot \frac{1}{2}]$$

$$- \pi\,(\frac{3}{\sin 45^o})^2 \cdot \frac{1}{8}\,] \times 1 = 3.644m^3$$

$$P_V = \gamma(\text{체적 } ABCD) = 3.644t = 35.7kN$$

P_V와 P_H의 합력이 수문의 중심 O를 지나기 위해서 P_V의 작용점과 점 O의 거리를 x라고 하면 $P_H \cdot (5 - 3.71) = P_V \cdot x$이므로 $x = 3.72m$이다.

2.5.3 원형관에 작용하는 압력

상수도관 같은 원형관에 물이 흐르기 위해서는 압력이 가해져야 한다. 이때 관벽에 인장응력이 작용한다. 압력을 받는 관에서 관의 두께를 결정하는 것은 중요하다. 원관 내에 작용하는 전수압은 곡면에 작용하는 수평분력을 계산하는 방법을 적용한다. 원형관은 모든 방향에 대해 동일한 압력을 받기 때문에 반원에 대해서만 고려한다. 그림 2.5.4에서와 같이 관 내의 압력을 p, 전수압의 수평분력을 P, 직경을 D, 관의 길이를 l, 관 벽면에 가해지는 힘에 대한 인장력을 T라고 할 때 전수압의 수평방향 분력과 인장력은 동일하다. 즉,

$$2T = P = pDl \tag{2.5.10}$$

이고, 관의 인장응력을 σ, 관의 두께를 t라고 하면,

$$\sigma = \frac{T}{tl} \tag{2.5.11}$$

이다. 식(2.5.10)과 (2.5.11)로부터 관의 두께 t에 관해 정리하면,

$$\therefore \quad t = \frac{pD}{2\sigma} \tag{2.5.12}$$

이고, 관의 설계에서 σ 대신 관재료에 따른 허용인장응력 σ_{ta}로 대신하면,

$$t = \frac{pD}{2\sigma_{ta}} \tag{2.5.13}$$

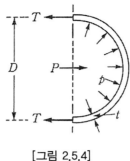

[그림 2.5.4]

이다. 이 식을 **주장력공식**이라고 하며 관의 직경과 관 내의 압력이 주어지면 관의 두께를 구할 수 있다. 만일 관의 외부에서 압력이 작용하면 압축응력을 받기 때문에 허용인장응력 대신에 허용압축응력 σ_{ca}를 사용한다.

2.6 부체의 안정

해안에서 항만의 방파제를 축조하기 위해 케이슨이 사용된다. 케이슨은 육지에서 공간이 비어 있고 윗부분이 개방된 직육면체의 콘크리트 구조물로 만들어져 있다. 이 구조물을 바다에 띄워서 건설지점까지 운반하여 내부의 빈 공간에 모래나 돌을 채워 수중에 침몰시킨다. 운반 중에 이 구조물이 파도나 바람과 같은 외력에 의해 진동하다가 침몰하면 안 되기 때문에 구조물의 회전에 대한 안정해석이 필요하다.

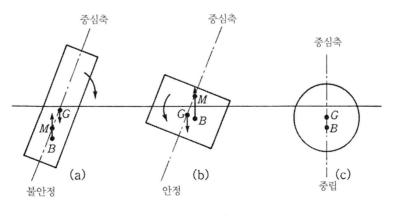

[그림 2.6.1]

그림 2.6.1과 같이 부체의 중심(gravity center)을 G, 부력(buoyance)의 중심을 B, 부체의 중심축과 부력의 중심을 지나는 연직선과의 교점을 **경심**(metacenter) M이라고 한다. 이때 $\overline{MG}$의 거리를 **경심고**(height of metacenter)라고 부른다. 부체에 작용하는 힘은 중력과 부력인데 이 힘은 우력(couple of force)을 형성시켜 회전모멘트를 발생시킨다. 우력에 의해 부체가 기울어져 경심 M이 G의 아래에 놓이게 되면 불안정이라고 한다[그림 (a)]. 이때 작용되는 우력을 **전도모멘트**라고 한다. 만일 경심 M이 G보다 위에 있으면 부체는 원래의 상태로 되돌아가려는 우력이 작용하여 부체는 항상 안정이며 이때 작용되는 우력을 **복원모멘트**라고 한다 [그림 (b)]. 그림 (c)의 구는 M과 G가 일치하여 우력이 발생하지 않으며 이를 중립 상태라고 한다. 이와 같은 중립은 구형의 부체를 제외하고는 실제로 드물다.

그림 2.6.2와 같이 중심축 y에 대해 부체가 외력에 의해 θ만큼 경사졌다고 하자. 이 경우에 중심의 위치 G는 변하지 않고 부심의 위치 B만 변한다. θ만큼 경사진 후에 부체의 일부가 수면 아래로 잠겨서 부력이 증가하고 반대로 일부는 수면 위로 떠올라 부력이 감소한다. 부력모멘트 변화(ΔM)는 중심축 y로부터 구한다. 즉,

$$
\begin{aligned}
\Delta M &= \int_{0}^{b} x\,\theta\,l(x)\,dx\,(x) - \int_{-b}^{0} x\,\theta\,l(x)\,dx\,(-x) \\
&= \theta \int_{-b}^{b} x^{2}\,l(x)\,dx \\
&= \theta\,I_{y}
\end{aligned}
\tag{2.6.1}
$$

이다. 여기서 I_y는 중심축 y에 관한 단면 2차 모멘트이다.

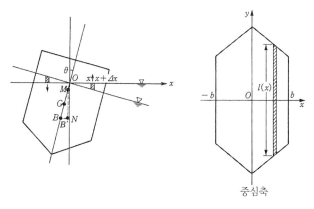

[그림 2.6.2]

외력에 의해 부체가 기울어지면서 부심 B가 B'로 이동하였다. 선분 $\overline{BB'}$는 수면에 평행이고 $\overline{BB'}$의 연장선과 점 O를 지나는 연직선과 만나는 점을 N이라고 하자. 부심의 위치 이동으로 부력모멘트 ΔM(유도할 때 γ_w 생략)은,

$$\Delta M = V \times (\overline{BN} - \overline{B'N}) = V \times \overline{BB'} \tag{2.6.2}$$

가 된다. 여기서 V는 부체의 배수용적이고 $\overline{BB'}$는 각 θ가 작은 경우에 근사적으로 다음과 같이 나타낼 수 있다.

$$\overline{BB'} = \overline{MB} \times \theta \tag{2.6.3}$$

그림 2.6.2에서 $\overline{GB} = a$ (G가 B 위에 있을 때+), $\overline{MG} = e$(M이 G 위에 있을 때+)라고 하면,

$$\overline{BB'} = (a+e)\theta \tag{2.6.4}$$

이고, 식(2.6.4)를 식(2.6.2)에 대입하여 식(2.6.1)과 비교하면,

$$I_y = (a+e)V \tag{2.6.5}$$

이다. 이 식을 e에 관해 정리하면,

$$e = \frac{I_y}{V} - a \tag{2.6.6}$$

이고, $e > 0$이면(M이 G 위에 있을 때), 부체는 회전에 대해 안정이다. $e < 0$이면 불안정이고 $e = 0$이면 중립이라고 한다. 이를 다른 형태로 정리하면,

$$\frac{I_y}{V} > a: \text{안정}$$

$$\frac{I_y}{V} < a : 불안정 \tag{2.6.7}$$

$$\frac{I_y}{V} = a : 중립$$

예제 2.6.1 공기 중에서 돌의 무게가 $100N$이다. 이 돌을 물속에서 무게를 측정하였더니 $65N$이었다. 이 돌의 부피와 비중을 구하여라.

풀이 부력 $F_b = $ 돌에 의해 배제된 물의 무게$= 100 - 65 = 35N$

$$W = \gamma V$$
$$35N = (9.81)(1000)\, V$$
$$V = 0.00356\ m^3$$

비중 $S =$(공기 중에서 돌의 무게)/(돌의 부피에 해당하는 물의 무게)

$$= \frac{100}{(9.81)(1000)(0.00356)} = 2.86$$

예제 2.6.2 그림과 같은 콘크리트 케이슨(비중 = 2.4)이 해수(비중 = 1.025)에 떠 있을 때 콘크리트 케이슨의 안정을 판별하라.

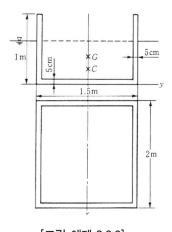

[그림 예제 2.6.2]

풀이 콘크리트의 체적을 V_c, 무게를 W라고 하면,

$$V_c = [(200)(100)(5)](2) + [(140)(100)(5)](2) + [(190)(140)(5)] = 473000\,cm^3$$

$$W = (473000 \times 10^{-6})(2.4)(9800) = 11124.96N$$

$$흘수\ y = \frac{11124.96}{(2.0)(1.5)[(1.025)(9800)]} = 0.3692m = 36.92cm$$

케이슨의 바닥에서 중심까지의 높이를 A_G라 하고 y축에 관한 케이슨의 모멘트를 G_y라고 하면,

$$A_G = \frac{G_y}{V_c}$$

$$= \frac{1}{473000}[(2)(200)(100)(5)(50) + (2)(140)(100)(5)(50)$$

$$+ (190)(140)(5)(2.5)] = 36.64cm$$

바닥에서 부심 C까지의 높이는,

$$A_C = y/2 = 36.92/2 = 18.46cm$$

이며, 경심 높이 MG는,

$$MG = \frac{I_x}{V} - CG = \frac{\dfrac{(200)(150^3)}{12}}{(200)(150)(36.92)} - (36.64 - 18.46) = 32.61cm > 0$$

이다. 이 케이슨은 안정하다.

2.7 수면형의 계산

일정한 가속도로 달리는 자동차 안에 물이 들어 있는 용기를 놓고 그 안의 수면을 관찰해 보면, 그림 2.7.1과 같이 가속도의 방향으로 수면이 기울어져 있다. 자동차와 용기는 일정하게 수평가속도 α로 이동한다고 하자. 이때 용기 속의 물은 정지상태이고 수면은 동일한 대기압이 작용하는 등압면이다. 물이 담긴 용기에 이동하는 반대방향으로 수평가속도 α와 중력방향으로 중력가속도 g의 외력이 작용한다. 이 경우의 수면형을 결정하기 위해 등압면방정식 (2.2.5)를 이용한다. 즉,

$$X = -\alpha, Y = 0, Z = -g$$
$$-\alpha dx - g dz = 0$$
$$z = -\frac{\alpha}{g}x + C \qquad\qquad (2.7.1)$$

이다. 적분상수 C를 구하기 위해 그림에서 $x = 0$일 때 $z = 0$이므로 $C = 0$이다. 수평방향으로 일정한 가속도로 이동할 때 수면방정식과 경사각 θ는 다음과 같다.

$$z = -\frac{\alpha}{g}x \qquad\qquad (2.7.2)$$

$$\theta = \tan^{-1}\left(-\frac{\alpha}{g}\right) \qquad\qquad (2.7.3)$$

일정한 가속도 α로 이동하는 엘리베이터 안에서 물이 들어 있는 용기를 관찰하자. 물이 담긴 용기에 작용하는 외력은 엘리베이터가 상승하는 경우에 $Z = -\alpha - g$, 하강하는 경우에

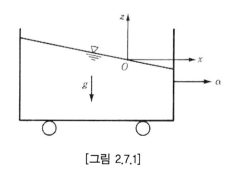

[그림 2.7.1]

$Z = \alpha - g$이다. 이때 용기 안의 수면은 수평이며 가속도를 받는 용기 내의 압력은 식(2.2.4)에 의해 구할 수 있다. 우선, 엘리베이터가 위로 이동하는 경우에,

$$dp = \rho(Z dz) = \rho(-g-\alpha)dz$$

이며, 이를 적분하고 $z = 0$일 때 $p = 0$을 적용하여 정리하면,

$$p = -\rho(g+\alpha)z = -\gamma z(1 + \frac{\alpha}{g}) \tag{2.7.4}$$

이다. 용기 내의 수심이 h라 하면 용기 바닥에서 $z = -h$이므로 바닥의 압력은,

$$p = (1 + \frac{\alpha}{g})\gamma h \tag{2.7.5}$$

이다. 식(2.7.5)에서 엘리베이터가 정지해 있을 때, 용기 바닥에 작용하는 압력은 $p = \gamma h$이지만 상승할 때에는 $\frac{\alpha}{g}\gamma h$만큼 증가한다는 것을 알 수 있다. 반대로 엘리베이터가 하강할 때, 압력은 다음과 같다.

$$p = (1 - \frac{\alpha}{g})\gamma h \tag{2.7.6}$$

만일 하강할 때 가속도가 중력가속도와 동일한 경우에 $\alpha = g$가 되어서 용기 바닥의 압력은 $p = 0$이 된다.

물이 담긴 원통형 용기를 그림 2.7.2와 같이 원통의 중심을 축으로 일정한 각속도 ω로 회전시키면 물의 점성으로 인하여 잠시 후에 물도 동일한 속도로 회전한다. 중심축에서 x만큼 떨어진 곳에서 접선속도는 $x\omega$이므로 원심가속도는 $x\omega^2$이다. 이 힘은 수평방향으로 작용하며 연직방향으로 작용하는 힘은 $-g$이다. 이 외력을 식(2.2.5)에 대입하여 적분하면 수면형을 알 수 있다.

$$xw^2dx - gdz = 0$$

$$z = \frac{\omega^2}{2g}x^2 + C$$

$x = 0$일 때 $z = h_0$이므로,

$$z = \frac{\omega^2}{2g}x^2 + h_0 \tag{2.7.7}$$

식(2.7.7)은 포물선 방정식이므로 그림 2.7.2는 회전포물면임을 알 수 있다. 일정한 각속도로 회전할 때, 용기 벽면의 수면은 가장 높고, 중심에서 수면은 가장 낮음을 알 수 있다. 이때의 수심을 각각 h_a와 h_0라고 할 때 이들의 관계를 알기 위하여 물의 체적을 구한다.

$$
\begin{aligned}
Vol &= \int_0^r 2\pi x z dx \\
&= \int_0^r 2\pi x \left(\frac{\omega^2}{2g}x^2 + h_0\right)dx \\
&= \pi r^2 \left(h_0 + \frac{\omega^2 r^2}{4g}\right)
\end{aligned}
\tag{2.7.8}
$$

회전 전의 용기 속의 물의 체적은 $Vol = \pi r^2 h$이며 위 식과 같아야 한다. 즉,

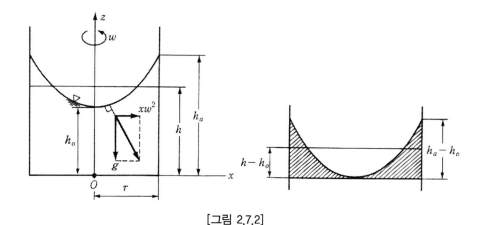

[그림 2.7.2]

$$h_0 = h - \frac{\omega^2 r^2}{4g} \tag{2.7.9}$$

이다. 그리고 $x = r$일 때 $z = h_a$이므로 이를 식(2.7.7)에 대입하면,

$$h_a = \frac{\omega^2}{2g} r^2 + h_0 = \frac{\omega^2 r^2}{2g} + (h - \frac{\omega^2 r^2}{4g})$$

$$= h + \frac{\omega^2 r^2}{4g} \tag{2.7.10}$$

식(2.7.9)와 (2.7.10)으로부터 다음 관계를 얻을 수 있다.

$$h_a - h_0 = \frac{\omega^2 r^2}{2g} \tag{2.7.11}$$

그리고 식(2.7.9)와 (2.7.10)을 비교하면 그림 2.7.2에서 정지수면이 최고수면과 최저수면을 이등분하고 있음을 알 수 있다.

예제 2.7.1 그림과 같은 만곡수로의 내 측과 외 측의 수위차가 $\Delta h = 5cm$이다. 내 측과 외 측의 반경이 각각 $R_1 = 15m$, $R_2 = 20m$일 때 이 수로에서 흐름의 유속을 구하여라. 단, 원심력은 원의 중심으로부터 $\frac{v^2}{x}$이다.

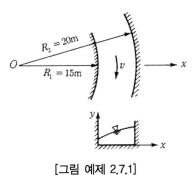

[그림 예제 2.7.1]

풀이 $X = \dfrac{v^2}{x}, \ Z = -g$

식(2.2.4)에 대입하면,

$$dp = \rho(\frac{v^2}{x}dx - gdz)$$

적분하면,

$$p = \rho v^2 \ln x - \rho gz + C$$

$x = R_1, \ z = 0$일 때 $p = 0$이므로 $C = -\rho v^2 \ln R_1$

$$p = \rho(v^2 \ln \frac{x}{R_1} - gz)$$

수위 상승고 $\varDelta h$는 $x = R_2, \ z = \varDelta h$일 때 $p = 0$이다. 이를 위 식에 대입하여 정리하면,

$$\varDelta h = \frac{v^2}{g} \ln \frac{R_2}{R_1}$$

$$0.05 = \frac{v^2}{9.8} \ln \frac{20}{15}$$

$$v = 1.31 m/s \ \triangleleft$$

연습문제

2.1.1 바닥 면적이 $2m^2$인 밀폐된 용기 속에 비중이 13.6인 수은이 들어 있다. 수은의 상부면에서 $3.5kg_f/cm^2$의 압력이 작용하고 수은이 상부면에서 바닥까지의 높이가 $4.0m$일 때 바닥에서의 압력과 바닥이 받는 전압력을 구하여라.

[해답] 압력 $p = 8.940kg_f/cm^2$,

전압력 $P = 178,800kg_f = 178.8t$

2.3.1 다음 그림과 같은 수압기에서 A와 B의 단면적 비가 500일 때 B에 $2N$이 작용하면 A에 가해지는 힘은 얼마인가? 단, 마개의 무게와 그 주변의 마찰력은 무시한다.

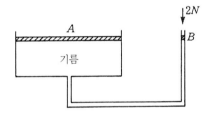

[해답] $P_A = 1,000N = 1kN$

2.4.1 직경이 D_1인 수조에 직경이 D_2인 가느다란 관이 그림과 같이 연결되어 있다. 압력이 $p_1 = p_2$일 때 수면이 AA'이었다. $p_1 > p_2$일 때 수조에서 수면이 h_1만큼 하강하고 가느다란 관에서 수면이 h만큼 상승하였다. 압력 차 $p_1 - p_2$를 관의 직경 D_1과 D_2, 오른쪽 관의 수면상승 높이 h로 나타내어라.

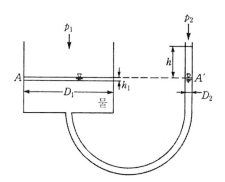

[해답] $p_1 - p_2 = \gamma h \left(1 + \dfrac{D_2^2}{D_1^2}\right)$

2.5.1 수면에 30° 각도로 직각2등변삼각형 평판이 놓여 있다. 이 평판에 작용하는 전수압과 작용점을 구하여라.

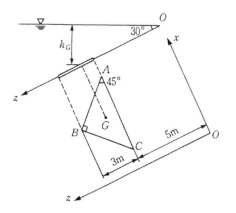

[해답] $P = 264.87 kN (= 27t)$,

$h_C = 3.042m$

2.5.2 그림과 같이 수심 $20m$에 대한 수문을 설계하려고 한다. 수문을 그림에서와 같이 3구간으로 분할하여 각 구간에 작용하는 수압이 동일하게 하려고 할 때 수심 h_1, h_2, h_3를 구하여라. 단, 수문의 폭은 $1m$로 가정하여라.

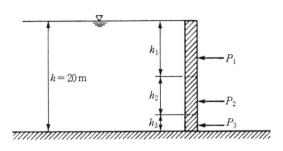

$$h_2 = 4.78m,$$
$$h_3 = 3.67m$$

2.5.3 콘크리트 중력댐의 단면이 그림과 같고 댐의 폭은 $200m$이다. 댐에 작용하는 힘, 작용방향, 그리고 댐의 저면을 통과하는 작용선의 위치를 구하여라. 단, 물의 단위중량은 $9.8kN/m^3$이다.

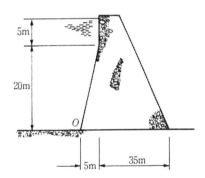

[해]

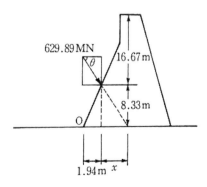

수평성분 : $P_H = 612500\,kN = 612.5\,MN$

연직성분 : $P_V = 147,000\,kN = 147.0\,MN$

합력 : $P = 629.89MN$,

작용방향 : $\theta = 13.5^\circ$(바닥 저면에 대해),

작용선과 댐의 저면이 만나는 점은 $36.64(x = 34.70m)m$이다.

2.5.4 내경이 $1.0m$인 강관에서 $80m$의 압력수두를 받는다. 강관의 최소두께를 결정하여라.
단, 강관의 허용인장응력은 $110 \times 10^6 N/m^2$이다.

[**해답**] $t = 3.56mm$

2.6.1 그림과 같은 단면의 콘크리트 케이슨에 대한 안정 여부를 검토하여라. 단, 콘크리트
비중은 2.4이고 해수의 비중은 1.025이다.

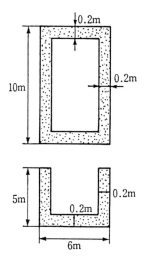

[**해답**] 흘수 $y = 1.637m$,
케이슨의 바닥에서 중심 G까지의 높이 $1.885m$,
바닥에서 부심 C까지의 높이는 $0.819m$,
경심 높이 MG는 $0.767m > 0$, 안정

2.7.2 그림과 같은 물이 들어 있는 용기를 수평방향으로 일정한 속도로 이동시켰을 때 수면
의 각도가 15°를 이루었다. 이 용기의 가속도를 구하여라.

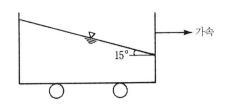

[해답] $\alpha = 2.63 m/s^2$

객관식 문제

2.1 공기 중에서 물체의 무게가 $750N(75kg_f)$이고 물속에서 무게는 $150N(15kg_f)$일 때 이 물체의 체적은? (단, 무게 $1kg_f$=10N이다.)

    가. $0.05m^3$ 나. $0.06m^3$ 다. $0.50m^3$ 라. $0.60m^3$

[정답 : 나]

2.2 비중이 0.92의 빙산이 해수면에 떠 있다. 수면 위로 나온 빙산의 부피가 $100m^3$이면 빙산의 전체 부피는? (단, 해수 비중은 1.025)

    가. $976m^3$ 나. $1,025m^3$ 다. $1,114m^3$ 라. $1,125m^3$

[정답 : 가]

2.3 그림과 같은 수압기에서 B점의 원통 무게가 $2000N(200kg)$, 면적이 $500cm^2$이고, 점의 A원통 면적이 $25cm^2$일 때 이들이 평형상태를 유지하기 위한 힘 P의 크기는? (단, A점의 원통 무게는 무시하고 관 내 액체의 비중은 0.9이며, 무게 $1kg$=10N이다.)

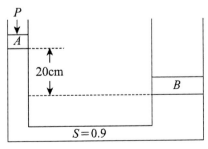

    가. $0.0955N(9.55g)$ 나. $0.955N(95.5g)$ 다. $95.5N(9.55kg)$ 라. $955N(95.5kg)$

[정답 : 다]

2.4 그림에서 A 점(관 내)에서의 압력에 대한 설명으로 옳은 것은? (단, B점은 수면에 위치한다.)

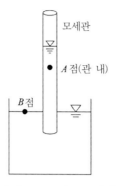

가. B점에서의 압력보다 낮다.   나. B점에서의 압력보다 높다.

다. B점에서의 압력과 같다.   라. B점에서의 압력과 비교할 수가 없다.

[정답 : 가]

2.5 중력장에서 단위유체질량에 작용하는 외력 F의 x, y, z축에 대한 성분을 각각 X, Y, Z라고 하고, 각 축방향의 증분을 dx, dy, dz라고 할 때 등압면의 방정식은?

가. $\dfrac{dx}{X} + \dfrac{dy}{Y} + \dfrac{dz}{Z} = 0$ 나. $\dfrac{X}{dx} + \dfrac{Y}{dy} + \dfrac{Z}{dz} = 0$

다. $X \cdot dx + Y \cdot dy + Z \cdot dz = 0$ 라. $X \cdot dx + Y \cdot dy + Z \cdot dz = dF$

[정답 : 다]

2.6 그림과 같이 지름 $3m$, 길이 $8m$인 수로의 드럼게이트에 작용하는 전수압이 수문 ABC에 작용하는 지점의 수심은?

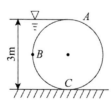

가. $2.68m$ 나. $2.43m$ 다. $2.25m$ 라. $2.00m$

[정답 : 나]

2.7 그림과 같이 높이 $2m$ 인 물통의 물이 $1.5m$ 만큼 담겨 있다. 물통이 수평으로 $4.9m/\sec^2$ 의 일정한 가속도를 받고 있을 때 물통의 물이 넘쳐흐르지 않기 위한 물통의 길이(L)는?

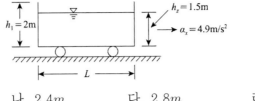

가. $2.0m$ 나. $2.4m$ 다. $2.8m$ 라. $3.0m$

[정답 : 가]

2.8 폭 $2.4m$, 높이 $2.7m$ 의 연직 직사각형 수문이 한 쪽면에 수압을 받고 있다. 수문의 밑면은 힌지로 연결되어 있고 상단은 수평체인(chain)으로 고정되어 있을 때 이 체인 작용하는 장력(張力)은 얼마인가? 단, 수문의 정상과 수면은 일치한다.

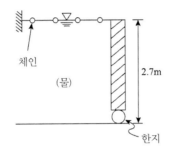

가. $2.92ton$ 나. $5.83ton$ 다. $7.87ton$ 라. $8.75ton$

[정답 : 가]

2.9 물속에 존재하는 임의의 면에 작용하는 정수압의 작용방향에 대한 설명으로 옳은 것은?
   가. 정수압은 수면에 대하여 수평방향으로 작용한다.
   나. 정수압은 수면에 대하여 수작방향으로 작용한다.
   다. 정수압은 임의의 면에 직각으로 작용한다.
   라. 정수압의 수직압은 존재하지 않는다.

[정답 : 다]

2.10 부체의 안정에 관한 설명으로 옳지 않은 것은?

가. 경심(M)이 무게중심(G)보다 낮을 경우 안정하다.

나. 무게중심(G)이 부심(B)보다 아래쪽에 있으면 안정하다.

다. 부심(B)와 무게중심(G)이 동일 연직선 상에 위치할 때 안정을 유지한다.

라. 경심(M)이 무게중심(G)보다 높을 경우 복원모멘트가 작용한다.

[정답 : 가]

2.11 빙산(氷山)의 부피가 V, 비중이 0.92이고, 바닷물의 비중이 1.025라 할 때 바닷물 속에 잠겨있는 빙산의 부피는?

가. $1.1V$　　　　나. $0.9V$　　　　다. $0.8V$　　　　라. $0.7V$

[정답 : 나]

2.12 비중 γ_1의 물체가 비중 $\gamma_2(\gamma_2 > \gamma_1)$의 액체에 떠 있다. 액면 위의 부피($V_1$)과 액면 아래의 부피($V_2$) 비($\frac{V_1}{V_2}$)는?

가. $\dfrac{V_1}{V_2} = \dfrac{\gamma_2}{\gamma_1} + 1$　　　　　　　　나. $\dfrac{V_1}{V_2} = \dfrac{\gamma_2}{\gamma_1} - 1$

다. $\dfrac{V_1}{V_2} = \dfrac{\gamma_1}{\gamma_2}$　　　　　　　　라. $\dfrac{V_1}{V_2} = \dfrac{\gamma_2}{\gamma_1}$

[정답 : 나]

제3

동수역학

제 3 장

동수역학

제 2장에서는 물이 정지상태에 있을 때 물의 여러 가지 역학적 문제를 다루었다. 제 3장에서는 물입자의 무리가 연속적으로 이동하는 물의 흐름이 존재하는 동수역학(hydrodynamics)에 대해서 다룬다. 유체는 압축성유체와 비압축성 유체로 구분되는데, 수리학에서는 특별한 경우를 제외하고는 비압축성 유체로 다룬다. 또한 이상유체와 점성유체로 구분되며 이상유체가 운동할 때에는 에너지 손실이 없으나 실제유체가 운동할 때에는 점성이 있기 때문에 물과 관벽사이에 마찰손실수두가 작용되며 그 외에 여러 가지 손실수두가 발생된다. 이 장에서는 흐름을 기술하는 방법과 연속적인 흐름이 갖는 운동법칙에 대해 공부한다.

3.1 흐름과 그 분류

3.1.1 흐　름

물의 흐름은 시간과 위치, 그리고 방향에 따라 변하며 연속하여 이동하는 물의 상태를 말한다. 흐름의 속도를 **유속**(velocity of flow, cm/sec, m/sec, $[LT^{-1}]$)이라고 하며 유속은 수심 등과 같은 조건에 따라 흐름의 성질과 함께 변한다. 유속은 임의 단면에서 위치에 따라 다르며 수리학에서는 특별한 언급이 없는 한 평균유속을 의미한다. **유적** 또는 흐름 단면적(cm^2, m^2, $[L^2]$)은 흐름에 대하여 직각방향의 횡단면적을 나타내며 그 단면을 단위시간 동안에 통과한 수량(체적)을 **유량**(cm^3/sec, m^3/sec, l/sec, $[L^3T^{-1}]$)이라고 한다.

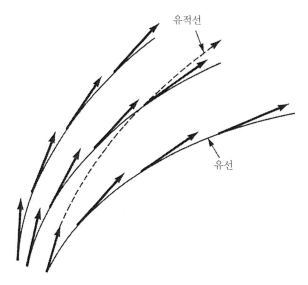

유적선

유선

[그림 3.1.1]

물의 흐름을 설명하기 위해서 가상적인 유선과 유관이 사용된다. 임의의 순간에 흐름 속에서 이동하는 유체입자의 사진을 촬영할 수 있다고 가정하자. 그때 입자의 속도벡터를 연결한 가상의 곡선을 **유선**(stream line)이라고 한다. 유선에 수직한 방향에 대한 속도성분은 항상 0이 되며 유선을 가로지르는 흐름은 존재하지 않는다. 흐름 속에서 개개 유체입자가 흐르는 경로를 **유적선**(stream path line)이라고 한다. 흐름이 시간에 대해서 변화가 없는 정상류이면 유선의 형상이 시간에 따라 변하지 않기 때문에 유선은 유체입자의 운동경로인 유적선과 일치한다.

평면좌표상에서 유선상의 한 점에서 속도 벡터를 $\overline{V}$라고 할 때 x, y 방향의 속도성분을 u, v라고 하자. 이때 $\overline{V}$가 x축과 이루는 각을 θ라고 하면 속도 성분 u, v는 다음과 같다.

$$u = \overline{V}\cos\theta, \ v = \overline{V}\sin\theta \qquad (3.1.1)$$

또한 유선의 미소변위를 ds라고 하면 각각 dx와 dy는 다음 관계가 있다.

$$dx = ds\cos\theta, \ dy = ds\sin\theta \qquad (3.1.2)$$

식(3.1.1)과 (3.1.2)로부터 유선상을 따라 이동하는 유체입자의 변위와 속도성분과의 관계식

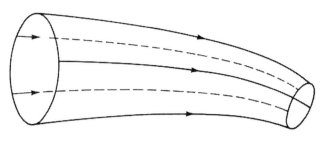

[그림 3.1.2] 유관

을 얻을 수 있으며 동일한 방법으로 이를 3차원으로 확대하여 나타낼 수 있다. 이때 z 방향의 속도 성분을 w라고 하자. 즉,

$$\frac{dx}{u} = \frac{dy}{v} = \frac{dz}{w} \tag{3.1.3}$$

이다. 이 식을 **유선방정식**이라고 부르며 이 관계를 만족하는 공간좌표상의 선을 유선이라고 한다.

흐름이 정상류인 경우에 그림 3.1.2와 같이 흐름을 가로지르는 폐곡선을 그려 폐곡선상의 각 점을 지나는 여러 개의 유선을 그리면 유선 다발에 대한 가상의 관을 그릴 수 있는데, 이를 **유관**이라고 한다. 이 관을 고체의 경계면으로 된 관으로 취급하면 편리하다.

3.1.2 흐름의 분류

(1) 개수로와 관수로
하천이나 용수로 또는 하수관을 통해서 흐르는 물은 중력의 영향을 받아서 높은 곳에서 낮은 곳으로 흐른다. 이 경우에 수면은 대기와 접하여 흐르며 이를 **자유수면**(free surface)이라고 한다. 이 흐름을 **개수로**(open channel) 흐름이라고 한다. 상수도관이나 소방차 호스 내의 물은 압력 차에 의해 흐른다. 즉, 압력이 높은 곳에서 낮은 곳으로 흐름을 발생시키며 관에 충만되어 흐르는데, 이를 **관수로**(pipeline) 흐름이라고 한다.

(2) 정상류와 부정류
흐름의 특성이 임의의 점에서 시간에 따라 변하지 않고 일정하게 유지되는 경우를 **정상류**(定

常流, steady flow)라고 부른다. 흐름의 특성이란 유속, 수심, 유량, 압력, 밀도 등을 말한다. **부정류**(不定流, unsteady flow)는 임의의 점에서 흐름의 특성 중에 어느 한 가지라도 시간에 따라 변하는 흐름을 말한다. 예를 들면 맑은 날, 댐에서 물을 일정하게 방류할 때 하류 수로의 임의 지점에서 수심, 유속, 유량 등이 일정할 때의 흐름을 정상류라고 한다. 그러나 비가 내리고 있을 때 그 지점에서 유속, 유량, 수심 등이 강우량과 여러 가지 상태에 의해 시간에 따라 변하는데, 이를 부정류라고 한다. 흐름의 특성을 N이라고 하고 시간을 t라고 하면 정상류와 부정류는 다음과 같이 각각 표현된다.

$$\frac{\partial N}{\partial t} = 0(정류) \tag{3.1.4a}$$

$$\frac{\partial N}{\partial t} \neq 0(부정류) \tag{3.1.4b}$$

(3) 등류와 부등류

흐름의 특성이 어느 구간 x에서 일정할 때를 **등류**(等流, uniform flow)라고 하며 반대로 어느 구간에서 흐름의 특성이 변하는 흐름을 **부등류**(不等流, nonuniform flow)라고 한다. 이들 흐름을 수학적으로 표현하면 각각 다음과 같다.

$$\frac{\partial N}{\partial x} = 0(등류) \tag{3.1.5a}$$

$$\frac{\partial N}{\partial x} \neq 0(부등류) \tag{3.1.5b}$$

(4) 층류와 난류

1880~1883년에 영국의 Osborne Reynolds는 그림 3.1.3과 같은 실험 장치를 이용하여 관 속의 흐름 상태를 관찰하였다. 그림에서 밸브를 조절하여 관 내에 물이 흐르도록 조정한 다음에 착색 액을 관 내의 물과 동시에 흐르도록 한다. 이 실험을 통하여 레이놀즈는 다음과 같은 사실을 관찰하였다.

관 내의 유속이 느린 경우에 착색액의 가는 선이 흩어지지 않고 관축에 평행하게 실선을 그리면서 흐른다. 밸브를 조절하여 유속을 어느 정도까지 빠르게 하면 착색액이 흩어지면서 물입자와 혼합되어 퍼진다. 레이놀즈는 이 실험에서 유속이 작을 때에 물입자와 착색액이 혼합

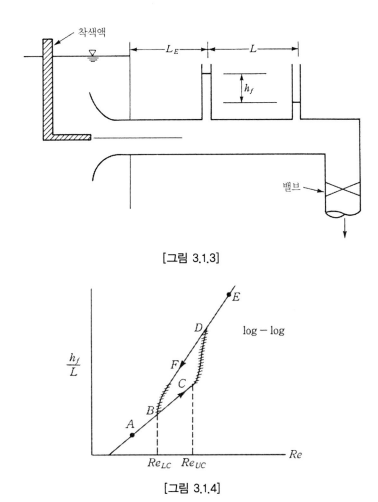

[그림 3.1.3]

[그림 3.1.4]

되지 않고 층을 이루며 흐르는 상태를 **층류**(層流, laminar flow)라고 하였으며 유속이 클 때에 착색액이 흩어지는 원인이 물입자의 혼합에 의한 것으로 판단하였으며 이 상태를 **난류**(亂流, turbulent flow)라고 하였다. 이 두 가지 흐름 상태를 경계짓는 유속을 **한계유속**(critical velocity)이라고 한다. 이 한계유속은 일정하지 않고 변하며, 흐름 상태는 유속뿐만 아니라 관의 직경, 물의 온도 등에 따라서 달라진다. 그림 3.1.3에서 L_E는 **발달거리**(entrance length)이며 관의 입구에서부터 흐름이 안정될 때까지의 거리로서 이 구간 내에서 유속분포가 변하는데, 입구 형상에 따라 발달거리는 달라질 수 있다. 이에 대한 상세한 내용이 4장에서 기술될 것이다.

그림 3.1.4는 레이놀즈 수와 단위길이당 손실수두에 관한 관계를 대수용지에 작성한 것이다. 레이놀즈 수가 작은 경우에 1의 기울기를 갖는 직선 형태이고 레이놀즈 수가 증가는 동안에

C점에 이르러 층류의 선이 파괴되는 점의 레이놀즈 수를 **상한계 레이놀즈 수** Re_{UC}라고 한다. C점에서 D점까지의 곡선은 불규칙적이고 D점 이상에서 1.7~2의 기울기를 갖는다. 이는 난류에서 손실수두가 대략적으로 평균유속의 제곱에 비례하여 변한다는 것을 의미한다. 이번에는 E점에서 레이놀즈 수가 감소할 경우에 $ABCDE$의 이전 경로를 반대로 따르지 않고 F점까지 지속되며 B점 이전까지는 층류선과 만나지 않는다. 난류가 다시 층류로 되는 지점의 레이놀즈 수를 **하한계 레이놀즈 수** Re_{LC}라고 한다. 매우 매끄러운 직선관로의 경우에 $Re_{LC} = 2300$의 실험결과가 있으나 일반적으로 $Re_{LC} = 2000$이 현실적이다. 이와 같이 유일하지 않는 현상을 **히스테리시스**(hysteresis)라고 한다.

레이놀즈는 흐름의 상태를 무차원양인 **레이놀즈 수**(Reynolds No.) Re에 의해 구분하였다.

$$Re = \frac{VD}{\nu} \tag{3.1.6}$$

여기서 V는 평균유속, D는 관의 직경, ν는 동점성계수이다. 실험의 결과를 종합하여 흐름의 상태를 다음과 같이 구분하였다.

$$Re < 2000: \text{층류}$$
$$2000 < Re < 4000: \text{천이 영역}$$
$$Re > 4000: \text{난류}$$

하천의 흐름, 하수관 내의 흐름, 상수도 관 내의 흐름 등이 대개 난류이고 지하수 흐름 등이 층류이다.

예제 3.1.1 직경이 $3cm$인 원관에 20°C의 물($\nu = 1.006 \times 10^{-6} \text{m}^2/\text{sec}$)이 흐르고 있다. 유속 V가 $5.0cm/s$일 때 레이놀즈 수를 구하고 흐름 상태를 판단하여라.

풀이 $Re = \dfrac{VD}{\nu} = \dfrac{(5.0)(3)}{1.006 \times 10^{-2}} = 1491 < 2000$ 층류

3.2 1차원 흐름의 연속방정식과 운동방정식

3.2.1 연속방정식

유량 Q는 어떤 정해진 시간에 주어진 단면을 통과한 유체 체적을 시간으로 나눈 값으로 정의하였다. 이 유량을 **체적유량**이라고도 한다. 유속이 v인 흐름에 수직한 미소면적 dA를 고려하면, 시간 dt 동안에 dA를 통과한 유체의 체적은 그림 3.2.1에 나타낸 것처럼 dA와 vdt가 이루는 직육면체이다. 따라서 미소유량은 다음과 같다.

$$dQ = \frac{vdt\,dA}{dt} = v\,dA \tag{3.2.1}$$

유속은 유한한 면적 A에 걸쳐 변할 수도 있기 때문에 유량은 적분을 통해 구해야 한다. 즉,

$$Q = \int_A dQ = \int_A vdA \tag{3.2.2}$$

이 정의를 적용하여 유량을 계산하기 위해서 단면을 유속에 수직하게 선택하고 단면상의 많은 점에서 유속을 측정해야 한다. 이와 같은 유속 측정은 피토 정압관과 같은 기기를 단면에 설치하여 측정하고 이 값들을 이용하여 임의 단면에 대한 유속분포곡선을 결정할 수 있다. 평균유속 V가 전면적에 대해 사용된다면, 유량은 다음 식과 같이 실제의 유속분포에 의한 유량과 동일하게 나타낼 수 있다.

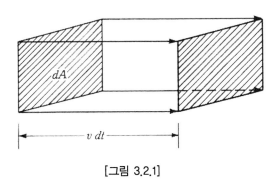

[그림 3.2.1]

$$Q = A\,V = \int_A v\,dA \tag{3.2.3}$$

식(3.2.3)을 이용하여 평균유속 V로 나타내면 다음과 같다.

$$V = \frac{1}{A} \int_A v\,dA \tag{3.2.4}$$

수리학에서는 유체질량보다는 유체가 통과하는 특정한 영역에 관심을 기울이는 경우가 있다. 이렇게 정의된 공간 영역을 **검사체적**(control volume, CV)이라고 부른다. 검사체적을 흐름장의 나머지 부분과 구분하는 경계를 **검사표면**(control surface, CS)이라고 한다. 검사체적이 주어진 해석에 적절하면 자유롭게 채택될 수 있다. 그러므로 검사체적을 이동시킬 수도 있고 변형시킬 수도 있다. 그림 3.2.2와 같이 유관에 채택된 검사체적(단면 I과 II)을 살펴보자. 유관은 유선들로 형성되어 있기 때문에 유체는 유관 옆면의 경계를 통과 할 수 없다. 그림과 같은 하나의 유관 속을 밀도가 일정한 물이 흐를 때 검사체적 내에서 질량은 일정해야 한다. 단면 I과 II에서 흐름 단면적을 각각 A_1, A_2라고 하고 평균유속을 V_1, V_2라고 하면 검사체적에 대해서 단면적 A_1을 통한 유입유량은 단면적 A_2를 통한 유출유량과 같아야 한다. 즉,

$$Q = A_1\,V_1 = A_2\,V_2 \tag{3.2.5}$$

이다. 이 식을 1차원 흐름의 **연속방정식**(equation of continuity)이라고 부른다. 식(3.2.5)는 두 단면 사이에 밀도가 일정한 경우이지만 밀도가 다른 경우에 질량보존법칙을 적용하여 나타내면 다음과 같다.

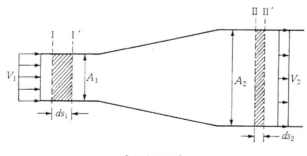

[그림 3.2.2]

$$\rho_1 \, A_1 \, V_1 = \rho_2 \, A_2 \, V_2 \qquad\qquad (3.2.6)$$

이 식을 **질량유량**(mass flow rate)이라고 부른다. 식(3.2.6)의 양변에 중력가속도 g를 곱하여 단위중량 γ를 사용하여 나타낼 수 있다.

$$\gamma_1 \, A_1 \, V_1 = \gamma_2 \, A_2 \, V_2 \qquad\qquad (3.2.7)$$

이 식은 **중량유량**(weight flow rate)을 나타낸다. 비압축성 유체에서 밀도 ρ는 일정하기 때문에 식(3.2.6)과 (3.2.7)은 식(3.2.5)와 같다. 이와 같은 단순한 형태의 연속방정식은 매우 제한적이기는 하지만 유용하게 적용된다.

예제 3.2.1 그림 3.2.2에서 단면 I의 유속과 단면적이 $V_1 = 2m/s$, $A_1 = 0.4m^2$이고, 단면 II에서 단면적이 $A_2 = 0.8m^2$일 때 이 관에서 유량 Q와 단면 II에서 유속 V_2를 구하여라.

풀이 $Q = A_1 \, V_1 = A_2 \, V_2$이므로
$$Q = (0.4)\,(2) = 0.8m^3/s$$
$$V_2 = Q/A_2 = 0.8/0.8 = 1.0m/s$$

3.2.2 오일러 방정식

연속체 유체에 뉴턴의 운동 제 2법칙을 적용하면 유체 동역학을 해석할 수 있는 방정식 중의 하나인 오일러(Euler) 방정식을 유도할 수 있다. 오일러 방정식을 유도하기 위해 그림 3.2.3에서 같이 가상의 유관을 생각해보자. 그리고 유도를 단순화시키기 위해서 흐름 내에 전단응력이 없다고 가정한다. 마찰을 무시하는 것이 지나친 가정이라고 보일지라도 여러 가지 중요한 상황에서 정확한 결과를 이끌어 내고 최종 식을 상당히 단순화시켜준다. s방향으로 뉴턴의 제 2법칙을 적용하면 다음과 같다.

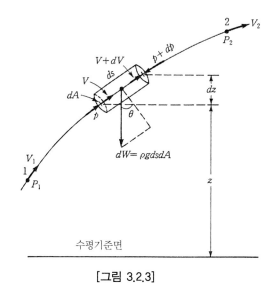

[그림 3.2.3]

$$\sum F = ma$$

$$\sum F = p_1 dA - p_2 dA - dW \sin\theta = \rho(ds\,dA)\frac{dV}{dt} \tag{3.2.8}$$

1지점에서 압력을 $p_1 = p$ 라고 하면 ds만큼 떨어진 2지점에서 압력을 $p_2 = p + \dfrac{\partial p}{\partial s}ds$, $\dfrac{dV}{dt} = V\dfrac{\partial V}{\partial s} + \dfrac{\partial V}{\partial t}$[1], $dW = \rho g\,ds\,dA$, $\sin\theta = \dfrac{dz}{ds}$ 를 식(3.2.8)에 대입하여 정리하면 다음과 같다.

$$\frac{\partial p}{\partial s} + \rho g\frac{dz}{ds} + \rho\left(V\frac{\partial V}{\partial s} + \frac{\partial V}{\partial t}\right) = 0 \tag{3.2.9}$$

이 식을 1차원 흐름에 대한 **오일러 운동방정식**이라고 부른다. 이 식은 마찰이 없고 밀도가 일정한 유체에 뉴턴의 운동 제 2법칙을 적용한 결과이다. 이 식은 제 2법칙에 대한 것이기

---

1) 1차원 유동에서 속도 V는 거리와 시간 함수 $V = V(s, t)$이다. 이를 전미분하면,

$$dV = \frac{\partial V}{\partial s}ds + \frac{\partial V}{\partial t}dt$$

양변을 dt로 나누고 정리하면 다음과 같다.

$$a = \frac{dV}{dt} = V\frac{\partial V}{\partial s} + \frac{\partial V}{\partial t}$$

때문에 관성(비가속)좌표계에서만 성립된다.

만일 식(3.2.9)의 괄호 안의 가속도가 0이라고 하면 정수역학의 기본식이 된다. 즉,

$$\frac{\partial p}{\partial s} + \rho g \frac{dz}{ds} = 0 \tag{3.2.10}$$

유체 밀도가 일정하다고 하면 식(3.2.10)에 단위중량 γ로 나누어 주고 정리하면,

$$\frac{\partial (p + \gamma z)}{\partial s} = 0$$

$$\frac{\partial (\frac{p}{\gamma} + z)}{\partial s} = \frac{\partial h}{\partial s} = 0 \tag{3.2.11}$$

이 식은 전단력이 없고 밀도가 일정하며 가속되지 않은 유체에 대해 위압수두가 일정하다는 것을 의미한다. 즉, 비압축성이며 비점성유체에서 가속도가 없으면 위압수두는 어느 방향에서도 일정하다.

3.2.3 베르누이 방정식

1차원 흐름의 오일러 방정식(3.2.9)에 정상류 흐름을 적용한다. 즉, $\frac{\partial V}{\partial t} = 0$인 경우이다.

$$\frac{\partial}{\partial s}\left(\frac{V^2}{2g} + \frac{p}{\gamma} + z\right) = 0 \tag{3.2.12}$$

이 식에서 괄호 안의 양이 유선을 따라서 보존된다는 것을 의미한다. 만일 점 1과 2가 동일한 유선상에서 임의의 두 점이라고 하면 다음과 같은 식으로 나타낼 수 있다.

$$\frac{V_1^2}{2g} + \frac{p_1}{\gamma} + z_1 = \frac{V_2^2}{2g} + \frac{p_2}{\gamma} + z_2 \tag{3.2.13}$$

수리학에서 가장 널리 사용되는 식 중에 하나인 유명한 **베르누이의 에너지방정식** 또는 **베르누이 방정식**(Bernoulli equation)이라고 한다. 이 식은 유선방향의 오일러방정식의 결과이기 때문에 동일한 제약을 받는다. 베르누이 방정식은 밀도가 일정하고 마찰이 없는 정상류에 대해 유선에 연해서 성립된다. 또한 베르누이 방정식을 적용할 때 다음 사항을 반드시 알아 두어야 한다.

(1) 좌표계는 가속되지 않아야 한다.
(2) 압력은 양쪽이 모두 계기압력이거나 절대압력이어야 한다.
(3) 양쪽의 표고는 동일한 수평면 기준으로부터 측정되어야 한다.
(4) 기호 V는 유체의 속도를 나타낸다. 개개의 속도성분들에 대해서는 유효하지 않다.

유선에 따라 보존되는 양을 총수두라고 하며 식(3.2.13)의 각 항을 다음과 같이 부른다.

$\dfrac{p}{\gamma}$: 압력수두(pressure head, $[L]$)

$\dfrac{V^2}{2g}$: 속도수두(velocity head, $[L]$)

z : 위치수두(potential head, $[L]$)

H : 총수두(total head, $[L]$)

수평기준면으로부터 압력수두와 위치수두를 연결한 선을 **동수경사선**(hydraulic grade line)이라고 하며 동수경사선에 속도수두 항을 더하여 연결한 선을 **에너지선**(energy line)이라고 한다. 지금까지 토목공학을 위해 편리한 형태로 나타냈으나 식(3.2.13)의 양변을 단위중량 γ로 곱하여 정리하면 다음과 같다.

$$\frac{\rho V_1^2}{2} + p_1 + \rho g z_1 = \frac{\rho V_2^2}{2} + p_2 + \rho g z_2 \tag{3.2.14}$$

이 식에서 각 항은 압력 p와 동일한 차원이다. 이때 p를 **정압력**(static pressure), $\dfrac{\rho V^2}{2}$을

동압력(dynamic pressure), ρgz를 **위치압력**(또는 정수압, potential pressure), $\frac{\rho V^2}{2} + p$를 **정체압력**이라고 한다.

베르누이 방정식이 스위스 수학자 Daniel Bernouli(1700~1782)를 기념하기 위해 명명되었으나 이 식의 창시자는 오일러나 프랑스 수학자 Joseph Louis Lagrange(1736~1813)이다.

식(3.2.13)은 이상유체에 대한 것으로 어디에서나 수평기준선과 에너지선은 평행하지만 실제유체의 흐름에서는 점성에 의한 에너지 손실이 발생하기 때문에 다음과 같이 손실을 고려한 식으로 수정되어야 한다.

$$\frac{V_1^2}{2g} + \frac{p_1}{\gamma} + z_1 = \frac{V_2^2}{2g} + \frac{p_2}{\gamma} + z_2 + h_f \tag{3.2.15}$$

여기서 h_f는 손실수두이다.

예제 3.2.2 그림과 같이 단면 1에서 단면 2로 물이 흐르고 있다. 단면 2에서 유속과 압력을 구하여라. 단, 단면 1에서 단면 2까지 수두손실은 $3.50\,m$이다.

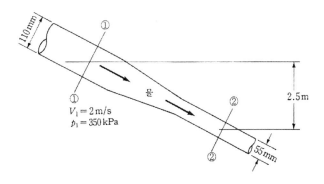

[그림 예제 3.2.2]

풀이 $Q = A_1 V_1 = A_2 V_2$, $[(\pi)(0.110^2)/4](2.0) = [(\pi)(0.055^2)/4](V_2)$

$V_2 = 8.00m/s$

$$\frac{p_1}{\gamma} + \frac{V_1^2}{2g} + z_1 = \frac{p_2}{\gamma} + \frac{V_2^2}{2g} + z_2 + h_f$$

$$\frac{350}{9.8} + \frac{2.0^2}{(2)(9.8)} + 2.5 = \frac{p_2}{9.8} + \frac{8.0^2}{(2)(9.8)} + 0 + 3.5$$

$$p_2 = 310.20 \, kPa$$

3.2.4 베르누이 방정식의 응용

(1) 응용예 1

유량을 측정하기 위해 수평으로 놓인 벤츄리(venturi)관을 그림 3.2.4에 나타냈다. 두 지점에 세운 가느다란 관의 수위 차를 Δh라고 할 때 유량 Q를 구하는 문제를 살펴보자.

단면 1과 2의 유속을 V_1, V_2라고 하고 연속방정식과 베르누이 방정식을 적용하면,

$$Q = \frac{\pi}{4}D_1^2 V_1 = \frac{\pi}{4}D_2^2 V_2 \tag{3.2.16}$$

$$\frac{V_1^2}{2g} + \Delta h = \frac{V_2^2}{2g} \tag{3.2.17}$$

이고, 식(3.2.16)을 유속 V_1, V_2에 관해 정리하여 식(3.2.17)에 대입하면,

$$\frac{8Q^2}{g\pi^2 D_1^4} + \Delta h = \frac{8Q^2}{g\pi^2 D_2^4}$$

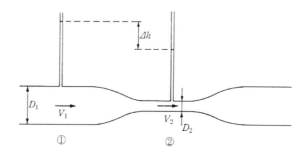

[그림 3.2.4]

이다. 이 식을 유량Q에 관해 정리하면 다음과 같다.

$$Q = \pi D_1^2 D_2^2 \sqrt{\frac{g \Delta h}{8 (D_1^4 - D_2^4)}} \tag{3.2.18}$$

(2) 응용예 2

그림 3.2.5와 같이 수로에 수문이 설치되어 있다. 흐름을 정상류라고 할 때 단위폭당 유량을 구하여라.

단면 1과 2의 유속을 V_1, V_2라고 하고 연속방정식과 베르누이 방정식을 적용하면,

$$q = V_1 h_1 = V_2 h_2 \tag{3.2.19}$$

$$\frac{V_1^2}{2g} + h_1 = \frac{V_2^2}{2g} + h_2 \tag{3.2.20}$$

이다. 식(3.2.19)를 유속 V_1, V_2에 관해 정리하여 식(3.2.20)에 대입하여 q에 관해 나타내면,

$$\frac{q^2}{2gh_1^2} + h_1 = \frac{q^2}{2gh_2^2} + h_2$$

$$q = h_1 h_2 \sqrt{\frac{2g}{h_1 + h_2}} \tag{3.2.21}$$

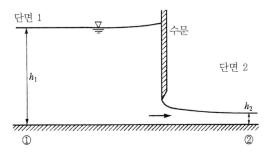

[그림 3.2.5]

이다. 식(3.2.21)로부터 직사각형수로에 수문이 설치되어 수문 전후의 수심이 주어지면 단위 폭당 유량은 수문 전후의 수심에 의해 결정된다는 사실을 알 수 있다.

(3) 응용예 3

그림 3.2.6과 같이 수조의 측벽에 단면적인 a인 구멍을 통해서 물이 유출된다. 이와 같이 수조의 측벽이나 바닥의 구멍을 통해서 물을 유출시키는 장치를 **오리피스**(orifice)라고 한다. 수조의 수면을 일정하게 유지되도록 물이 공급된다면 출구 지점 0에서 유량은 일정해진다. 수면 s와 출구지점 0 사이에 베르누이방정식을 적용하면,

$$\frac{V_s^2}{2g} + \frac{p_s}{\gamma} + z_s = \frac{V_0^2}{2g} + \frac{p_0}{\gamma} + z_0$$

이다. 그림에서 $z_s - z_0 = h$, $p_0 = p_s =$ 대기압, $V_s = 0$이므로,

$$h = \frac{V_0^2}{2g} \tag{3.2.22}$$

$$V_0 = \sqrt{2gh} \tag{3.2.23}$$

식(3.2.23)은 베르누이방정식을 적용하여 구한 것이지만 1643년 토리첼리가 실험에 의해서

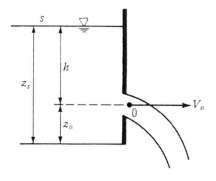

[그림 3.2.6]

먼저 발표한 것이다. 이를 **토리첼리 정리**라고 부른다. 식(3.2.23)의 유속 V_0는 이상유체에 대한 이론유속이며 실제유속을 구하기 위해서는 보정계수를 이용하여 수정해주어야 한다. 이에 대한 사항이 다음에 상세하게 다루어질 것이다.

(4) 응용예 4

그림 3.2.7과 같은 수조에 물이 채워져 있다. 시간 $t = 0$에서 수조의 수위가 h_0라고 하면 수조의 바닥 출구에 단면적이 a인 오리피스를 통해서 물을 배수시키는 데 걸리는 시간을 구하여라.

수조의 수면적을 A, 수조 바닥의 출구 면적을 a, 출구를 통해서 배수되는 유속을 V라고 하자. 시간 $t = 0$에서 수면 위치를 h_0라고 하였기 때문에 출구를 통해서 배출되는 유량은 aV이고, 시간에 따라 수위의 변화량은 $\dfrac{dh}{dt}$이므로 감소되는 유량은 $A\dfrac{dh}{dt}$이다. 그러므로,

$$a V = A \frac{dh}{dt} \tag{3.2.24}$$

이다. 시간 t에서 수위는 $h_0 - h$이므로 이 지점과 출구지점 사이에 베르누이 방정식을 적용하면 다음과 같다.

$$\frac{1}{2g}\left(\frac{dh}{dt}\right)^2 + h_0 - h = \frac{V^2}{2g} \tag{3.2.25}$$

식(3.2.24)를 V에 관해 정리하여 식(3.2.25)에 대입하면,

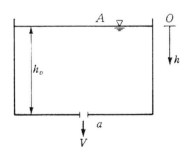

[그림 3.2.7]

$$\frac{dh}{dt} = \sqrt{\frac{2g(h_0 - h)}{(A/a)^2 - 1}}$$

(3.2.26)

이다. 이 식을 0에서부터 h까지 적분하여 정리하면 다음과 같다.

$$2h_0^{1/2} - 2(h_0 - h)^{1/2} = t\sqrt{\frac{2g}{(A/a)^2 - 1}}$$

(3.2.27)

수조의 물이 완전히 배제되기 위해서는 $h = h_0$일 때 이므로 식(3.2.27)에 대입하여 t에 관해 정리하면 배수시간을 구할 수 있다.

$$t = 2\sqrt{\frac{h_0((A/a)^2 - 1)}{2g}}$$

(3.2.28)

3.3 3차원 흐름의 연속방정식과 운동방정식

3.3.1 3차원 연속방정식

3차원 흐름에 대한 오일러방정식은 1차원 흐름과는 다르게 편미분방정식으로 표시되며 일반적으로 그 해를 직접 구할 수 없다. 따라서 이 절에서는 3차원 흐름에 대한 오일러방정식의 유도과정과 3차원 연속방정식에 대해 간단히 기술한다.

그림 3.3.1에 수면 아래의 미소직육면체 dx, dy, dz를 검사체적이라고 하자. 이 미소직육면체에 질량보존의 법칙을 적용하기 위해 우선 x방향에 대해 고려하자. 그림에 표시된 단위면적당 질량의 유입과 유출의 차이를 나타내면,

$$\rho u \, dy \, dz - (\rho u + \frac{\partial(\rho u)}{\partial x}dx)dy \, dz = -\frac{\partial(\rho u)}{\partial x}dx \, dy \, dz$$

이다. y방향과 z방향에 대해서도 같은 방법을 적용하면,

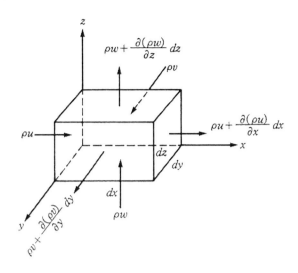

[그림 3.3.1]

$$- \frac{\partial(\rho v)}{\partial y} dx \, dy \, dz$$

$$- \frac{\partial(\rho w)}{\partial z} dx \, dy \, dz$$

이다. 이들의 합은 dt시간 동안에 미소직육면체의 질량변화율과 같아야 한다. 이를 식으로 표현하면 다음과 같다.

$$- \left(\frac{\partial(\rho u)}{\partial x} + \frac{\partial(\rho v)}{\partial y} + \frac{\partial(\rho w)}{\partial z}\right) dx \, dy \, dz = \frac{\partial}{\partial t}(\rho dx \, dy \, dz) \tag{3.3.1}$$

이 식의 양변을 $dx \, dy \, dz$로 나누면,

$$\frac{\partial(\rho u)}{\partial x} + \frac{\partial(\rho v)}{\partial y} + \frac{\partial(\rho w)}{\partial z} = - \frac{\partial \rho}{\partial t} \tag{3.3.2}$$

이다. 이 식이 3차원 **연속방정식**이다. 만일 흐름이 정류이면,

$$\frac{\partial(\rho u)}{\partial x} + \frac{\partial(\rho v)}{\partial y} + \frac{\partial(\rho w)}{\partial z} = 0 \tag{3.3.3}$$

이며, 비압축성 유체인 경우에 밀도 ρ가 일정하므로 이 식을 다음과 같이 나타낼 수 있다.

$$\frac{\partial u}{\partial x} + \frac{\partial v}{\partial y} + \frac{\partial w}{\partial z} = 0 \qquad (3.3.4)$$

1차원 정류와 부정류에 대한 연속방정식은 각각 다음과 같다.

$$\frac{\partial u}{\partial x} = 0 \qquad (3.3.5)$$

$$\frac{\partial \rho}{\partial t} + \frac{\partial (\rho u)}{\partial x} = 0 \qquad (3.3.6)$$

예제 3.3.1 2차원 비압축성 부정류의 유속성분이 $u = (4x - 3y)t$, $v = (2x - 4y)t$로 표시된다면 연속방정식이 성립되는지 확인하여라.

풀이 식(3.3.4)를 적용한다.

$$\frac{\partial u}{\partial x} = 4t, \ \frac{\partial v}{\partial y} = -4t$$

$$\frac{\partial u}{\partial x} + \frac{\partial v}{\partial y} = 4t - 4t = 0$$

연속방정식이 성립된다.

3.3.2 3차원 오일러의 운동방정식

수면 아래에 그림 3.3.2와 같은 직각좌표계의 미소직육면체에 작용하는 힘은 미소육면체 내의 질량에 작용하는 질량력과 유체 요소의 표면에 작용하는 압력이다. x, y, z 방향 질량력을 X, Y, Z라고 하고 $y - z$ 평면에 작용하는 x 방향의 정압력을 p라 하면 dx만큼 떨어진 면에서 반대방향으로 작용하는 정압력은 $p + \frac{\partial p}{\partial x} dx$이다. 속도$u = u\,(x, y, z, t)$이므로 u에 대한 전

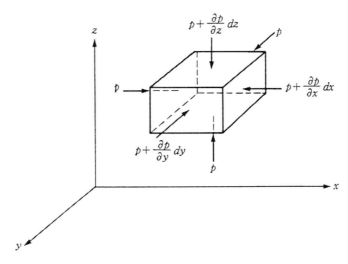

[그림 3.3.2]

미분은,

$$du = \frac{\partial u}{\partial x} dx + \frac{\partial u}{\partial y} dy + \frac{\partial u}{\partial z} dz + \frac{\partial u}{\partial t} dt$$

이다. x방향에 대한 가속도는,

$$a_x = \frac{du}{dt} = u \frac{\partial u}{\partial x} + v \frac{\partial u}{\partial y} + w \frac{\partial u}{\partial z} + \frac{\partial u}{\partial t} \tag{3.3.7}$$

이고, 미소직육면체의 x방향에 뉴턴의 제 2법칙을 적용하면,

$$\rho dx\,dy\,dz\,\frac{du}{dt} = pdy\,dz - (p + \frac{\partial p}{\partial x} dx)dydz + X\rho dx\,dy\,dz \tag{3.3.8}$$

이다. 만일 밀도가 일정하다면 양변에 $\rho dx\,dy\,dz$로 나누면 다음과 같다.

$$\frac{du}{dt} = -\frac{1}{\rho} \frac{\partial p}{\partial x} + X \tag{3.3.9}$$

식(3.3.7)을 식(3.3.9)에 대입하여 정리하고 x방향에 대한 것처럼 y, z 방향에 대해서 같은 방법으로 구하면 다음과 같다.

$$u\frac{\partial u}{\partial x}+v\frac{\partial u}{\partial y}+w\frac{\partial u}{\partial z}+\frac{\partial u}{\partial t} = -\frac{1}{\rho}\frac{\partial p}{\partial x}+X \tag{3.3.10a}$$

$$u\frac{\partial v}{\partial x}+v\frac{\partial v}{\partial y}+w\frac{\partial v}{\partial z}+\frac{\partial v}{\partial t} = -\frac{1}{\rho}\frac{\partial p}{\partial y}+Y \tag{3.3.10b}$$

$$u\frac{\partial w}{\partial x}+v\frac{\partial w}{\partial y}+w\frac{\partial w}{\partial z}+\frac{\partial w}{\partial t} = -\frac{1}{\rho}\frac{\partial p}{\partial z}+Z \tag{3.3.10c}$$

이 편미분방정식은 마찰이 없는 유체 내의 한 점에서 뉴턴의 제 2법칙을 나타내고 있다. 즉, 이상유체에 대한 흐름의 기본방정식이며 이를 **오일러 운동방정식**이라고 한다. 오일러 방정식의 직각좌표계 형태에서 한 가지 장점은 유선의 기하학적 특성을 몰라도 적용할 수 있다는 것이다. 이 좌표계는 유선의 형태가 변하더라도 좌표계가 비가속 상태를 유지하기 때문에 비정상류에도 적용된다. 실제유체의 흐름에 대한 운동방정식은 마찰로 인한 전단력이 포함되어야 한다. 전단력이 포함된 실제유체에 대한 운동방정식을 **Navier-Stokes의 운동방정식**이라고 한다.

3.4 운동량방정식과 그 응용

앞에서 공부한 연속방정식과 에너지방정식(베르누이 방정식)은 흐름 문제를 해결하는 데 유용한 방정식이다. 흐름 현상의 세부적인 사항이 분명하지 않을 때에는 임의 흐름의 부분 경계 조건을 이용하여 해를 구하는 경우가 유용하다. 이때에 운동량방정식을 이용하면 편리하다.

검사체적을 점유하고 있는 유체에 뉴턴의 운동 제 2법칙을 적용한다. 이 법칙은 질량 m을 갖는 물체가 가속도 α로 이동하는 데 필요한 힘 F를 의미한다. 이를 식으로 나타내면,

$$\sum F = m\alpha = m\frac{V_2-V_1}{\Delta t} \tag{3.4.1}$$

$$\sum F\Delta t = m(V_2-V_1) \tag{3.4.2}$$

이다. 여기서 $\sum F$는 검사체적, 또는 검사표면에 작용하는 힘의 합이며, $\sum F \Delta t$를 **역적**(impulse)이라고 하며, mV를 **운동량**(momentum)이라고 한다. 이 식에서 운동량의 변화는 역적과 같다는 의미이며 이를 **운동량방정식**(momentum equation)이라고 한다. 식(3.4.1)을 다른 형태로 표현하면 다음과 같다.

$$\sum F = \sum F_B + \sum F_S = \rho Q (V_2 - V_1) \qquad (3.4.3)$$

여기서 $\sum F_B$는 검사체적에 작용하는 힘으로 체적력이다. $\sum F_S$는 표면력으로서 압력과 전단응력으로부터 기인되는 힘을 의미한다. 짧은 구간에서 전단력은 일반적으로 고려하지 않는다.

예를 들어 각이 θ인 개방된 날개에 자유제트에 의해 가해진 힘의 크기와 방향을 구하는 문제를 생각하자. 날개에 작용하는 힘에 대한 검사체적과 이에 대한 자유물체도가 그림 3.4.1에 제시되어 있다.

그림 3.4.1이 연직으로 세워져 있는 경우에 날개 위의 유체 무게 W를 고려하여 운동량방정식을 x방향과 z방향 성분으로 구분하여 적용한다. 만일 수평으로 놓여 있는 경우에 W를 제외시킨다. 또한 유체의 무게 W가 외력에 비해 아주 작은 경우에 무시할 수 있다. 여기서 날개가 대기에 노출되어 대기압을 받고 있기 때문에 압력을 고려하지 않는다.

$$- F_x = \rho Q (V_{2x} - V_{1x}) \qquad (3.4.4a)$$

$$F_z - W = \rho Q (V_{2z} - V_{1z}) \qquad (3.4.4b)$$

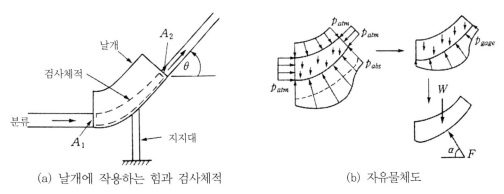

(a) 날개에 작용하는 힘과 검사체적   (b) 자유물체도

[그림 3.4.1]

식(3.4.4)를 구체적으로 그림 3.4.1에 적용하여 날개에 작용하는 힘 F를 구해보자. 날개는 연직으로 세워졌다고 가정하자. 날개를 따르는 유속 V_1과 V_2는 동일하기 때문에 $V = V_1 = V_2$라고 할 수 있다.

$$F_x = -\rho Q(V_2 \cos\theta - V_1) = \rho Q V(1 - \cos\theta) \tag{3.4.5a}$$

$$F_z = W + \rho Q(V_2 \sin\theta - 0) = W + \rho Q V \sin\theta \tag{3.4.5b}$$

날개에 작용하는 힘과 작용 방향은 다음과 같다.

$$F = \sqrt{F_x^2 + F_z^2} \tag{3.4.6}$$

$$\alpha = \tan^{-1}\frac{F_z}{F_x} \tag{3.4.7}$$

만일 u라는 속도로 이동하는 날개에 물이 분사되는 경우에 상대속도 개념을 적용한다. 상대속도는 $(V - u)$이다. 유체 무게 W를 무시하고 식(3.4.5)에 적용하면 다음과 같다.

$$F_x = \rho A(V - u)^2(1 - \cos\theta) \tag{3.4.8a}$$

$$F_z = \rho A(V - u)^2 \sin\theta \tag{3.4.8b}$$

식(3.4.8a)에서 $\theta = 180^o$일 때, 수평 방향의 힘은 최대가 됨을 알 수 있다. 그러나 날개 각도를 180^o로 만드는 것은 불가능하다. 일반적으로 165° 정도로 제작하며 이동속도는 분류속도의 약 48%로 유지하면 그 효율이 약 90%로 최대가 된다.

[예제 3.4.1] 그림과 같이 날개에 $40m/s$의 물이 분사되고 있다. 분류의 직경은 $6cm$이다. (1) 날개가 고정되어 있을 때 날개에 작용하는 힘과 작용방향을 구하여라. (2) 날개가 $10m/s$의 속도로 이동할 때 날개에 작용하는 힘과 작용방향을 구하여라.

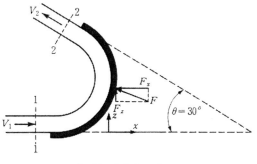

[그림 예제 3.4.1]

풀이 (1) $Q = AV = \dfrac{\pi(0.06^2)}{4}(40) = 0.113 m^3/s$

$$F_x = \rho QV(1-\cos\theta) = 1000\frac{kg}{m^3}(0.113\frac{m^3}{s})(40\frac{m}{s})(1-\cos150^o)$$
$$= 8.434 \times 10^3 N$$

$$F_z = \rho QV\sin\theta = 1000\frac{kg}{m^3}(0.113\frac{m^3}{s})(40\frac{m}{s})(\sin150^o) = 2.260 \times 10^3 N$$

$$F = \sqrt{F_x^2 + F_z^2} = \sqrt{(8.434\times10^3)^2 + (2.260\times10^3)^2} = 8.731\times10^3 N$$

$$\alpha = \tan^{-1}(\frac{8.434\times10^3}{2.260\times10^3}) = 75^o$$

(2) $Q = A(V-u) = \dfrac{\pi(0.06^2)}{4}(40-10) = 0.085\ m^3/s$

$$F_x = \rho A(V-u)^2(1-\cos\theta) = 1000(\frac{\pi(0.06^2)}{4})(40-10)^2(1-\cos150^o)$$
$$= 4.746\times10^3 N$$

$$F_z = \rho A(V-u)^2\sin\theta = 1000(\frac{\pi(0.06^2)}{4})(40-10)^2(\sin150^o)$$
$$= 1.272\times10^3 N$$

$$F = \sqrt{F_x^2 + F_z^2} = \sqrt{(4.746\times10^3)^2 + (1.272\times10^3)^2} = 4.913\times10^3 N$$

$$\alpha = \tan^{-1}(\frac{4.746\times10^3}{1.272\times10^3}) = 75^o$$

그림 3.4.2와 같이 단면 축소 곡관에 유체가 흐르는 경우에 유체에 의해 곡관에 가해지는

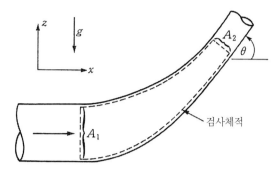

(a) 곡관에 작용하는 힘과 검사체적

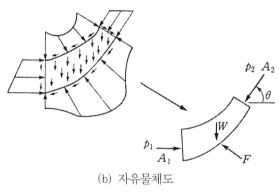

(b) 자유물체도

[그림 3.4.2]

힘을 생각하자. 곡관이 수평 또는 연직 평면에 놓여 있으며 θ를 통해 흐름이 변환된다. x축은 유입방향과 일직선이며 수평이다. 정상류이며 비압축성인 유체에 대해 검사체적을 그림과 같이 선택한다. 검사체적에 작용하는 힘은 곡관이 받는 힘 F와 검사체적의 입구와 출구에서 압력인데 이 힘은 면적에 중심의 압력을 곱하여 결정한다. 유일한 체적력은 중력으로부터 기인되는 것으로 z축이 연직이면 유체중량 W는 유체의 질량 중심을 지나며 아래로 작용한다. 만약 z축이 수평이면 이 항은 제거된다. 그림 3.4.2에 운동량방정식을 적용하면 다음과 같다.

$$-F_x + p_1 A_1 - p_2 A_2 \cos\theta = \rho Q(V_2 \cos\theta - V_1) \qquad (3.4.9\text{a})$$

$$F_z - p_2 A_2 \sin\theta - W = \rho Q(V_2 \sin\theta - 0) \qquad (3.4.9\text{b})$$

이 식을 정리하면 다음과 같다.

$$F_x = p_1 A_1 - p_2 A_2 \cos\theta - \rho Q(V_2 \cos\theta - V_1) \tag{3.4.10a}$$

$$F_z = W + p_2 A_2 \sin\theta + \rho Q V_2 \sin\theta \tag{3.4.10b}$$

예제 3.4.2 그림과 같은 곡관에 20℃인 물이 $0.250 m^3/s$로 흐를 때 곡관이 받는 힘을 구하여라. 곡관의 상류 수평관 직경은 $300mm$이고 하류관 직경은 $150mm$이다. 유입단면과 유출단면의 중심 사이의 높이 차이는 $350mm$이다. 그리고 상류관 윗부분에서 압력계에 의한 계기압력이 $500kPa$이며 곡관의 내부 체적은 $0.04m^3$이다.

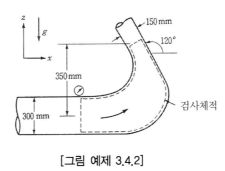

[그림 예제 3.4.2]

풀이 그림에서 점선으로 표시된 부분을 검사체적으로 선택하고 연속방정식에 의해 유속을 구한다.

$$A_1 = \frac{\pi D_1^2}{4} = \frac{\pi (0.300)^2}{4} = 0.0707\, m^2$$

$$V_1 = \frac{Q}{A_1} = \frac{0.25}{0.0707} = 3.54\, m/s$$

$$A_2 = \frac{\pi D_2^2}{4} = \frac{\pi (0.150)^2}{4} = 0.01767\, m^2$$

$$V_2 = \frac{Q}{A_2} = \frac{0.25}{0.01767} = 14.15\, m/s$$

단면 1의 중심에서 계기압력은 다음과 같다.

$$p_1 = p_G + \frac{\gamma D_1}{2} = 5.00 \times 10^5 \, Pa + 9800 N/m^3 (0.300m/2)$$
$$= 5.01 \times 10^5 Pa$$

단면 2의 중심에서 압력을 구하기 위해 베르누이 방정식을 적용하고 미소손실을 무시한다.

$$\frac{V_1^2}{2g} + \frac{p_1}{\gamma} + z_1 = \frac{V_2^2}{2g} + \frac{p_2}{\gamma} + z_2$$

$$p_2 = p_1 + \frac{\rho(V_1^2 - V_2^2)}{2} + \gamma(z_1 - z_2)$$

$$p_2 = 5.01 \times 10^5 + \frac{1000(3.54^2 - 14.15^2)}{2} + 9800(0 - 0.350)$$

$$= 4.04 \times 10^5 N/m^2$$

곡관이 받는 x축과 z축 방향의 힘을 식(3.4.10)에 의해 계산한다.

$$F_x = p_1 A_1 - p_2 A_2 \cos\theta - \rho Q(V_2 \cos\theta - V_1)$$
$$= 5.01 \times 10^5 (0.0707) - 4.04 \times 10^5 (0.01767)(\cos 120^o)$$
$$- 1000(0.250)[14.15(\cos 120^o) - 3.54] = 41.6 \times 10^3 N \leftarrow$$
$$F_z = W + p_2 A_2 \sin\theta + \rho Q V_2 \sin\theta$$
$$= 9800(0.04) + 4.04 \times 10^5 (0.01767)(\sin 120^o)$$
$$+ 1000(0.25)(14.15)(\sin 120^o) = 9.64 \times 10^3 N \uparrow$$
$$F = \sqrt{(41.6 \times 10^3)^2 + (9.64 \times 10^3)^2} = 42.7 N$$

힘 F가 x축과 이루는 각을 α라고 하면,

$$\alpha = \tan^{-1}\left(\frac{F_z}{F_x}\right) = \tan^{-1}\left(\frac{9.64 \times 10^3}{41.6 \times 10^3}\right) = 13.0^o$$

예제 3.4.3 직사각형 수로에 유량을 조절하기 위해 그림과 같이 수문을 설치하였다. 수문에서 적절하게 떨어진 상하류에 단면 1과 2를 설정하였다. 흐름은 등류이고 압력은 정수압일

때 수문에 작용하는 힘 F를 ρ, V_1, g, y_1, y_2의 함수로 나타내어라. 단, 수로의 폭은 단위폭으로 가정하고 수로에서 손실은 무시한다.

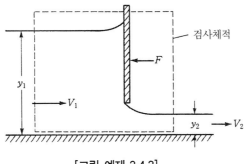

[그림 예제 3.4.3]

풀이 $\sum F_x = \rho Q(V_2 - V_1)$, 연속방정식에 의해 $V_2 = \dfrac{y_1}{y_2}V_1$이다.

$$\frac{1}{2}\gamma y_1(y_1) - F - \frac{1}{2}\gamma y_2(y_2) = \rho y_1 V_1\left[\left(\frac{y_1}{y_2}\right)V_1 - V_1\right]$$

$$F = \gamma\frac{y_1^2 - y_2^2}{2} - \rho y_1 V_1^2\left(\frac{y_1}{y_2} - 1\right)$$

3.5 에너지 보정계수와 운동량 보정계수

흐름 해석을 단순화하기 위해서 이상유체로 가정하여 유속분포를 단면에 대해 일정한 것으로 하였다. 그러나 실제흐름은 이상유체와 달리 유속분포가 균일하지 않고 경계면 부근에서 유속이 작고 경계면에서 멀어질수록 유속이 커지는 곡선형이다. 앞 절에서 베르누이 방정식이나 운동량 방정식을 유도하기 위해 유속이 단면에 대해 일정하다고 가정하였다. 실제유체 흐름에 이들 방정식을 적용하기 위해서는 유속을 보정해주어야 한다. 즉, 실제유체에 대한 운동에너지 플럭스와 운동량 플럭스를 계산한다. 임의의 양 B에 대한 플럭스 $\overline{B}$는 다음과 같이 정의된다.

$$\overline{B} = \int_A b\rho v_n dA \tag{3.5.1}$$

여기서 b는 질량당 B로서 $\dfrac{B}{m}$이다.

운동에너지 플럭스 $\overline{KE}$를 구하기 위해 식(3.5.1)을 이용하면 다음과 같다.

$$B = KE = \frac{1}{2}mv^2$$

$$b = (\frac{1}{2}mv^2)/m = \frac{v^2}{2}$$

$$\overline{KE} = \int_A \frac{v^2}{2} \rho v_n \, dA = \int_A \frac{v^2}{2} \rho \, v \cos 0 \, dA = \frac{1}{2} \int_A \rho v^3 dA \qquad (3.5.2)$$

유속분포가 $v = V$로 평평한 경우의 운동에너지 플럭스는 다음과 같다.

$$\overline{KE}_{flat} = \frac{\rho V^3 A}{2} \qquad (3.5.3)$$

운동에너지 보정계수 α는 실제유체의 운동에너지 플럭스를 일정한 평균유속을 갖는 운동에너지 플럭스로 나눈 것이다. 즉,

$$\alpha = \frac{\overline{KE}}{\overline{KE_{flat}}} = \frac{\displaystyle\int_A \rho v^3 dA}{\displaystyle\int_A \rho V^3 dA} \qquad (3.5.4)$$

밀도가 일정하다면 식(3.5.4)를 다음과 같이 나타낼 수 있다.

$$\alpha = \frac{1}{A V^3} \int_A v^3 dA = \frac{1}{A} \int_A (\frac{v}{V})^3 dA \qquad (3.5.5)$$

동일한 방법으로 운동량 플럭스 $\overline{M}$을 계산하면 다음과 같다.

$$B = M = mv$$

$$b = (mv)/m = v$$

$$\overline{M} = \int_A v\rho v_n dA = \int_A v\rho v \cos 0 \, dA = \int_A \rho v^2 dA \tag{3.5.6}$$

유속분포가 $v = V$로 평평한 경우의 운동량 플럭스는 다음과 같다.

$$\overline{M}_{flat} = \rho V^2 A \tag{3.5.7}$$

운동량 보정계수 β는 실제 유체의 운동량 플럭스를 일정한 평균유속을 갖는 운동량 플럭스로 나눈 것이다. 즉,

$$\beta = \frac{\overline{M}}{\overline{M}_{flat}} = \frac{\displaystyle\int_A \rho v^2 dA}{\displaystyle\int_A \rho V^2 dA} \tag{3.5.8}$$

밀도가 일정하다면 식(3.5.8)을 다음과 같이 나타낼 수 있다.

$$\beta = \frac{1}{AV^2}\int_A v^2 dA = \frac{1}{A}\int_A \left(\frac{v}{V}\right)^2 dA \tag{3.5.9}$$

예제 3.5.1 원형관에서 물이 흐를 때, 층류에 대한 유속분포식은 $v = v_{\max}\left(1 - \dfrac{r^2}{R^2}\right)$이다.

여기서 $v_{\max}$는 관 중심에서 최대유속이며 R은 관의 반경이고 r은 중심에서 떨어진 거리이다. 평균유속 V와 중심에서 최대유속 $v_{\max}$와의 관계를 구하고 에너지 보정계수와 운동량 보정계수를 구하여라.

풀이 $V = \dfrac{Q}{A} = \dfrac{\displaystyle\int v dA}{\pi R^2} = \dfrac{\displaystyle\int_0^R v_{\max}\left(1 - \dfrac{r^2}{R^2}\right)2\pi r dr}{\pi R^2}$

$\qquad = \dfrac{v_{\max}}{2}$

에너지 보정계수 식(3.5.5) :

$$\alpha = \frac{1}{A}\int_A (\frac{v}{V})^3 dA = \frac{1}{\pi R^2}\int_0^R [\frac{v_{max}(1-\frac{r^2}{R^2})}{\frac{v_{max}}{2}}]^3 2\pi r\, dr$$

$$= 2.0$$

운동량 보정계수 식(3.5.9) :

$$\beta = \frac{1}{A}\int_A (\frac{v}{V})^2 dA = \frac{1}{\pi R^2 V^2}\int_0^R [v_{max}(1-\frac{r^2}{R^2})]^2 2\pi r\, dr$$

$$= \frac{4}{3}$$

유관의 한 단면에서 여러 점에 대해 압력수두와 위치수두의 합($\frac{p}{\gamma}+z$)은 일정하다. 그러나 실제유체 흐름인 경우에 한 단면의 각 점에서 점유속(point velocity)은 서로 다르다. 즉, 유속 수두($\frac{v^2}{2g}$)는 각각 다르기 때문에 총수두($\frac{v^2}{2g}+\frac{p}{\gamma}+z$)가 한 단면에서 여러 개 존재한다. 예를

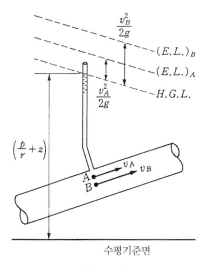

[그림 3.5.1]

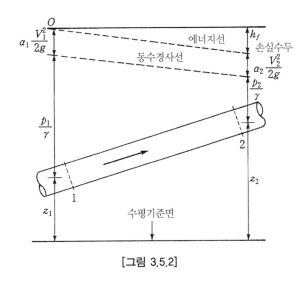

[그림 3.5.2]

들어 그림 3.5.1에 표시된 유관에서 한 단면의 임의 2점 A와 B점을 고려하면 동수경사선은 일정하나 A와 B점의 점유속이 다르기 때문에 유속수두가 달라서 한 단면에서 에너지선 2개가 존재한다. 이를 확장하면 단면상에 무수한 유선이 존재하기 때문에 에너지선도 무수히 많게 된다. 수리학에서 관심사는 개개 유선에 있는 것이 아니라 전체 흐름에 있으므로 동수경사선에 평균유속을 사용한 유속수두($\alpha \dfrac{V^2}{2g}$)를 더한 단일 에너지선을 사용한다. 즉, 에너지 보정계수 α에 의해 실제유체 흐름이 갖는 불균일 유속분포에 대한 보정을 수행한다. 그러므로 베르누이 방정식에서 유속수두 항을 보정하게 된다.

그리고 실제유체가 흐르는 경우에 유체의 점성으로 인해 마찰이 발생하여 에너지 손실이 야기된다. 이를 손실수두(head loss)라고 하며 그림 3.5.2에 나타냈다. 실제유체에 대한 베르누이 방정식을 나타내면 다음과 같다.

$$\alpha_1 \frac{V_1^2}{2g} + \frac{p_1}{\gamma} + z_1 = \alpha_2 \frac{V_2^2}{2g} + \frac{p_1}{\gamma} + z_2 + h_f \tag{3.5.10}$$

여기서 h_f를 **손실수두**라고 한다.

한편 운동량 방정식도 앞 절에서 평균유속을 사용하였기 때문에 실제유체 흐름에 적용하기 위한 운동량 방정식은 운동량 보정계수에 의해 보정되어야 한다. 즉, 식(3.4.3)을 보정하면 다음과 같다.

$$\sum F = \rho Q(\beta_2 \, V_2 - \beta_1 \, V_1) \tag{3.5.11}$$

이상과 같이 실제유체 흐름의 유속분포를 고려하기 위해 베르누이 방정식과 운동량 방정식을 보정계수에 의해 보정을 수행하는 방법에 대해 살펴보았다. 실제로 보정계수 α와 β의 값은 각각 1.03~1.36, 1.01~1.12의 사이에 존재하기 때문에 실질적인 문제에서 통상적으로 $\alpha = \beta = 1$로 가정하여 문제를 해결한다.

3.6 점성에 의한 마찰력과 에너지 손실

실제 유체가 흐를 때에 점성으로 인해 마찰력이 발생하며 이로 인해 에너지 손실이 발생한다. 식(3.5.10)에 나타난 에너지 손실량 h_f가 마찰응력과 어떤 관계가 있으며 에너지 손실이 어떻게 표현되는지 알아보자. 그림 3.6.1과 같은 유관에 검사체적을 설정하여 운동량 방정식을 적용하면,

$$\sum F = pA - (p+dp)A - \tau_0 P dl - \gamma A \, dl \left(\frac{dz}{dl}\right)$$
$$= \rho Q \left[\beta_2 \left(V + dV\right) - \beta_1 \, V\right] \tag{3.6.1}$$

이다. 여기서 P는 윤변이다. 이 식을 정리한 후에 $\beta_1 = \beta_2 = 1$로 놓고 γA로 나누어 주면,

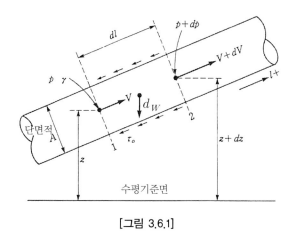

[그림 3.6.1]

$$d\left(\frac{V^2}{2g}\right) + \frac{dp}{\gamma} + dz = -\frac{\tau_0\, dl}{\gamma R} \tag{3.6.2}$$

이다. 여기서 $R = \dfrac{A}{P}$ 을 **동수반경**이라고 한다. 식(3.6.2)의 왼쪽 항의 미분 형태를 그림 3.6.1의 단면 1과 2에 적용하여 나타내면 다음과 같다.

$$\left(\frac{V_1^2}{2g} + \frac{p_1}{\gamma} + z_1\right) - \left(\frac{V_2^2}{2g} + \frac{p_2}{\gamma} + z_2\right) = -\frac{\tau_0\, dl}{\gamma R} \tag{3.6.3}$$

이 식을 식(3.5.10)과 비교하면,

$$h_f = -\frac{\tau_0(l_1 - l_2)}{\gamma R} = \frac{\tau_0(l_2 - l_1)}{\gamma R} \tag{3.6.4}$$

이다. 식(3.6.4)에서 알 수 있는 바와 같이 손실수두와 관벽에서의 마찰응력 사이의 관계이다. 이 방법은 어떤 유관에도 적용될 수 있다. 그림 3.6.2에 수평하게 놓인 유관을 생각해보자. 관의 중심에서 r만큼 떨어진 지점에서 전단응력 τ는 위에서 수행한 동일한 과정에 의해 다음과 같이 표현될 수 있다. 즉, τ_0 대신에 τ를, $(l_2 - l_1)$ 대신에 l을, 동수반경 $R = \dfrac{A}{P} = \dfrac{\pi r^2}{2\pi r} = \dfrac{r}{2}$ 을 대입하여 전단응력 τ에 대해 정리하면,

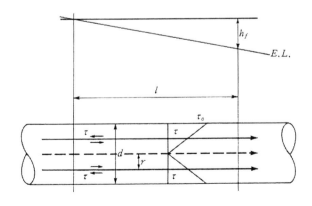

[그림 3.6.2]

$$\tau = (\frac{\gamma h_f}{2l})r \tag{3.6.5}$$

이다. 그림 3.6.2에서 단면 1과 2 사이의 손실수두 h_f는 일정하기 때문에 마찰응력은 관의 중심에서 0이고, 거리 r에 따라서 비례하는 선형 분포를 나타내고 있다. 이 식은 흐름의 특성인 층류와 난류에 무관하게 적용된다.

예제 3.6.1 직경이 $50cm$인 관에 물이 흐른다. 관길이 $100m$에 대한 손실수두가 $12m$로 측정되었다. 관벽에서 마찰응력과 중심에서 $15cm$ 떨어진 지점에서 마찰응력을 구하여라.

풀이 $\tau_0 = (\frac{\gamma h_f}{2l})R = (\frac{9800\frac{N}{m^3}(12m)}{2(100m)})(0.25m) = 147.0\,N/m^2$

관 중심에서 $15cm$ 떨어진 지점에서 전단응력은,

$\tau = (\frac{\gamma h_f}{2l})r = (\frac{9800(12)}{2(100)})(0.15) = 88.2\,N/m^2$

3.7 고체 경계면상의 유체 흐름

고체 경계면을 접해서 흐르는 점성이 없는 이상유체의 경우에 유체입자와 경계면 사이에 마찰력이 존재하지 않고 유체입자는 경계면 위를 미끄러져 흐른다. 단면에서 유속은 일정하다고 본다. 그러나 실제유체의 경우에 경계면에서 마찰로 인해 유속이 0(zero)이며 경계면에서 멀어질수록 유속은 증가한다. 그림 3.7.1에서와 같이 경계면 부근에서 유속경사가 급하게 나타난다. 경계면이 매끈한 경우에는 유속경사 dv/dy는 흐름에서 전단응력의 함수이지만 거친 경계면에서는 경계면 주위에 작은 와류가 발생하여 흐름 현상이 복잡하게 된다. 그림 3.7.1의 (a)와 (b)에서와 같이 경계면 위로 층류가 흐를 때 매끈한 경계면이나 거친 경계면이나 흐름의 특성이 비슷하다. 즉, 경계면에서 유속은 0이고 전단력에서 뉴턴의 마찰법칙이 성립되며 경계면의 조도가 흐름에 영향을 끼치지 않는다.

그러나 난류에서 경계면 조도가 흐름의 물리적 특성에 영향을 준다. 그림 3.7.1의 (c)에서와

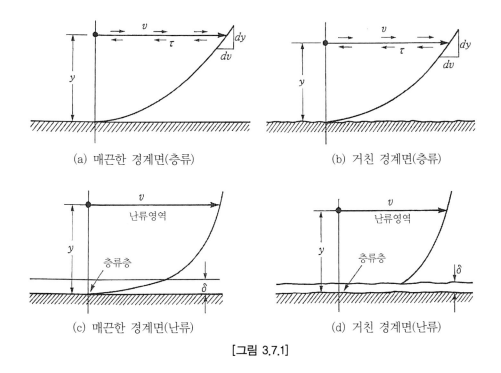

(a) 매끈한 경계면(층류)   (b) 거친 경계면(층류)

(c) 매끈한 경계면(난류)   (d) 거친 경계면(난류)

[그림 3.7.1]

같이 난류가 매끈한 경계면 위로 흐를 때 흐름은 2개 층으로 분류된다. 층류저층과 난류 흐름의 영역으로 구분되는데, 층류저층 영역에서 경계면이 난류의 자유로운 혼합을 억제하는 효과를 주기 때문에 난류가 제거되고 얇은 층류 막(film)이 형성되는 것으로 알려져 있다. 층류저층 내에서의 흐름은 뉴턴의 마찰법칙으로 나타낼 수 있지만 난류가 형성된 영역에서의 전단응력에 대해서는 Prandtl이나 Karman에 의해 제안된 식을 사용하여 구한다. 실제로 이를 명확하게 구분할 수 없으며 그 사이에 천이영역이 존재하는 것으로 알려져 있다. 즉, 그림 (c)와 (d)에 표시된 층류저층의 두께 δ는 명확하지 않다. 거친 경계면 위로 난류가 흐를 경우에도 층류저층의 두께가 형성되는데, 이때 흐름은 경계면 조도와 층류저층의 상대적 크기에 따라서 결정된다. 경계면의 조도가 층류저층의 두께와 비교하여 조도가 크면 거친 경계면이라고 한다. 조도가 층류저층 두께보다 작아서 아래에 놓여 있으면 매끈한 경계라고 말하며 조도는 난류 흐름에 영향을 미치지 않는다. 실험에 의하면 조도의 크기가 층류저층의 두께의 1/4인 경우에 조도의 크기가 난류도를 증가시킨다고 알려져 있다. 층류저층의 두께는 흐름의 특성에 좌우되기 때문에 동일한 경계면일지라도 R_e수나 층류 저층의 두께에 따라 매끈한 경계면 또는 혹은 거친 경계면이 될 수 있다.

연습문제

3.2.1 그림과 같은 벤츄리미터에 의해 유량을 측정하려고 한다. $D_1 = 2cm$, $D_2 = 10cm$, $z_1 = 20cm$, $\Delta h = 3cm$일 때 유량을 구하여라. 단, 수은의 비중은 13.6이다.

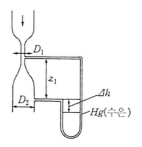

[해답] $Q = 8.67 \times 10^{-4} m^3/s$

3.2.2 그림과 같은 수로에서 수학적으로 가능한 수심 2개가 있다. 수심 h_1과 h_2를 구하여라.

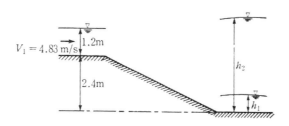

[해답] $h_1 = 0.644m$, $h_2 = 4.713m$

3.2.3 바닥이 대단히 넓은 수조에 그림과 같이 서로 다른 유체가 채워져 있다. 수조의 바닥에 뚫린 구멍을 통해서 유체가 배출될 때 이 속도를 유체의 밀도와 높이로 나타내어라.

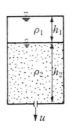

[해답] $u = \sqrt{2g\dfrac{\rho_1 h_1 + \rho_2 h_2}{\rho_2}}$

3.2.4 그림과 같이 직경이 변하는 원관이 수평과 $30°$ 각도로 경사져 있다. 이관에 밀도 $\rho = 996 kg/m^3$인 물이 흐르고 직경 $D_1 = D_3 = 10cm$, $D_2 = 5cm$, 길이 $L = 150cm$ 이다. (1) 점 A의 유속 $V_1 = 0.8m/s$, 압력 $p_1 = 1.50 \times 10^4 N/m^2$일 때 점 B의 유속 V_2, 압력 p_2를 구하여라. (2) 점 C에서 압력 p_3를 구하고 부착된 마노미터의 높이 h_3를 구하여라.

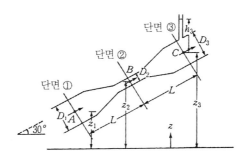

[해답] (1) $V_2 = 3.20m/s$, $p_2 = 2.90 \times 10^3 N/m^2$

(2) $p_3 = 3.59 \times 10^2 N/m^2$, $h_3 = 3.68cm$

3.2.5 표면적이 A인 수조에 그림과 같이 직경이 D인 원관이 부착되어 있다. 이관을 통해서 물이 방출되고 수조에는 물이 공급되지 않는다.

(1) 수조 내의 수심 h의 하강속도 dh/dt를 수심 h로 나타내어라.

(2) $t = 0$일 때 $h = h_0$라면 수심 h를 시간 t의 함수 식으로 나타내어라.

(3) $A = 3000cm^2$, $D = 2cm$, $h_0 = 40cm$일 때, 수조 내의 물이 완전히 배수되는 데 걸리는 시간 t_0을 구하여라.

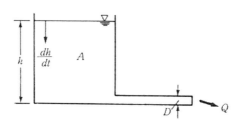

3.4.1 그림과 같이 곡관($\theta = 60^\circ$)이 수평으로 놓여 있다. 밀도 $\rho = 996kg/m^3$인 물이 $Q = 3.0m^3/s$ 흐른다. 단면 1에서 압력 $p_1 = 2.80 \times 10^4 N/m^2$이고 $A = 0.75m^2$이며 단면 2의 면적은 단면 1의 2배일 때 곡관에 작용하는 힘 F와 작용방향 α를 구하여라.

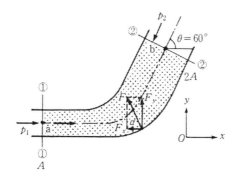

3.4.2 그림과 같이 연직으로 세워진 평판 위에 직경이 D인 분류가 유속 V_1, 유량 Q로 수평방향으로 분사되고 있다. 분류의 유속 $V_1 = 8m/s$, 직경 $D = 10cm$이고 평판의 속도가 $V_a = 1.5, 0, -1.5$m/s일 때 평판에 작용하는 힘 F_x를 구하여라. 단, 물의 밀도 $\rho = 996kg/m^3$이다.

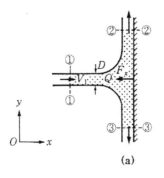
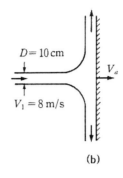

(a)   (b)

[해답] (1) $V_a = 1.5 m/s$일 때 $330.5 N$

(2) $V_a = 0.0 m/s$일 때, $500.6 N$

(3) $V_a = -1.5 m/s$일 때 $706.0 N$

3.4.3 그림과 같이 직경 $D_1 = 12cm$인 원관의 끝에 직경 $D_2 = 3cm$, 길이 $L = 15cm$인 노즐이 부착되어 있다. 노즐을 통해서 유량 $Q = 0.05 m^3/s$의 물(밀도 $\rho = 996 kg/m^3$)을 분사시키려고 한다.

(1) 그림 (a)의 관이 수평으로 놓여 있을 때 물이 분사되면서 노즐에 작용하는 힘을 구하여라. 검사체적 내의 물의 무게를 무시하여라.

(2) 그림 (b)의 관이 연직으로 놓여 있을 때 물이 분사되면서 노즐에 작용하는 힘을 구하여라. 검사체적 내의 물의 무게를 고려하여라.

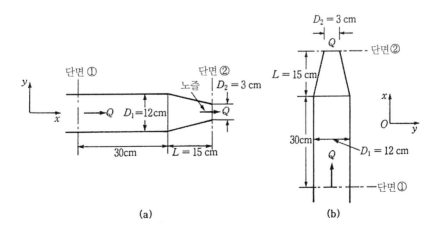

(a)   (b)

[해답] (1) $F_x = 2.477 \times 10^4 N$

(2) $F_x = 2.473 \times 10^4 N$

3.1 지름 $2m$ 인 원형수조의 측벽 하단부에 지름 $50mm$ 의 오리피스가 설치되어 있다. 오리피스 중심으로부터 수위를 $50cm$ 로 유지하기 위하여 수조에 공급해야 할 유량은? (단, 유출구의 유량계수는 0.75이다)

　　가. $7.62L/\sec$　　　나. $6.61L/\sec$　　　다. $5.61L/\sec$　　　라. $4.61L/\sec$

[정답 : 라]

3.2 에너지 보정계수(α)와 운동량 보정계수(β)에 대한 설명으로 옳지 않은 것은?

　　가. α는 속도수두를 보정하기 위한 무차원 상수이다.

　　나. β는 운동량을 보정하기 위한 무차원 상수이다.

　　다. 실제유체 흐름에서는 $\beta > \alpha > 1$ 이다.

　　라. 이상유체에서는 $\alpha = \beta = 1$ 이다.

[정답 : 다]

3.3 그림과 같이 유량이 Q, 유속이 V인 유관이 받는 외력 중에서 y축 방향의 힘(F_y)에 대한 계산식으로 옳은 것은? (단, ρ:단위밀도, θ_1 및 $\theta_2 \leq 90^o$, 마찰력은 무시한다.)

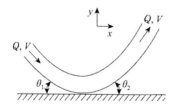

　　가. $F_y = \rho Q V(\sin\theta_2 - \sin\theta_1)$　　　　나. $F_y = -\rho Q V(\sin\theta_2 - \sin\theta_1)$

　　다. $F_y = \rho Q V(\sin\theta_2 + \sin\theta_1)$　　　　라. $F_y = Q V(\sin\theta_2 + \sin\theta_1)/\rho$

[정답 : 다]

3.4 그림에서 판에 가해지는 힘(F_x)의 크기는? (단, 제트의 유량과 유속은 각각 $Q = 10m^3/s$, $V = 10m/s$이다.)

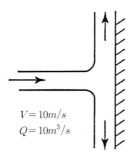

$V = 10m/s$
$Q = 10m^3/s$

　　가. $9.8t$　　　　　나. $10.2t$　　　　　다. $10.5t$　　　　　라. $11.2t$

[정답 : 나]

3.5 수면에서 깊이 $2.5m$에 정사각형 단면의 오리피스를 설치하여 $0.042m^3/s$의 물을 유출시킬 때 정사각형 단면에서 한 변의 길이는? (단, 유량계수는 0.6이다.)

　　가. $10.0cm$　　　　나. $14.0cm$　　　　다. $18.0cm$　　　　라. $22.0cm$

[정답 : 가]

3.6 정상류에서 1개 유선상의 유체입자에 대하여 그 속도수두를 $\dfrac{V^2}{2g}$, 위치수두를 Z, 압력수두를 $\dfrac{p}{\gamma}$라고 할 때 동수경사는?

　　가. $\dfrac{V^2}{2g} + Z$를 연결한 값이다.

　　나. $\dfrac{V^2}{2g} + \dfrac{p}{\gamma} + Z$를 연결한 값이다.

　　다. $\dfrac{p}{\gamma} + Z$를 연결한 값이다.

　　라. $\dfrac{V^2}{2g} + \dfrac{p}{\gamma}$를 연결한 값이다.

[정답 : 다]

3.7 그림과 같은 유출구에서 약간 떨어져 설치한 원추형 콘을 유지시키는 데 필요한 힘 P 는? 단, 콘의 무게는 무시한다.

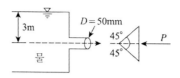

가. $6.92kg$ 나. $5.21kg$ 다. $4.34kg$ 라. $3.46kg$

[정답 : 라]

3.8 기준면에서 위로 $5m$ 떨어진 곳에서 $5m/s$로 물이 흐르고 있을 때 압력을 측정하였더니 $0.5kg/cm^2$이었다. 이때 전수두(total head)는?

가. $6.28m$ 나. $8.00m$ 다. $10.00m$ 라. $11.28m$

[정답 : 라]

3.9 유체의 흐름에 대한 설명으로 옳지 않은 것은?

가. 이상유체에서 점성은 무시된다.

나. 점성이 있는 유체가 계속해서 흐르기 위해서는 가속도가 필요하다.

다. 정상류의 흐름상태는 위치변화에 따라 변화하지 않는 흐름을 의미한다.

라. 유관(stream tube)은 유선으로 구성된 가상의 관이다.

[정답 : 다]

3.10 베르누이 정리(Bernoulli's theorem)에 관한 표현식 중에 틀린 것은?

(단, z : 위치수두, $\dfrac{p}{w}$: 압력수두, $\dfrac{v^2}{2g}$: 속도수두, H_e : 수차에 의한 유효낙차, H_p : 펌프의 총양정, h : 손실수두, 유체는 점 1에서 점 2로 흐른다.)

가. 실제유체에서 손실수두를 고려할 경우 :

$$z_1 + \frac{p_1}{w} + \frac{v_1^2}{2g} = z_2 + \frac{p_2}{w} + \frac{v_2^2}{2g} + h$$

나. 두 단면 사이에 수차(turbine)를 설치할 경우 :

$$z_1 + \frac{p_1}{w} + \frac{v_1^2}{2g} = z_2 + \frac{p_2}{w} + \frac{v_2^2}{2g} + (H_e + h)$$

다. 두 단면 사이에 펌프(pump)를 설치할 경우 :

$$z_1 + \frac{p_1}{w} + \frac{v_1^2}{2g} = z_2 + \frac{p_2}{w} + \frac{v_2^2}{2g} + (H_p + h)$$

라. 베르누이 정리를 압력항으로 표현할 경우 :

$$\rho g z_1 + p_1 + \frac{\rho v_1^2}{2} = \rho g z_2 + p_2 + \frac{\rho v_2^2}{2}$$

[정답 : 다]

3.11 Δt 시간 동안 질량 m 인 물체에 속도변화 Δv 가 발생할 때, 이 물체에 작용하는 외력 F 는?

가. $\dfrac{m \cdot \Delta t}{\Delta v}$ 나. $m \cdot \Delta v \cdot \Delta t$

다. $\dfrac{m \cdot \Delta v}{\Delta t}$ 라. $m \cdot \Delta t$

[정답 : 다]

3.12 지름 $100 mm$ 인 관에 $20°C$ 의 물이 흐를 경우 한계유속은 얼마인가? (단, 물의 온도 $20°C$ 에서의 동점성계수는 1×10^{-2} stokes이고 한계 Reynolds 수는 2300이다.)

가. $1.65 cm/s$ 나. $2.3 cm/s$ 다. $23 cm/s$ 라. $230 cm/s$

[정답 : 나]

3.13 지름이 $30 cm$, 길이 $1 m$ 인 관에 물이 흐르고 있을 때 마찰손실이 $30 cm$ 이라면 관벽에 작용하는 마찰력 τ_0 는?

가. $4.5 g/cm^2$ 나. $2.25 g/cm^2$ 다. $1.0 g/cm^2$ 라. $0.5 g/cm^2$

[정답 : 나]

3.14 유속이 $3 m/s$ 인 유수 중에 유선형 물체가 흐름 방향으로 향하여 $h = 3m$ 깊이에 놓여 있을 때 정체압력(stagnation pressure)은?

가. $0.46 \ kN/m^2$ 나. $12.21 \ kN/m^2$ 다. $33.90 \ kN/m^2$ 라. $102.35 \ kN/m^2$

[정답 : 다]

3.15 3차원 흐름의 연속방정식을 아래와 같은 형태로 나타낼 때 이에 알맞은 흐름의 상태는?

$$\frac{\partial u}{\partial x} + \frac{\partial v}{\partial y} + \frac{\partial w}{\partial z} = 0$$

가. 비압축성 정상류   나. 비압축성 부정류

다. 압축성 정상류   라. 압축성 부정류

[정답 : 가]

3.16 정상류의 정의로 가장 적합한 것은?

가. 수리학적 특성이 시간에 따라 변하지 않는 흐름

나. 수리학적 특성이 공간에 따라 변하지 않는 흐름

다. 수리학적 특성이 시간에 따라 변하는 흐름

라. 수리학적 특성이 공간에 따라 변하는 흐름

[정답 : 가]

제4장

관수로 흐름

관수로 흐름

관수로 흐름(flow in pipes)은 관로 내의 압력 차에 의해 발생하는 흐름을 말한다. 즉, 관로에 유체가 가득 채워진 상태에서 흐름이 존재한다. 자유수면을 갖지 않고 관이 충만되어 압력차에 의해 흐르는 흐름을 관수로 흐름(예, 상수관, 소방차 호스 등)이라고 하며 압력이 높은 곳에서 낮은 곳으로 물이 흐른다. 관수로 흐름은 크게 개수로 흐름과 구별되는데, 그 기준은 자유수면을 갖는 흐름인가의 여부에 따라서 결정된다. 다시 말하면 자유수면을 갖는 흐름을 개수로 흐름(예, 하천, 하수관 등)이라고 하며 물은 높은 곳에서 낮은 곳으로, 즉 중력방향으로 흐른다.

물은 점성을 갖고 있기 때문에 관속에서 물이 흐를 때 물입자와 관벽 사이에 마찰에 의한 관마찰손실이 발생되며 그 외에 관의 만곡, 관 단면의 변화, 관 부속품의 설치에 따라서 여러 가지 미소 손실수두가 발생된다. 이와 같은 손실을 계산하기 위해 연속방정식과 에너지 보존법칙을 적용하여 유도한 베르누이 방정식이 사용된다. 연속방정식에서 사용되는 유속은 실용적인 면에서 관 내의 유속분포를 고려하는 것보다는 관속의 평균유속을 사용하고 이를 보정하는 방법을 따른다.

본 장에서는 관로 내의 흐름 특성, 관 내의 평균유속공식, 손실수두, 여러 가지 관로 흐름에 대한 해석을 통해서 유속, 유량, 압력 등을 구하는 방법에 대해 공부한다.

4.1 관수로에서의 층류 흐름

단면이 원형인 긴 직선 관로 내에 비압축성이며 정상상태의 층류 흐름을 고려하자. 그림

4.1.1과 같이 큰 수조에서 매끈한 둥근 각이 진 관이 연결되어 있다. 수조에서 관으로 물이 유입되는 경우에 입구 부근에서는 점성의 지연 효과가 벽면의 근접한 얇은 층에 국한되므로 유속분포는 벽면에서는 0(zero)이며 경계면 부근을 제외한 단면 대부분에서 평평한 모습을 보여 주고 있다. 유체가 관로 내를 흐르면서 점성의 영향이 중심으로 확대된다. 점성응력이 중심선에 도달한 이후에 구동력(driving force)과 지체력(retarding force)이 평형을 이루어 흐름은 평형상태가 되어 유속분포의 형태는 더 이상 변하지 않는다. 유속분포가 전개되는 영역을 **입구영역**(entrance region)이라고 하며 유속분포가 일정한 영역을 **완전 발달 흐름영역**(fully developed flow region)이라고 한다. 입구영역에서의 흐름 형태는 유입부의 모양에 따라 상이하지만 완전 발달 흐름영역에서 입구부의 기하학적 구조와 무관하게 유속분포가 일정하다. 큰 수조에 둥근 각이 진 긴 관로가 연결되어 정상상태의 층류 흐름인 경우에 실험을 통해서 얻어진 발달거리 L_E는 다음과 같다.

$$L_E = 0.06 \, Re \, D \tag{4.1.1}$$

층류인 경우에 발달거리는 층류의 상한인 레이놀즈 수가 2000인 경우에 가장 길다. 즉,

$$L_E = 0.06 \, (2000) \, D = 120 \, D \tag{4.1.2}$$

관로 내의 층류 흐름은 실험에 의하면 레이놀드 수 10^5까지도 유지되지만 이 경우에는 특수한 경우이다. 큰 레이놀즈 수에서의 완전 발달 흐름은 난류가 되며 발달거리는 다른 식이 적용된다. 층류 흐름의 완전 발달 영역에서 흥미로운 점은 단면적 중에서 평균유속보다 작은 유속

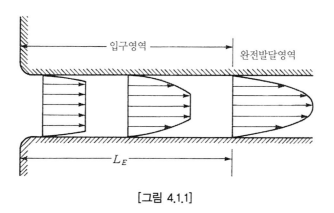

[그림 4.1.1]

의 부분이 많은 부분을 차지하고 있으며, 단면적 중에 적은 부분인 중심부의 유속이 평균유속보다 빠르다. 이는 점성이 경계면 부근의 흐름을 지체시키지만 중심 부근의 흐름을 가속시킨다는 것을 의미한다.

그림 4.1.2와 같이 관의 반경이 R이고 θ만큼 기울어진 관이 놓여 있다. 완전 발달 영역에서 관축을 중심으로 대칭을 이루는 정상상태의 층류라고 하자. 모든 유체입자는 가속되지 않고 관축과 평행하게 일정한 유속으로 이동하고 있다. 흐름 방향에 대해 뉴턴의 평형방정식을 적용하면 다음과 같다.

$$p\pi r^2 - (p + \frac{dp}{ds}ds)\pi r^2 - \tau\,2\pi r\,ds - W\sin\theta = 0 \tag{4.1.3}$$

이 식을 정리하고 $-\pi r^2 ds$로 나누면,

$$\frac{dp}{ds} + \frac{2}{r}\tau + \gamma\frac{dz}{ds} = 0 \tag{4.1.4}$$

이다. 전단응역 τ에 대해 정리하면,

$$\tau = -\frac{\gamma r}{2}\frac{d}{ds}(\frac{p}{\gamma} + z) \tag{4.1.5}$$

이다. 위압수두 $(\frac{p}{\gamma} + z)$는 단면에 대해 일정하다. 전단응력 τ는 0(zero)보다 커야 하기 때문에

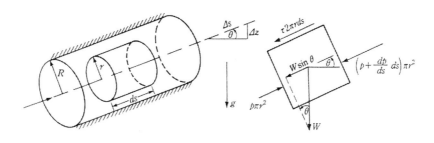

[그림 4.1.2]

식(4.1.5)에서 위압수두가 흐름 방향에 대해 감소되어야 한다는 것을 의미한다. 즉,

$$\frac{d}{ds}\left(\frac{p}{\gamma}+z\right) < 0 \tag{4.1.6}$$

그림 4.1.3에서와 같이 전단응력이 벽면에서 최대이고 중심에서 0인 선형분포를 이루고 있다. 식(4.1.5)를 이용하여 벽면에서의 전단응력을 나타내면,

$$\tau_o = -\frac{\gamma R}{2}\frac{d}{ds}\left(\frac{p}{\gamma}+z\right) \tag{4.1.7}$$

이다. 이 식을 흐름방향의 위압수두 변화율로 나타내면 다음과 같다.

$$\frac{d}{ds}\left(\frac{p}{\gamma}+z\right) = -\frac{2\,\tau_o}{\gamma R} \tag{4.1.8}$$

이 식은 위압수두가 흐름방향에 대해서 선형적으로 감소됨을 의미한다. 완전 발달 층류에 대한 이상의 결과인 식(4.1.5)와 (4.1.7)에서 압력과 전단응력이 시간에 따른 평균값으로 해석될 경우에 난류에도 적용시킬 수 있다. 이 식들이 층류에 적용된다고 한 것은 전단응력에 대해 뉴턴의 점성법칙을 적용시켰기 때문이다.

비활조건(no slip)에서 관벽에서 유속은 0(zero)이며 중심에서 유속이 최대이다. 즉, 중심에

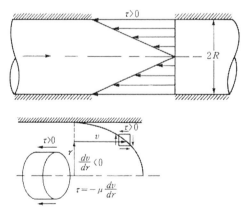

[그림 4.1.3]

서 r방향으로 유속은 감소되기 때문에 유속의 변화율은 음수가 된다.

$$\frac{dv}{dr} \leq 0 \tag{4.1.9}$$

그림 4.1.3에서 전단응력이 양수가 되려면 뉴턴의 점성법칙에 음(−)의 부호가 필요하다.

$$\tau = -\mu \frac{dv}{dr} \tag{4.1.10}$$

이 식을 식(3.6.5) $\tau = (\frac{\gamma h_f}{2l})r$과 같다고 놓고, v에 관해 적분하면,

$$(\frac{\gamma h_f}{2l})r = -\mu \frac{dv}{dr} \tag{4.1.11}$$

$$v = -(\frac{\gamma h_f}{4\mu l})r^2 + C \tag{4.1.12}$$

이고, 경계조건 $r = 0$일 때 $v = v_C$를 이용하면 적분상수 $C = v_C$가 된다. 따라서

$$v = v_C - (\frac{\gamma h_f}{4\mu l})r^2 = v_C - Kr^2 \tag{4.1.13}$$

이다. 관벽 $r = R$에서 유속 $v = 0$을 이용하면 K는 다음과 같다.

$$K = \frac{v_C}{R^2} \tag{4.1.14}$$

이 값을 식(4.1.13)에 대입하여 정리하면,

$$v = v_C \left[1 - \left(\frac{r}{R} \right)^2 \right] \tag{4.1.15}$$

이다. 원형 단면에서의 유속분포식[1]이며 포물선 형태임을 알 수 있다. 이 유속분포식을 식 (3.2.2)에 대입하면 다음과 같다.

$$Q = \int_0^R v \, dA = \int_0^R v_C \left[1 - \left(\frac{r}{R} \right)^2 \right] 2\pi r \, dr = \frac{v_C}{2} \pi R^2 \tag{4.1.16}$$

이 식으로부터 평균유속과 관 중심의 최대유속과의 관계를 알 수 있다. 즉,

$$V = \frac{v_C}{2} \tag{4.1.17}$$

식(4.1.17)과 경계조건 $r = D/2$일 때 $v = 0$을 식(4.1.13)에 대입하면 손실수두를 평균유속과 관의 특성변수의 항으로 나타낼 수 있다.

$$h_f = \frac{32 \, \mu \, l \, V}{\gamma D^2} \tag{4.1.18}$$

연속방정식에서 평균유속 $V = Q/A = 4Q/(\pi D^2)$을 식(4.1.18)에 대입하여 Q에 관해 정리하면 다음과 같다.

---

[1] 유속분포식은 식(4.1.5)와 (4.1.10)을 같다고 놓고 구할 수 있다. 즉, $-\mu \dfrac{dv}{dr} = -\dfrac{\gamma r}{2} \dfrac{d}{ds} \left(\dfrac{p}{\gamma} + z \right)$이다. 식(4.1.8)을 이 식에 대입하여 유속에 관해 적분하면, $v = -\dfrac{\tau_o}{\mu R} \dfrac{r^2}{2} + C$이다. 적분상수 C를 결정하기 위해 경계조건 즉, 벽면($r = R$)에서 유속 $v = 0$이기 때문에 이 조건을 이용하면 $C = \dfrac{\tau_o \, R}{2\mu}$이다. 관에서 유속분포를 식으로 나타내면, $v = \dfrac{\tau_o \, R}{2\mu} \left[1 - \left(\dfrac{r}{R} \right)^2 \right]$이며 관의 중심($r = 0$)에서 유속은 최대유속 ($v_C$)이 되기 때문에 이를 대입하면, $v_C = \dfrac{\tau_o \, R}{2\mu}$이다. 이 값을 원식에 대입하면 $v = v_C \left[1 - \left(\dfrac{r}{R} \right)^2 \right]$이다.

$$Q = \frac{\pi D^4 \gamma h_f}{128 \mu l} = \frac{\pi D^4 \Delta P}{128 \mu l} \qquad (4.1.19)$$

Hagen과 Poiseulle은 이 식을 실험에 의하여 입증하였으며 이 식을 **Hagen-Poiseulle 법칙**으로 부르며, 원관 내의 층류에 대한 유량공식으로 유량은 점성계수에 반비례하고 직경의 4승과 단위길이당 압력강하에 비례함을 알 수 있다.

예제 4.1.1 그림과 같이 압력계가 관의 A와 B지점에 부착되어 있다. 흐름방향을 결정하고 유량을 계산하여라. 단, 밀도는 $917kg/m^3$이고, 점성계수는 $0.290Pa \cdot s$이다.

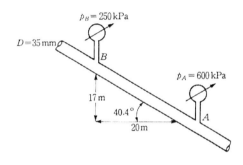

[그림 예제 4.1.1]

풀이 동수경사선 $(HGL = z + \frac{p}{\gamma})$을 구해 흐름 방향을 결정한다.

$$HGL_A = 0 + \frac{600(1000)}{917(9.80)} = 66.77m$$

$$HGL_B = 17 + \frac{250(1000)}{917(9.80)} = 44.82m$$

$HGL_A > HGL_B$이므로 유체는 A에서 B로 흐른다. 이 흐름을 층류로 가정하여 Hagen-Poiseulle 법칙을 이용하여 유량을 구한다.

$$h_f = \frac{128\mu l Q}{\pi \gamma D^4} = 66.77 - 44.82 = 21.90m$$

A점에서 B점까지의 관 길이 $l = \sqrt{20^2 + 17^2} = 26.25m$이고 이를 대입하여 유량을 구한다.

$$21.90 = \frac{128(0.29)(26.25)(Q)}{\pi(917)(9.8)(0.035)^4}, \quad Q = 9.52 \times 10^{-4} m^3/s$$

$$V = \frac{Q}{A} = \frac{9.52 \times 10^{-4}}{\frac{\pi(0.035^2)}{4}} = 0.990 m/s$$

$$Re = \frac{\rho V D}{\mu} = \frac{917(0.991)(0.035)}{0.29} = 109.7 < 2000 \text{ (층류임)}$$

식(4.1.19)를 평균유속 V에 관해 정리하면 다음과 같다.

$$V = \frac{\Delta p}{8\mu l} R^2 = \frac{p_1 - p_2}{8\mu l} R^2 = \frac{\gamma h_f}{32\mu l} D^2 \tag{4.1.20}$$

여기서 $\Delta p (= \gamma h_f)$는 압력강하량이다. 식(4.1.20)을 손실수두 h_f에 관해 정리하면,

$$h_f = \frac{64}{Re} \frac{l}{D} \frac{V^2}{2g} \tag{4.1.21}$$

이다. 이 식에서 $\frac{64}{Re}$를 마찰손실계수 f라고 하면,

$$h_f = f \frac{l}{D} \frac{V^2}{2g} \tag{4.1.22}$$

이 식을 원관 내에서 마찰손실수두를 구하는 식으로 **Darcy-Weisbach 공식**이라고 부른다. 이때 마찰손실계수 $f = \frac{64}{Re}$이며 이는 흐름이 층류인 경우에 한하여 사용된다. 난류에 대한 마찰손실계수는 뒷부분에서 다룬다.

예제 4.1.2 직경이 $170mm$인 관 속에 기름이 $0.9\,m/s$로 흐른다. 이 기름의 점성계수가

$\mu = 0.104\ Pa \cdot s$이고, 밀도가 $\rho = 869 kg/m^3$일 때 관의 길이 $50\ m$에 대한 마찰손실수두를 구하여라.

풀이 $Re = \dfrac{\rho VD}{\mu} = \dfrac{869(0.9)(0.17)}{0.104} = 1278.4 < 2000$

흐름은 층류이므로 식(4.1.22)를 이용하여 마찰손실수두를 구한다.

$$h_f = \frac{64}{1278.4} \frac{50}{0.170} \frac{0.9^2}{2(9.8)} = 0.607m$$

4.2 관수로에서의 마찰손실과 그 계수

관수로 내에 흐름을 해석하기 위해 비압축성 실제유체를 고려하자. 관수로 흐름에서 l만큼 떨어진 두 단면에 대해 흐름을 정류상태라 하고 베르누이 방정식을 적용하면 다음과 같다.

$$\alpha_1 \frac{V_1^2}{2g} + \frac{p_1}{\gamma} + z_1 = \alpha_2 \frac{V_2^2}{2g} + \frac{p_1}{\gamma} + z_2 + h_f \qquad (4.2.1)$$

여기서 첨자 1과 2는 l만큼 떨어진 두 단면의 시작과 끝을 말한다. h_f는 단면 1과 2 사이의 관마찰 손실수두이다. 그리고 대부분의 관수로 내 흐름문제에서 에너지 보정계수 α를 생략한다. 그 이유는,

(1) 관수로 내의 실제흐름은 난류이다. 이때 α값은 거의 1에 가깝다.
(2) 관로 내의 흐름이 층류일 때 α의 값은 난류일 때 보다 크지만 유속이 작기 때문에 속도수두가 작아져서 속도 수두항이 방정식의 다른 항에 비해 거의 무시할 정도로 작다.
(3) 긴 관로의 실제 흐름 문제에서 속도수두는 다른 항에 비해 작으므로 α의 영향은 거의 무시할 수 있다.
(4) 식(4.2.1)에서 보는 바와 같이 α는 양변에 있기 때문에 서로 상쇄되는 효과가 있다.
(5) 실질적인 문제의 해결에서 α를 방정식에 포함시켜 흐름을 해석해야 할 만큼의 정확성을 요구하지 않는다.

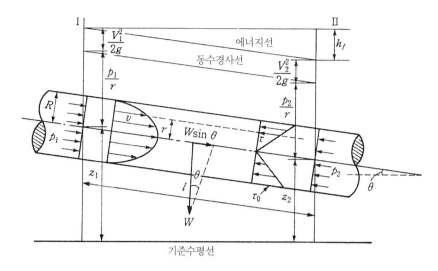

[그림 4.2.1]

그림 4.2.1과 같이 두 단면 사이에 발생하는 손실수두 h_f는 식(4.1.22)에서와 같이 속도수두와 관의 길이에 비례하고, 관의 직경에 반비례한다는 Darcy-Weisbach 공식을 소개하였다.

이 식의 마찰손실계수 f는 손실수두와 속도수두, 관의 길이와 직경 등에 관계가 있다. 이에 대한 자세한 사항은 차원해석을 통해서 공부하기로 한다. 지금까지 학습 내용을 토대로 마찰손실계수는 흐름과 관벽 사이의 경계면에서 일어나는 마찰전단응력의 크기를 표시하는 계수이다. 이들 사이의 관계를 살펴보기 위해 식(3.6.5)를 이용한다. $r = R$일 때 $\tau = \tau_0$이고 손실수두 h_f 대신에 Darcy-Weisbach 공식을 대입하여 나타내면 다음과 같다.

$$\tau_0 = \frac{\gamma R}{2l}(f\frac{l}{D}\frac{V^2}{2g}) \tag{4.2.2}$$

여기서 $D = 2R$, $\gamma = \rho g$를 이용하여 식(4.2.2)를 정리하면,

$$\tau_0 = \frac{f\rho V^2}{8} \tag{4.2.3}$$

이다. f는 무차원계수이고 개념적 유속인 마찰속도 u_*와의 관계를 정의하면 다음과 같다.

$$u_* = \sqrt{\frac{\tau_0}{\rho}} = V\sqrt{\frac{f}{8}} \qquad (4.2.4)$$

여기서 마찰속도는 흐름의 상태(층류 또는 난류)나 경계면의 상태(매끈한 또는 거친)에 무관하게 정의되기 때문에 편리하게 사용된다.

예제 4.2.1 직경이 $20\,cm$인 관에 유속 $5\,m/s$로 물이 흐른다. 이 관로의 $50\,m$ 구간에서 발생된 손실수두를 측정하였더니 $6\,m$이었다. 마찰손실계수와 마찰속도를 구하여라.

풀이 Darcy–Weisbach 공식을 이용한다.

$$6 = f\frac{50}{0.20}\frac{5^2}{2(9.8)} \quad \therefore \quad f = 0.0188$$

$$u_* = 5\sqrt{\frac{0.0188}{8}} = 0.242 m/s$$

마찰손실수두를 나타내는 식(4.1.22)의 Darcy–Weisbach 공식은 원형단면이 아닌 형상에 적용할 수 없다. 비원형단면에서는 직경 대신에 동수반경을 사용한다.

$$h_f = f\ \frac{l}{4R}\ \frac{V^2}{2g} = f'\frac{l}{R}\frac{V^2}{2g} \qquad (4.2.5)$$

여기서 $f = 4f'$이다.

마찰손실계수 f는 주로 관의 조도(k, roughness)와 직경, 유속, 유체의 점성과 밀도 등에 관계가 있으며, 이는 차원해석과 실험을 통해서 입증되었고, 다음과 같은 함수관계로 표시된다.

$$f = F(Re, \frac{k}{D}) \qquad (4.2.6)$$

여기서 k는 (절대)조도(absolute roughness)로서 관벽의 거친 정도를 나타내는 돌기의 평균크기를 의미하며, $\dfrac{k}{D}$는 **상대조도**(relative roughness)라고 한다. 그러므로 관에서 마찰손실계수 f는 Re 수와 상대조도 함수라고 할 수 있다. 앞 절에서 흐름이 층류인 경우에 마찰손실계수 $f = \dfrac{64}{Re}$라고 하였다. 즉, 층류인 경우에 마찰손실계수 f는 Re만의 함수라고 할 수 있다. 흐름이 난류일 때 마찰손실계수에 대해 공부하자.

식(4.2.4)에서 마찰속도는 흐름 상태에 관계없이 적용 가능하기 때문에 난류 흐름에 대한 마찰손실계수를 결정하는 데 이용된다. 이 식을 평균유속과 마찰속도의 비로 나타내면 다음과 같다.

$$\frac{V}{u_*} = \sqrt{\frac{8}{f}} \tag{4.2.7}$$

이 식에 연속방정식을 대입하여 정리하면 다음과 같다.

$$\sqrt{\frac{8}{f}} = \frac{1}{u_*}\frac{Q}{A} = \frac{1}{u_*}\frac{1}{A}\int_A v\,dA \tag{4.2.8}$$

식(4.2.8)에서 흐름의 유속분포식이 주어지면 마찰손실계수를 구할 수 있다.

Nikuradse는 매끈한 관에 균일한 모래로 피복하여 실험을 수행하였다. 그는 마찰손실계수

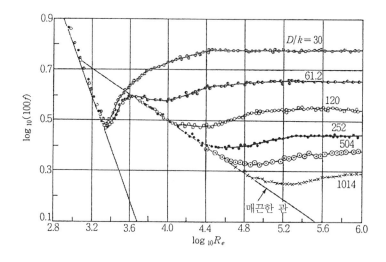

[그림 4.2.2]

f가 Re 수만의 함수이다. 이때 유속 대신에 마찰속도를 사용한 Re 수를 이용하여 제안하였으며 그 실험 결과가 그림 4.2.2에 나타나 있다.

$$\frac{V}{u_*} = \sqrt{\frac{8}{f}} = 1.75 + 5.75 \log \frac{u_* D}{2\nu} \tag{4.2.9}$$

거친 관의 경우에 마찰손실계수 f가 상대조도 $\dfrac{k}{D}$의 함수이고 이 관계를 Nikuradse가 다음과 같이 제안하였다.

$$\frac{1}{\sqrt{f}} = 1.74 + 2.03 \log \frac{D}{2k} \tag{4.2.10}$$

그리고 그림 4.2.2에서 난류영역의 가장 아래의 곡선은 수리학적으로 매끈한 관의 실험에 의해 얻어진 결과이지만 Nikuradse의 거친 관 실험($5000 < Re < 50000$)으로부터 얻은 결과와 잘 일치하고 있다. 이 경우에 조도가 층류저층 아래에 완전히 잠겨 있어서 마찰손실계수에 아무런 영향을 미치지 못한다. Blasius는 매끈한 관의 난류에 대해 $3000 < Re < 10^5$일 때 유속분포가 7승근법칙[2])을 따른다는 가정하에서 마찰손실계수를 다음과 같이 제안하였다.

$$f = \frac{0.3164}{Re^{1/4}} \tag{4.2.11}$$

그림 4.2.2에서 Re 수가 증가함에 따라서 거치른 관에 대한 $f - Re$ 곡선은 매끈한 관에 대한 Blasius 곡선으로부터 발산한다. 즉, 작은 Re 수에서 매끈한 관의 역할을 하는 관이 Re 수가 커짐에 따라서 거친 관의 역할을 하게 된다. 이는 Re 수가 증가함에 따라서 층류저층의 두께가 얇아져 조도가 층류저층 위로 나와 거친 관의 특성을 나타내주는 역할을 하는 것으로 추정된다.

실용적인 상업용관에 대한 마찰손실계수를 결정하기 위해서는 그림 4.2.2를 직접 적용하기

---

2) 유속분포에서 7승근법칙을 따를 때 유속분포식은 $\dfrac{v}{v_c} = (\dfrac{y}{R})^{1/7}$이다. 여기서 v_c는 관 중심에서 최대유속이고 y는 관벽에서 떨어진 거리이다.

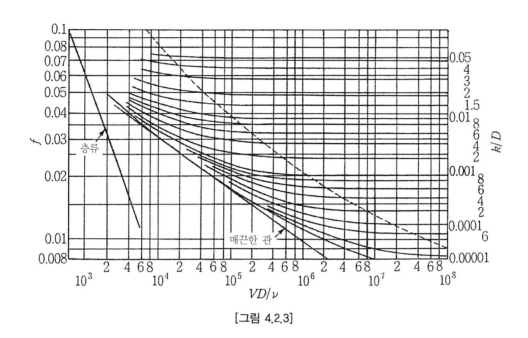

[그림 4.2.3]

[표 4.2.1] 절대조도 k의 값

관재료	절대조도 k 값(mm)
도장하지 않은 주철	0.183
아스팔트칠한 주철	0.122
신주철	0.260
아연도금철	0.152
피복되지 않은 강관 또는 단철	0.045
원심력에 의해 에너멜로 코팅된 강관	0.025
나무	0.183−0.915
콘크리트	0.305−3.05
리벳된 강철	0.915−9.150
PVC(polyvinyl chloride)	0.0015
유리, 섬유유리	0.0025

가 어려워 이와 비슷한 도표를 만들었으며 이를 **무디도표**(Moody diagram)라고 한다. 무디도표는 상업용관 내의 흐름 해석을 위한 f의 결정에 널리 사용되고 있다. 그림 4.2.3에 무디도표가 제시되어 있으며 관 재료에 따른 절대조도 k가 표 4.2.1에 있다.

예제 4.2.2 20℃의 물($\nu = 1.02 \times 10^{-6} m^2/s$)이 4.2m/s의 속도로 새로운 주철관을 통해 흐른다. 관의 길이는 500m이고 직경은 150mm이다. 마찰로 인한 수두손실을 결정하여라.

풀이 $Re = \dfrac{VD}{\nu} = \dfrac{4.2(0.150)}{1.02 \times 10^{-6}} = 6.18 \times 10^5$

주철관의 조도 $k = 0.00026m$, $k/D = 0.00026/0.15 = 0.00173$

무디 도표로부터 $f = 0.0226$

$h_f = 0.0226(\dfrac{500}{0.150})(\dfrac{4.2^2}{2(9.8)}) = 67.8m$

예제 4.2.3 직경이 60mm인 매끈한 원관 속에 물이 흐른다. 이 물의 동점성계수 $\nu = 0.01 cm^2/s$ 이고 관 속에서 유속은 0.8m/s이다. 관 길이 2m에 대한 마찰손실 수두를 구하여라.

풀이 $Re = \dfrac{VD}{\nu} = \dfrac{80(6)}{0.01} = 48000$이다. 이 흐름은 난류이고 관이 매끈하기 때문에 마찰손실계수를 블라쥬스(Blasius) 공식을 이용하여 구한다. 즉,

$f = 0.3164 Re^{-1/4} = 0.3164(48000)^{-1/4} = 0.02138$

$h_f = 0.02138 \dfrac{2}{0.06} \dfrac{0.8^2}{2(9.8)} = 0.0233m$

예제 4.2.4 (a) 직경이 30cm인 관에서 물이 흐른다. 손실수두가 관의 길이 100m당 5m로 측정되었다. 이때 관벽에서 전단응력을 구하여라. (b) 관의 중심에서 5cm 떨어진 곳에서 전단응력을 구하여라. (c) 마찰속도를 구하여라. (d) 마찰손실계수 f가 0.05일 때 평균유속을 구하여라.

풀이 (a) $\tau_0 = \gamma h_f R/2l = 9800(5)(0.15)/[2(100)] = 36.79 N/m^2$

(b) τ는 관의 중심에서 벽까지 선형으로 변하기 때문에

$\tau = 36.79(\dfrac{5}{15}) = 12.26 N/m^2$

(c) $u_* = \sqrt{\tau_0/\rho} = \sqrt{36.79/1000} = 0.192m/s$

(d) $\tau_0 = f\rho V^2/8$, $36.79 = 0.05(1000)(V^2)/8$, $V = 2.43m/s$

4.3 평균유속공식

관수로내의 유속분포는 Re 수와 상대조도에 따라 달라진다. 즉, Re 수를 결정하는 변수가 유속, 직경, 유체의 동점성계수이므로 상호 관련이 있는 이들 변수에 따라 유속분포의 형상은 결정된다. 앞에서 기술된 바와 같이 층류 흐름인 경우에 유속분포는 포물선 형상이고 평균유속은 관 중심에서 최대유속의 1/2이다. Re 수의 증가에 따라 난류 흐름이 형성될 때 유속 분포형상을 매끈한 관과 거친 관으로 구분하여 그림 4.3.1에 도시하였고 층류 흐름에 대한 유속분포도 표시하였다.

관수로 흐름에서 유량을 계산하기 위해서는 평균유속을 사용한다. 평균유속은 경험공식으로서 특정 조건하에서 개발된 것이므로 특정한 계수를 포함하고 있다. 대표적인 공식으로 Chezy의 평균유속공식, Manning의 평균유속공식, Williams-Hazen의 평균유속공식, Ganguillet-Kutter 공식 등이 있다.

(1) Chezy의 평균유속공식

Chezy 공식은 Darcy-Weisbach의 마찰손실공식으로부터 유도된다. 이 식을 평균유속 V에 관해 정리하면 다음과 같다.

$$V = \sqrt{\frac{8g}{f}} \ \sqrt{R\frac{h_f}{l}} \tag{4.3.1}$$

여기서 R은 동수반경이고 $\dfrac{h_f}{l}$는 단위길이당 관 내의 손실수두로서 에너지선의 경사 S와 같으며 이를 간단하게 표현하면 다음과 같다.

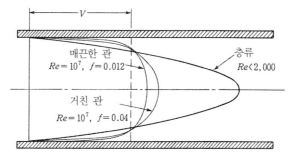

[그림 4.3.1]

$$V = C\sqrt{RS} \tag{4.3.2}$$

$$C = \sqrt{\frac{8g}{f}} \tag{4.3.3}$$

$$f = \frac{8g}{C^2} \tag{4.3.4}$$

여기서 C는 Chezy의 마찰손실계수이고 S는 에너지 경사이다. V의 단위는 m/s이고, 동수반경 R의 단위는 m이다.

(2) Manning의 평균유속공식

Manning 공식은 프랑스 기술자 Philippe Gauckler(1826−1905)에 의하여 1868년 처음 제안된 것으로 이후에 Robert Manning(1816−1897)에 의해 독자적으로 다시 제안되었으며, 그후로 그의 이름을 따서 Manning 공식이라고 부른다. 이 공식은 원래 개수로의 설계를 위해 개발되어 사용된 경험공식이나 관수로 흐름의 해석에도 많이 사용되고 있다.

$$V = \frac{G}{n} R^{2/3} S^{1/2} \tag{4.3.5}$$

여기서 G는 단위환산계수이며 SI 단위에서 $G = 1$이고 USCS 단위에서 $G = 1.49$이다. n은

[표 4.3.1] 관의 재료에 따른 Manning의 조도계수

표면의 상태	n(무차원)
PVC, 합성수지	0.009
황동, 유리, 구리	0.010
매끈한 시멘트	0.011
페인트 칠이 안된 철, 대패로 깍은 나무	0.012
흙손으로 마무리된 콘크리트, 매끈한 아스팔트	0.013
거친 아스팔트	0.016
시멘트 몰탈	0.019
잡초가 없는 직선의 흙 수로	0.022
키작은 풀과 잡초가 있는 직선 흙 수로	0.027
매끈하고 균일한 암반수로	0.035

Manning의 조도계수라고 하며 관의 재료에 따라 그 값이 표 4.3.1에 주어져 있다. 주의할 점은 양변이 동차가 아니므로 반드시 SI 단위에서 동수반경 R의 단위는 m로 사용하고 그 결과인 유속 V의 단위는 m/s이다.

Chezy의 계수 C와 Manning의 조도계수 n과의 관계는 식(4.3.2)와 식(4.3.5)에 의해 결정된다.

$$C = \frac{R^{1/6}}{n} \qquad (4.3.6)$$

이 식을 식(4.3.4)에 대입하여 마찰손실계수 f에 관해 정리하면 Manning의 조도계수 n과의 관계를 알 수 있다.

$$f = \frac{8gn^2}{R^{1/3}} = \frac{124.5n^2}{D^{1/3}} \qquad (4.3.7)$$

식(4.3.7)은 Darcy-Weisbach의 마찰손실계수 f와 Manning의 조도계수 n과의 관계식으로 f가 Re 수에 무관한 완전 난류 영역에서만 적용이 가능한 것으로 볼 수 있다. 실제 관로 흐름의 대부분에서 완전 난류라는 가정이 통용되기 때문에 식(4.3.7)을 이용하여 마찰손실계수 f 값을 근사적으로 산정할 수 있으나 정확한 해는 아니다. Manning의 조도계수 n 값이 관의 재료에 따라서 표 4.3.1에 제시되어 있다.

(3) Williams-Hazen의 평균유속공식

Williams-Hazen 공식은 미국에서 상수도관의 표준공식으로 설계에 많이 사용되어왔으며 그 공식은 다음과 같다.

[표 4.3.2] Williams-Hazen 계수

관재료	C_{WH}	관재료	C_{WH}
주철관(가장 양호)	140 이상	흄관(직경 100-600mm 이상)	150 이상
주철관(새 것)	130	흄관(직경 100mm 이하)	120-140
주철관(오래된 것)	100	보통 콘크리트관	120-140
주철관(극히 오래된 것)	60-80	토관	110
유리관	140	소방호스	110-140

$$V = 0.84935 \, C_{WH} \, R^{0.63} \, S^{0.54} \tag{4.3.8}$$

여기서 V의 단위는 m/s이고, 동수반경 R의 단위는 m이다. 그리고 C_{WH}는 Williams–Hazen 계수로서 가장 매끈한 관에서는 150, 아주 거치른 관에서는 80 정도의 값을 가지며 설계를 위한 평균값으로 100을 많이 사용한다. 관의 재료에 따른 C_{WH}값이 표 4.3.2에 있다.

(4) Ganguillet–Kutter 공식

이 공식은 Ganguillet와 Kutter에 의해 미국에서 하천의 실측치를 이용하여 발표된 공식으로 Kutter 공식이라고도 부른다. 원래 개수로에서 사용된 공식이나 관수로에도 적용되어오고 있다.

$$V = C\sqrt{RS} \tag{4.3.9}$$

$$C = \frac{23 + \dfrac{1}{n} + \dfrac{0.00155}{S}}{1 + (23 + \dfrac{0.00155}{S})\dfrac{n}{\sqrt{R}}}$$

여기서 n은 Manning의 조도계수 값을 사용한다.

예제 4.3.1 직경이 $1.2\,m$, 길이가 $900\,m$인 새 주철관($C_{WH}=130$)에 손실수두가 $1.20\,m$이었다. Manning 공식($n=0.013$)과 Williams–Hazen 공식을 이용하여 이 관의 유량을 구하여라.

풀이 Manning 공식에 의해 구하면, $R = \dfrac{D}{4}$, $S = \dfrac{h_f}{L}$를 이용한다.

$$V = \frac{1}{0.013}\left(\frac{1.2}{4}\right)^{2/3}\left(\frac{1.20}{900}\right)^{1/2} = 1.259\,m/s$$

$$Q = A\,V = \frac{\pi(1.2)^2}{4}\,(1.259) = 1.42\,m^3/s$$

Williams–Hazen 공식에 의해 구하면,

$$V = 0.84935\,(130)\left(\frac{1.2}{4}\right)^{0.63}\left(\frac{1.20}{900}\right)^{0.54} = 1.449\,m/s$$

$$Q = AV = \frac{\pi (1.2)^2}{4} (1.449) = 1.64 \, m^3/s$$

예제 4.3.2 정사각형의 콘크리트 관에 $4.0 \, m^3/s$의 물이 흐른다. 관의 길이가 $55 \, m$, 손실수두가 $2.0 \, m$일 때 Williams–Hazen 공식을 이용하여 이 관($C_{WH} = 120$)의 크기를 결정하여라.

풀이 정사각형 관의 한 변을 a라고 하면 연속방정식에 의해 유속

$V = \dfrac{Q}{A} = \dfrac{4.0}{a^2}$를 Williams– Hazen 공식에 대입하여 정리하면,

$$\frac{4.0}{a^2} = 0.84935 (120) \left(\frac{a^2}{4a}\right)^{0.63} \left(\frac{2.0}{55}\right)^{0.54}$$

$$a = 0.804 \, m$$

4.4 미소손실수두

관수로 내에서 마찰로 인한 손실수두에 대해서 살펴보았다. 실제 관수로에서는 관마찰손실 뿐만 아니라 단면변화, 유량조절을 위한 밸브, 흐름방향의 변화를 위한 만곡관, 관의 연결을 위한 부속품 등에 의한 **미소손실**(minor loss 또는 국부손실, local loss)이 발생된다. 완전히 발달된 관로 흐름에서 일부 개방된 밸브에 대한 영향을 도식적으로 그림 4.4.1에 나타냈다.

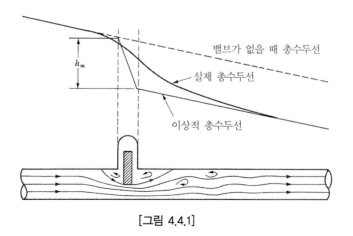

[그림 4.4.1]

이 밸브가 평균 흐름의 에너지를 소모시키는 와류를 발생시키며 평행한 유선의 형태가 파괴되는 2차 흐름을 형성시킨다. 교란영역은 밸브의 상류로부터 점성이 교란을 열에너지로 변환시키기 전까지 직경 40배 정도의 하류까지 확장되며 그 이후에는 다시 완전 발달흐름으로 회복된다. 이와 같은 경우에 총수두선은 실제로 완전 발달흐름에서 관벽면 마찰로 인한 완만한 총수두선을 점차적으로 감소(실제 총수두선)시킨다. 그러나 이와같은 미소손실은 밸브 내에서 일어난 것처럼 가정하여 계산하는 것(이상적 총수두선)이 편리하다. 밸브와 같은 미소손실을 등가관의 개념을 도입하여 관의 길이를 조절함으로써 관마찰손실로 대치시킬 수 있다.

장치로 인한 미소손실은 짧은 관로에서 관마찰손실처럼 상대적으로 우세한 경우도 있으며 폐쇄된 밸브가 관의 길이와 관계없이 흐름에 대해 무한한 저항을 발생시키기도 한다. 그러나 긴 관수로에서 입구손실과 출구손실을 제외한 미소손실은 통상적으로 무시하여 계산을 단순화시키는 경우도 있다. 이에 대한 구체적인 예를 관수로 해석에서 기술한다.

지금까지 실험 결과에 의하면 미소손실은 속도수두에 비례하는 것으로 알려져 있으며 다음과 같이 표현된다.

$$h_m = K_m \frac{V^2}{2g} \tag{4.4.1}$$

여기서 K_m 은 미소손실계수이며 실험에 의하면 이 값은 여러 가지 일치하지 않는 값을 나타내기도 한다. 미소손실계수는 레이놀즈 수의 감소에 따라 전체 손실에서의 비중이 커지는 경향이 있으나 큰 레이놀즈 수에서는 미소손실계수를 상수로 취급하며 그 크기는 주로 흐름 단면 변화 양상에 따라 결정된다. 미소손실에 대한 정보는 매우 제한적이고 신뢰할 수 없거나 시대에 뒤 떨어졌다.

그림 4.4.2는 점확대, 급확대, 점축소, 급축소에 대한 예를 보여주고 있다. 작은 관의 직경을 D_1, 큰 관의 직경을 D_2 라고 하자. 작은 원을 중심으로 확대 또는 축소일 때 중심각을 θ 라고 하면 이때 $180° \geq \theta \geq 0°$이다. 급확대, 또는 급축소인 경우에 $\theta = 180°$이다. 확대에 대한 미소손실계수는 다음과 같다.

$$K_{m1} = 2.6 \sin (\theta/2)[1-(D_1-D_2)^2]^2 \qquad 45° \geq \theta \geq 0° \tag{4.4.2}$$

$$K_{m1} = [1-(D_1/D_2)^2]^2 \qquad 180° \geq \theta \geq 45° \tag{4.4.3}$$

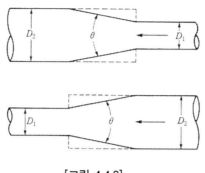

[그림 4.4.2]

여기서 아랫첨자 1은 작은 관(D_1)의 속두수두와 곱해야 한다는 것을 의미한다. 축소에 대한 미소손실계수는 다음과 같다.

$$K_{m1} = 0.8 \sin(\theta/2)[1 - (D_1/D_2)^2] \qquad\qquad 45° \geq \theta \geq 0° \qquad (4.4.4)$$

$$K_{m1} = 0.5 \sin(\theta/2)[1 - (D_1/D_2)^2] \qquad\qquad 180° \geq \theta \geq 45° \qquad (4.4.5)$$

$D_1/D_2 \to 0$이고 $\theta = 180°$일 때 식(4.4.3)은 급확대에 대한 것으로 $K_{m1} = 1$이고 식(4.4.5)는 급축소에 대한 것으로 $K_{m1} = 0.5$이다. 예를 들어 전자는 관에서 큰 저수지로 유출되는 경우이고 후자는 저수지에서 관으로 유입되는 경우이며 이때 입구는 날카로운 형상을 갖는다.

예제 4.4.1 2개의 저수지 사이에 매끄러운 관을 통해서 물($\nu = 1.16 \times 10^{-6} m^2/s$)이 $3m/s$의 유속으로 흐르고 있다. 관 직경은 $30cm$이고 길이가 $200m$일 때 미소손실을 고려하여 총손실수두를 구하여라.

풀이 총손실수두는 관마찰손실수두와 미소손실수두의 합이다.

즉, $h_L = h_f + h_m$

$$Re = \frac{VD}{\nu} = 3(0.30)/(1.16 \times 10^{-6}) = 7.76 \times 10^5$$

무디도표로부터 매끄러운 관이고 $Re = 7.76 \times 10^5$일 때 마찰손실계수 $f = 0.0122$이다.

$$h_f = 0.0122 \frac{200}{0.30} \frac{3^2}{2(9.8)} = 3.73\,m$$

미소손실수두 h_m은,

$$h_m = (0.5 + 1.0) \frac{3^2}{2(9.8)} = 0.69\,m$$

$$h_L = h_f + h_m = 3.73 + 0.69 = 4.42\,m$$

밸브는 관수로 내의 유량 조절을 위해 사용되며 밸브의 설계에 따라 손실 정도는 각각 다르다. 그림 4.4.3에 제시된 게이트밸브는 완전히 개방된 상태와 폐쇄된 상태이다. 완전히 개방된 상태에서 밸브의 손실은 비교적 작다. 글로우브밸브(globe valve)는 수도꼭지와 같이 전 범위에 걸쳐 유량을 조절하는 데 이용된다. 이 밸브는 완전히 개방되었을 때에도 비교적 손실이 크다. 역류방지밸브(check valve)는 단지 한 방향으로 흐름만이 있으며 완전히 개방시키기 위해 최소유속이 필요하다. 풋밸브(foot valve)는 역류방지밸브의 특수한 형태로서 펌프의 수직 흡입관으로 액체가 배수되는 것을 방지하기 위한 것으로 펌프가 가동하지 않을 때 펌프의 1차적 손실을 방지하기 위한 것이다. 고체상태 물질의 유입을 방지하기 위해 여과기가 설치되어 있다.

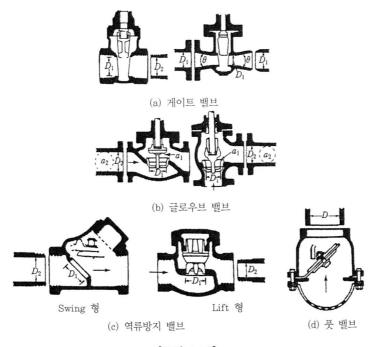

(a) 게이트 밸브

(b) 글로우브 밸브

Swing 형   Lift 형

(c) 역류방지 밸브   (d) 풋 밸브

[그림 4.4.3]

[표 4.4.1] 상업용 밸브의 손실계수

밸브의 종류	개방정도	손실계수 K_v
게이트(gate)밸브	완전개방	0.19
	3/4	1.15
	1/2	5.60
	1/4	24.00
글로우브(globe) 밸브	완전개방	10.00
역류방지(check) 밸브		
Swing형	완전개방	2.50
Lift형	완전개방	12.0
풋밸브	완전개방	15.0

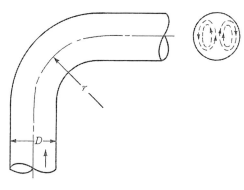

[그림 4.4.4]

유체가 점진적으로 변화하는 만곡부를 통해 흐를 때 유체의 속도 제곱에 따라 증가하는 원심력이 가해진다. 원심력에 의해 유체가 관 중심에서 관벽 쪽으로 이동하려고 한다. 그림 4.4.4에 나타낸 바와 같이 만곡부의 하류에 이중나선을 일으키는 2차 흐름이 형성된다. 만일 만곡부가 급하면 분리영역이 형성되며 추가적인 손실이 야기된다. 90° 만곡관의 경우에 손실계수는 관직경 D와 만곡부 반경 r의 비에 의해 결정된다. 손실계수는 $r/D = 2$와 3에서 최소가 된다. 곡관의 경우에 손실수두도 속도수두에 비례하는 것으로 알려져 있다. 즉, 일반적으로 식 (4.4.1)의 형태로 표시된다.

4.5 단순관 문제와 해석

단순관(simple pipe) 문제에서는 정상상태이며 완전히 발달된 비압축성 흐름을 수송하는 단일관(single pipe)을 다룬다. 즉, 관로가 분기되거나 합류되지 않을 뿐만 아니라 관망(network pipe)이 형성되지 않은 단일 관로를 의미한다. 이와 같이 단순관 문제는 연속방정식과 베르누이 방정식, 그리고 무디 도표를 이용하여 해를 구할 수 있으며 다음과 같이 3가지 유형으로 구분하여 해석한다.

유형 1 : 유량 Q, 관의 직경 D, 관의 길이 l, 관의 조도 k가 주어지고 손실
수두 h_f 또는 압력강하량 Δp를 구하는 문제

유형 2 : 손실수두 h_f, 관의 직경 D, 관의 길이 l, 관의 조도 k가 주어지고
유량 Q를 구하는 문제

유형 3 : 손실수두 h_f, 유량 Q, 관의 길이 l, 관의 조도 k가 주어지고 관의
직경 D를 구하는 문제

흐름이 층류인 경우에 3가지 유형에 대한 해를 반복하여 구하지 않고 직접 구할 수 있다. 난류 흐름에서 유형 1은 직접 해를 구할 수 있으나 유형 2와 3은 반복법에 의해 해를 구한다. 대부분의 경우에 세 번 이하의 반복을 통해서 허용 값 이내로 수렴된다. 예제를 통해서 이와 같은 유형 문제를 공부한다.

예제 4.5.1 직경이 $250mm$이고 길이가 $7000m$인 피복되지 않은 신 강관에 $20℃$인 물이 $0.060m^3/s$로 송수된다. 마찰에 의한 수두손실을 구하여라.

풀이 이 문제는 유형 1이며 주어진 자료를 정리하면 다음과 같다.
$$\nu = 1.003 \times 10^{-6} m^2/s \ (표\ 1.4.3에서\ 물\ 20℃)$$
$$Q = 0.060\,m^3/s,\ D = 0.250\,m,\ l = 7000\,m$$
$$k = 0.045\,mm\ (표\ 4.2.1)$$

식(4.1.22)의 Darcy-Weisbach 공식과 연속방정식을 이용하면,

$$h_f = f \, \frac{l}{D} \, \frac{V^2}{2g} = f \, \frac{l}{D} (\frac{Q}{\pi D^2/4})^2 \frac{1}{2g} = \frac{8 \, fl \, Q^2}{\pi^2 g D^5}$$

이고, 마찰계수를 레이놀즈 수와 상대조도에 의해 구한다.

$$Re = \frac{VD}{\nu} = \frac{4Q}{\pi \nu D} = \frac{4(0.060)}{3.14(1.003 \times 10^{-6})(0.250)} = 3.05 \times 10^5$$

$$\frac{k}{D} = \frac{4.5 \times 10^{-5}}{0.25} = 0.00018$$

레이놀즈 수와 상대조도 값에 의해 그림 4.2.3의 무디도표에서 마찰손실계수 f는 0.016으로 읽을 수 있다. 이 값을 이용하여 마찰손실수두 h_f를 구하면,

$$h_f = \frac{8(0.016)(7000)(0.060)^2}{3.14^2(9.8)(0.250)^5} = 34.2 \, m$$

그림 4.5.1과 같이 수위차가 H인 2개의 수조에 직경이 D이고 길이가 l인 관으로 연결되어 있다. 이 관을 통해 흐르는 유량을 구하는 문제는 유형 2에 해당된다. 두 수조의 수위가 일정하다고 가정하고 두 수조의 수면에 베르누이 방정식을 적용하면,

$$\frac{V_1^2}{2g} + \frac{p_1}{\gamma} + z_1 = \frac{V_2^2}{2g} + \frac{p_2}{\gamma} + z_2 + h_f + \sum h_m \tag{4.5.1}$$

이다. 두 수조의 수면에서 압력은 대기압이 작용하므로 $p_1 = p_2 = 0$이고 유속은 수조가 크고 수면의 변화가 없기 때문에 $V_1 = V_2 = 0$이라고 할 수 있다. 그리고 h_f는 관마찰손실 수두이고 $\sum h_m$은 미소손실의 합이다. 식(4.5.1)을 다시 정리하여 나타내면,

$$z_1 - z_2 = H = h_f + \sum h_m = h_f + h_i + h_o \tag{4.5.2}$$

이다. h_i와 h_o에 대해서 미소손실계수에 대해 4.4.절에서 제시된 각각 0.5와 1.0을 적용하고

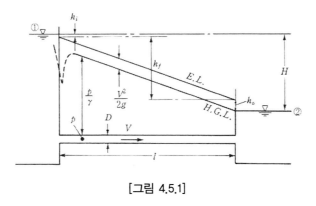

[그림 4.5.1]

관마찰손실 수두를 적용하여 정리하면 다음과 같다.

$$H = (f\frac{l}{D} + 0.5 + 1.0)\frac{V^2}{2g} \tag{4.5.3}$$

이 식의 물리적인 의미는 물이 수면 1에서 수면 2로 이동하는 데 H만한 수두손실이 발생한다는 것이다. 이는 관마찰손실과 미소손실인 단면 급축소와 급확대 손실이 원인이라는 의미이다. 이와 같은 에너지 관계를 그림 4.5.1의 에너지선으로 표시하였다.

관 내의 흐름이 완전 난류라고 가정하여 마찰손실계수 f 를 0.025로 선택하고 l/D = 100, 1000, 10000에 대해 식(4.5.3)의 괄호 안의 값을 계산하면 각각 4.0, 26.5, 251.5가 된다. 미소손실 계수인 0.5와 1.0이 식(4.5.3)에 미치는 영향은 l/D이 커질수록 상대적으로 작아진다는 사실을 알 수 있다. 관로가 비교적 긴 흐름 문제에서는 마찰손실이 전체 손실의 대부분을 차지하고 있기 때문에 통상적으로 미소손실을 무시하여 단순하게 계산하는 것이 편리하다. 이와 같은 개략적인 기준은 관수로의 길이가 직경의 3,000배 이상일 때이다. 또한 긴 관로에서 l/D이

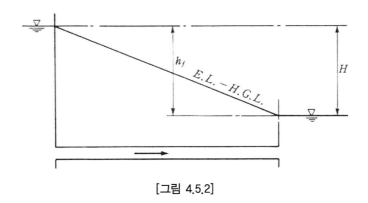

[그림 4.5.2]

크므로 상대적으로 $V^2/2g$이 작아진다. 따라서 정수장으로부터 송수에 사용되는 긴 관로의 해석에서 속도수두를 미소손실처럼 무시하고 그림 4.5.2와 같이 동수경사선과 에너지선이 일치하는 것으로 해석하기도 한다.

예제 4.5.2 직경이 250mm이고 길이가 7,000m인 피복되지 않은 신 강관에 20°C인 물이 송수된다. 마찰에 의한 수두손실이 34.2m이었다. 이 관의 유량을 구하여라.

풀이 이 문제는 유형 2이며 주어진 자료를 정리하면 다음과 같다.

$$\nu = 1.003 \times 10^{-6} m^2/s \text{ (표 1.4.3에서 물 20°C)}$$
$$D = 0.250\,m$$
$$l = 7,000\,m$$
$$h_f = 34.2\,m$$
$$k = 0.045\,mm \text{ (표 4.2.1)}$$

식(4.22)의 Darcy-Weisbach 공식과 연속방정식을 이용하여 Q에 관해 정리하면,

$$Q = (\frac{\pi^2 g h_f D^5}{8l})^{1/2} \frac{1}{\sqrt{f}} = (\frac{3.14^2(9.8)(34.2)(0.250)^5}{8(7000)})^{1/2} \frac{1}{\sqrt{f}}$$
$$= \frac{7.59 \times 10^{-3}}{\sqrt{f}}$$

이고, f를 결정하기 위해 상대조도와 레이놀즈 수를 알아야 한다.

$$\frac{k}{D} = \frac{4.5 \times 10^{-5}}{0.250} = 0.00018$$

$$Re = \frac{4Q}{\pi \nu D} = \frac{4Q}{3.14(1.003 \times 10^{-6})(0.250)} = 5.08 \times 10^6 Q$$

유량 Q를 알아야 마찰손실계수 f를 구할 수 있는데, Q가 미지이기 때문에 직접 구할 수 없다. 이와 같은 문제는 반복법으로 구해야 한다. 그 과정은 다음과 같다.

난류 흐름에서 유형 2의 해법

1단계 : 상대조도 $\dfrac{k}{D}$를 계산한다.

2단계 : f_1를 가정한다. 일반적으로 완전히 거친 흐름에 대한 값으로 가정하는 것이 편리하다$(f(Re \to \infty, \dfrac{k}{D}))$.

3단계 : 가정된 f_1 값을 이용하여 유량 Q_1을 계산하고 이 값을 이용하여 레이놀즈 수 Re_1를 계산한다.

4단계 : 유량 Q_1과 상대조도 $\dfrac{k}{D}$를 이용하여 무디도표에서 새로운 f_2를 계산한다.

5단계 : 새로운 f_2를 이용하여 유량 Q_2를 계산하여 수렴 여부를 결정한다. 수렴 여부는 $|Q_2 - Q_1|/Q_1 < \epsilon$에 의해 판정(보통 $\epsilon = 0.01$)하고, 이 조건을 만족하면 중지하며, 그렇지 않으면 Q_1 대신에 Q_2를 사용하여 단계 3의 레이놀즈 수를 다시 계산하여 반복한다. 또는 새로운 f_2가 f_1과 거의 동일한 값을 나타내면 수렴된 것으로 간주하기도 한다.

이 문제의 해를 구하기 위해 흐름을 난류라고 가정하였다. 이를 위해 정확한 레이놀즈 수에 의해 확인이 가능하다. 만일 $Re < 4000$이라고 계산되면 흐름은 난류가 아니라 층류 또는 천이류가 되며 층류라고 가정하여 계산을 다시 해야 한다.

이 해법에 의해 문제의 해를 구하는 과정은 다음과 같다.

1단계 : $\dfrac{k}{D} = 0.00018$

2단계 : 무디도표에서 상대조도를 기준으로 $f = 0.02$로 가정한다.

3단계 : $Q = \dfrac{7.59 \times 10^{-3}}{\sqrt{f}} = \dfrac{7.59 \times 10^{-3}}{\sqrt{0.02}} = 0.0537\,m^3/s$

$$Re = 5.08 \times 10^6\,Q = 5.08 \times 10^6\,(0.0537) = 2.73 \times 10^5$$

4단계 : $f(2.73 \times 10^5, 0.00018) = 0.0160$

5단계 : $Q \equiv \dfrac{7.59 \times 10^{-3}}{\sqrt{0.0160}} = 0.0600\,m^3/s$

$$\frac{\mid Q_2 - Q_1 \mid}{Q_1} = \frac{\mid 0.0600 - 0.0537 \mid}{0.0537} = 0.1173$$

이와같이 상대적 변화가 크면 단계 3으로 돌아가 새로운 레이놀즈 수를 구한다.

3단계 : $Re = 5.08 \times 10^6 \, Q = 5.08 \times 10^6 \, (0.0600) = 3.05 \times 10^5$

4단계 : $f(3.05 \times 10^5, \ 0.00018) = 0.0162$

5단계 : $Q = \dfrac{7.59 \times 10^{-3}}{\sqrt{0.01620}} = 0.0596 \, m^3/s$ ◁

$$\frac{\mid Q_2 - Q_1 \mid}{Q_1} = \frac{\mid 0.0596 - 0.0600 \mid}{0.0600} = 0.007$$

이 결과는 수렴된 것으로 간주하며 흐름은 처음에 가정한 것과 같이 난류이다.

예제 4.5.3 그림 4.5.2에서와 같이 두 수조가 한 개의 관으로 연결되어 있다. 두 수조의 수면의 표고차이가 $20m$이고 연결관의 직경이 $30cm$, 길이가 $400m$인 신주철관($k = 0.26mm$)이라면 이 관을 통해 흐를 수 있는 물(20℃)의 유량은 얼마인가?

풀이 주어진 자료를 정리하면 다음과 같다.

$$\nu = 1.003 \times 10^{-6} \, m^2/s \ \text{(표 1.4.3에서 물 20℃)}$$
$$D = 0.300 \, m, \ l = 400 \, m, \ H = h_f = 20.0 \, m$$
$$k = 0.026 \, mm$$
$$Re = \frac{VD}{\nu} = \frac{V(0.3)}{1.003 \times 10^{-6}} = 2.99 \times 10^5 \, V \tag{1}$$

두 수조에 관이 연결되어 있기 때문에 수조에서 관으로 유입될 때 급축소와 관에서 수조로 유출될 때 급확대에 의한 손실을 고려한다. 즉, 식(4.5.3)을 이용한다.

$$H = (f \frac{l}{D} + 0.5 + 1.0)\frac{V^2}{2g} = (f \frac{400}{0.3} + 0.5 + 1.0)\frac{V^2}{2(9.8)} = 20 \qquad (2)$$

이 문제는 유형 2에 속한다. 우선, 마찰손실계수 $f = 0.03$으로 가정하여 식(2)에 의해 유속을 구한다. 그리고 식(1)에 의해 레이놀즈 수를 구한다.

$$V = 3.073 \, m/s$$

$$Re = 2.99 \times 10^5 \, (3.073) = 9.19 \times 10^5$$

$$\frac{k}{D} = \frac{0.00026}{0.3} = 0.00086$$

무디도표에서 Re 수와 상대조도 값에 의해 마찰손실계수 $f = 0.02$를 읽었다. 가정값과 약간 다르다. $f = 0.02$로 재가정하여 계산을 반복하면,

$$V = 3.731 \, m/s$$

$$Re = 2.99 \times 10^5 \, (3.731) = 1.12 \times 10^6$$

$$\frac{k}{D} = \frac{0.00026}{0.3} = 0.00086$$

무디도표에서 마찰손실계수를 읽으면 $f = 0.02$이다. 이 값은 가정값과 일치하기 때문에 유속 $V = 3.731 \, m/s$이고 이때 유량은,

$$Q = \frac{\pi(0.3)^2}{4}(3.731) = 0.264 \, m^3/s \quad \triangleleft$$

예제 4.5.4 길이가 7,000m인 피복되지 않은 신 강관에 20℃인 물이 송수된다. 마찰에 의한 수두손실이 34.2m이었다. 이때 유량이 $0.060 m^3/s$일 때 이 관의 직경을 구하여라.

풀이 주어진 자료를 정리하면 다음과 같다.

$$\nu = 1.003 \times 10^{-6} \, m^2/s \ (\text{표 1.4.3에서 물 20℃})$$

$$Q = 0.060 \, m^3/s, \; l = 7000 \, m, \; h_f = 34.2 \, m$$
$$k = 0.045 \, mm \; (\text{표 } 4.2.1)$$

Darcy−Weisbach 공식에 연속방정식을 적용하여 정리하면 다음과 같다.

$$h_f = f \, \frac{l}{D} \, \frac{V^2}{2g} = f \, \frac{l}{D} \left(\frac{Q}{\pi D^2/4}\right)^2 \frac{1}{2g} = \frac{8 f l \, Q^2}{\pi^2 g \, D^5}$$

이 식을 직경 D에 관해 정리하면,

$$D = \left(\frac{8 l \, Q^2}{\pi^2 g h_f}\right)^{1/5} f^{1/5} \tag{1}$$

이다. 문제에서 주어진 값을 식(1)에 대입하면 다음과 같다.

$$D = \left(\frac{8(7000)(0.0600)^2}{\pi^2 (9.8)(34.2)}\right)^{1/5} f^{1/5} = 0.572 \, f^{1/5} \tag{2}$$

f를 결정하기 위해서는 상대조도와 레이놀즈 수를 알아야 한다. 즉, 직경 D가 미지수이므로 상대조도와 레이놀즈 수를 구할 수 없다. 이 문제는 유형 3에 해당되며 반복적으로 해를 구해야 한다.

직경을 계산할 때, 상대오차보다는 직경의 차이로 수렴을 판단하는 것이 편리하다. 그 이유는 상업적으로 판매되는 관이 규격품이기 때문이다. 그러므로 규격에 따른 차이가 상대오차보다 크다.

이 해법을 적용하여 문제를 풀기 위해서 $f_1 = 0.025$로 가정하여 식(2)에 의해 직경 D를 계산한다.

$$D = 0.572\, f^{1/5} = 0.572(0.025)^{1/5} = 0.273\, m$$

$$Re = \frac{VD}{\nu} = \frac{4Q}{\pi \nu D} = \frac{4(0.0600)}{\pi(1.003 \times 10^{-6})(0.273)} = 2.79 \times 10^5$$

$$\frac{k}{D} = \frac{4.50 \times 10^{-5}}{0.273} = 1.648 \times 10^{-4}$$

무디도표에서 $f = 0.0160$을 알 수 있다. 이 값을 이용하여 새로운 직경을 계산하면,

$$D = 0.572(0.0160)^{1/5} = 0.250\, m$$

이다. 이전의 직경과는 $0.023m$ 차이가 있다. 이 직경을 이용하여 레이놀즈 수를 구하면,

$$Re = \frac{VD}{\nu} = \frac{4Q}{\pi \nu D} = \frac{4(0.0600)}{\pi(1.003 \times 10^{-6})(0.250)} = 3.05 \times 10^5$$

무디도표에서 $f = 0.0159$로 읽었다. 이 값을 이용하여 직경을 재계산하면,

$$D = 0.572(0.0159)^{1/5} = 0.250\,m \quad \lhd$$

이다. 즉, 직경은 $0.250\,m$ 이고 이때 손실계수는 0.0159 임을 알 수 있다.

지금까지 단면이 일정한 단순관에 대해 공부하였다. 이번에는 그림 4.5.3과 같이 직경과 관벽의 조도가 다른 2개 이상의 관이 직렬로 연결되어 있는 직렬 부등단면 관수로에 대해 생각 해보자.

직렬 부등단면 관수로에서 흐름 문제는, (1) 두 수조에 연결된 관을 통해 흐르는 유량이 주어졌을 때 수면차를 구하거나, (2) 수면차가 주어졌을 때 관을 통해 흐를 수 있는 유량을 구하는 것이다. 그림 4.5.3에서 수조의 수면에 베르누이 방정식을 적용하면 수면 차 H는 유입 구 손실, 관 1의 마찰손실, 급확대 손실, 관 2의 마찰손실, 출구손실의 합으로 표시할 수 있다.

$$H = f_i \frac{V_1^2}{2g} + f_1 \frac{l_1}{D_1} \frac{V_1^2}{2g} + f_2 \frac{l_2}{D_2} \frac{V_2^2}{2g} + (1 - \frac{D_1^2}{D_2^2})^2 \frac{V_1^2}{2g} + f_o \frac{V_2^2}{2g} \quad (4.5.4)$$

연속방정식 $V_2 = V_1 \dfrac{D_1^2}{D_2^2}$ 을 이용하고 유속 V_1에 관하여 정리하면,

$$H = [f_i + f_1 \frac{l_1}{D_1} + f_2 \frac{l_2}{D_2} \frac{D_1^4}{D_2^4} + (1 - \frac{D_1^2}{D_2^2})^2 + f_o \frac{D_1^4}{D_2^4}] \frac{V_1^2}{2g} \quad (4.5.5)$$

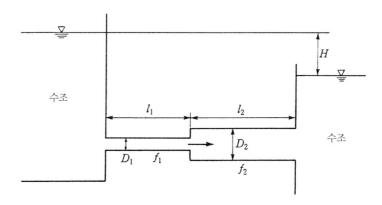

[그림 4.5.3]

이다. 유속 V_1에 관해 정리하면 다음과 같다.

$$V_1 = \sqrt{\dfrac{2gH}{f_i + f_1\dfrac{l_1}{D_1} + f_2\dfrac{l_2}{D_2}\dfrac{D_1^4}{D_2^4} + (1 - \dfrac{D_1^2}{D_2^2})^2 + f_o\dfrac{D_1^4}{D_2^4}}} \tag{4.5.6}$$

관로를 통해 흐르는 유량을 알고 수면차 H를 구하는 문제는 식(4.5.5)로 해결할 수 있다. 즉, 두 관의 레이놀즈 수와 상대조도를 구하여 무디도표에 의해 f_1과 f_2값을 읽으면 된다. 특별한 경우가 아니면 $f_i = 0.5$, $f_o = 1.0$을 사용한다. 반대로 수면차 H가 주어지고 유량을 구하는 문제에서는 시행착오법을 이용한다. 식(4.5.6)에서 f_1과 f_2 값을 가정하여 V_1을 구하고 이 값에 상응하는 레이놀즈 수와 상대조도에 의해 새로운 f_1과 f_2 값를 구하여 가정값과 비교한다. 두 값이 비슷해질 때까지 반복하여 정확한 V_1을 구하여 유량을 결정한다.

직렬 부등단면 관수로의 흐름 문제를 **등가(等價)길이 관**(equivalent-length pipe)의 개념을 이용하여 해석할 수 있다. 등가길이 관이란 동일한 수두손실하에서 동일한 유량이 흐르도록 관의 길이를 조절한다. 예를 들어 그림 4.5.3의 2번째 관에서 손실수두를 h_{f2}라고 하자. 직경 D_2를 D_1로 변경시키면서 동일한 손실수두가 발생되도록 관의 길이를 줄이거나 증가시켜서 조절하는 것을 말한다. 등가길이관이 되기 위해 그 조건식을 쓰면,

$$h_{f2} = f_2\frac{l_2}{D_2}\frac{V_2^2}{2g} = f_2\frac{l_2}{D_2}\frac{Q^2}{2g(\pi D_2^2/4)^2} = \frac{f_2 l_2}{D_2^5}\frac{8Q^2}{g\pi^2} \tag{4.5.7}$$

이다. 동일한 손실수두하에서 직경이 D_1인 관을 사용하여 길이가 l_e인 등가길이로 변경시키면,

$$h_{f2} = \frac{f_2 l_2}{D_2^5}\frac{8Q^2}{g\pi^2} = \frac{f_1 l_e}{D_1^5}\frac{8Q^2}{g\pi^2} \tag{4.5.8}$$

이다. 직경이 D_1인 등가길이 관으로 나타내면 다음과 같다.

$$l_e = \frac{f_2}{f_1}(\frac{D_1}{D_2})^5 l_2 \tag{4.5.9}$$

예제 4.4.5 2개의 콘크리트 관(n = 0.011)이 직렬로 연결되어 있다. 이 관을 통해 흐르는 유량은 $0.14 m^3/s$이고 연결된 관에서 손실수두는 $14.10 m$로 측정되었다. 각 관의 길이는 $300 m$인데, 하나의 관이 $300 mm$이라면 또 다른 관의 직경은 얼마인가? 단, 미소손실은 무시한다.

풀이

$$V_1 = \frac{Q}{A_1} = \frac{0.14}{\pi(0.3^2)/4} = 1.981\,m/s$$

$$f_1 = \frac{124.5 n^2}{D_1^{1/3}} = \frac{124.5(0.011)^2}{0.3^{1/3}} = 0.0225$$

$$h_{f1} = f_1 \frac{l_1}{D_1}\frac{V_1^2}{2g} = 0.0225\frac{300}{0.3}\frac{1.981^2}{2(9.8)} = 4.51\,m$$

$$h_{f2} = 14.10 - 4.51 = 9.59\,m$$

$$9.59 = \frac{124.5(0.011^2)}{D_2^{1/3}}\frac{300}{D_2}\frac{1}{2(9.8)}\left[\frac{0.14}{\pi(D_2^2)/4}\right]^2$$

$$D_2 = 0.260\,m = 260\,mm$$

예제 4.5.6 3개의 서로 다른 관이 그림과 같이 저수지에 연결되어 있다. 직경은 $D_1 = 30\,cm$, $D_2 = 20\,cm$, $D_3 = 25\,cm$이고 길이는 $l_1 = 300\,m$, $l_2 = 150\,m$, $l_3 = 250\,m$이다. 이 관은 새로운 주철관($n = 0.011$)이고 물을 송수한다. 저수지의 수면차가 $10 m$라면 관에서 유량은 얼마인가? 단, 미소손실은 무시한다. 등가길이 관의 개념을 이용하여 해를 구하여라.

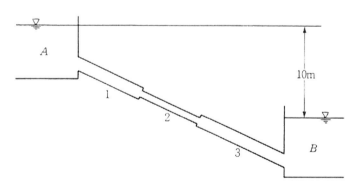

[그림 예제 4.5.6]

풀이 직경이 30 cm인 관을 기준으로 한다. 직경이 20 cm인 관을 직경이 30 cm인 관의 길이로 환산한다. 이때 마찰손실계수는 Manning의 조도계수를 이용하여 근사적으로 구한다.

$$f = \frac{124.5n^2}{D^{1/3}}$$

$$(l_e)_1 = \frac{f_2}{f_1}(\frac{D_1}{D_2})^5 l_2 = (\frac{124.5n^2}{D_2^{1/3}})/(\frac{124.5n^2}{D_1^{1/3}})(\frac{D_1}{D_2})^5 l_2$$

$$= (\frac{D_1}{D_2})^{16/3} l_2 = (\frac{30}{20})^{16/3}(150) = 1304\,m$$

같은 방법으로 직경이 25 cm인 관을 직경이 30 cm인 관의 길이로 환산한다.

$$(l_e)_2 = \frac{f_3}{f_1}(\frac{D_1}{D_3})^5 l_3 = (\frac{124.5n^2}{D_3^{1/3}})/(\frac{124.5n^2}{D_1^{1/3}})(\frac{D_1}{D_3})^5 l_3$$

$$= (\frac{D_1}{D_3})^{16/3} l_3 = (\frac{30}{25})^{16/3}(250) = 661\,m$$

$$l = 300 + 1304 + 661 = 2265\,m$$

$$H = 10\,m = \frac{124.5n^2}{D_1^{1/3}}\frac{l}{D_1}\frac{V_1^2}{2g} = \frac{124.5(0.011^2)}{0.3^{1/3}}\frac{2265}{0.3}\frac{V_1^2}{2(9.8)}$$

$$V_1 = 1.074\,m/s, \quad Q = \frac{\pi(0.3^2)}{4}1.074 = 0.0759\,m^3/s$$

4.6 펌프 또는 터빈이 포함된 관수로

관로를 통해 물을 송수할 때에 펌프를 이용하는 데 에너지를 가해주는 경우이며, 반대로 터빈은 흐름이 가지는 에너지의 일부를 빼앗아 동력을 얻는 경우인데, 이것이 수력발전이다. 펌프가 단위무게당 물에 가해주는 에너지, 즉 수두를 H_P라 하고 터빈이 단위무게의 물로부터 얻는 에너지를 H_T라 하면 이를 고려하여 베르누이 방정식을 적용하여 나타내면,

$$\frac{V_1^2}{2g}+\frac{p_1}{\gamma}+z_1+H_P = \frac{V_2^2}{2g}+\frac{p_1}{\gamma}+z_2+h_f+\sum h_m+H_T \qquad (4.6.1)$$

이다. 관로에 펌프 또는 터빈의 존재 여부에 따라서 식(4.6.1)을 조정하여 사용한다. 펌프의 소요동력과 흐름이 가지는 에너지에 의해 얻을 수 있는 동력에 대해 살펴보자. 수면 차가 H인 두 개의 수조가 있는 경우에 낮은 곳의 수조에서 높은 곳의 수조로 유량 Q를 펌프로 양수하는 데 필요한 펌프의 수두를 H_e라고 하면 수면차 H에 손실수두를 더한다. 즉,

$$H_e = H+h_f+\sum h_m \qquad (4.6.2)$$

펌프 자체에서 에너지 손실이 존재하므로 필요한 운전 동력 P_P는 γQH_e보다 커야 한다. 이를 고려하기 위해 펌프의 효율을 적용시킨다. 즉,

$$P_P(kW) = \frac{9.8QH_e}{\eta} \qquad (4.6.3a)$$

$$P_P(HP) = \frac{13.3QH_e}{\eta} \qquad (4.6.3b)$$

여기서 η는 펌프의 효율을 나타내고 이 값은 펌프에 따라 다르며 개략적으로 $55\sim85\%$이다.

반대로 낙차가 H인 높은 위치에 있는 물을 관로를 통해서 그 위치에너지를 동력으로 변환시 킴으로서 얻을 수 있는 에너지는 $\gamma QH(kg\cdot m/s)$이다.

$1kW=102kg_f\cdot m/s$이므로 터빈의 동력은 다음과 같다.

$$P_T(kW) = \gamma QH = 9.8QH \qquad (4.6.4a)$$

$$P_T(HP) = \gamma QH = 13.3QH \qquad (4.6.4b)$$

식(4.6.4)에 의해 계산되는 출력은 이론출력이다. 실제로 관로를 통해 물이 수차까지 송수되며, 이 관로에서 손실수두가 발생하기 때문에 출력은 감소된다. 여러 가지 원인에 의해 감소되는 손실 수두를 낙차에서 빼주면 유효낙차 H_e를 구할 수 있다. 즉,

$$H_e = H - \left(h_f + \sum h_m\right) \qquad (4.6.5)$$

유효낙차에 의해 동력을 고려해야 하고 터빈을 통해서 얻을 수 있는 실제 출력은 터빈과 발전기의 효율(η_1, η_2)을 고려해야 한다. 이들 효율에 대한 합성효율을 $\eta(= \eta_1 \cdot \eta_2)$라고 하면 실제 출력은 다음과 같다.

$$P_T(kW) = 9.8\eta Q H_e \qquad (4.6.7\text{a})$$

$$P_T(HP) = 13.3\eta Q H_e \qquad (4.6.7\text{b})$$

일반적으로 터빈효율 η_1은 $80\sim90\%$이고 발전기 효율 η_2는 $90\sim95\%$이다.

예제 4.6.1 그림과 같은 수력발전소에서 관의 조도계수 $n = 0.014$이고 유량은 $10\,m^3/s$이다. 발전소의 총합성효율은 80%이고 관마찰손실만 고려하는 경우에 발전소의 출력을 kW로 나타내어라.

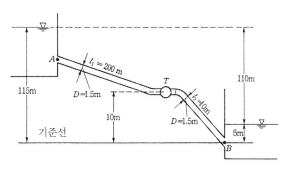

[그림 예제 4.6.1]

풀이 $h_f = f\dfrac{l}{D}\dfrac{V^2}{2g}$, $f = \dfrac{124.5n^2}{D^{1/3}} = \dfrac{124.5(0.014^2)}{1.5^{1/3}} = 0.0213$

$$V = \dfrac{4Q}{\pi D^2} = \dfrac{4(10)}{3.14(1.5^2)} = 5.66\,m/s$$

A점에서 T점까지의 마찰손실수두 h_{f1}, T에서 B점까지 마찰손실수두 h_{f2}는

$$h_{f1} = 0.0213 \frac{200}{1.5} \frac{5.66^2}{2(9.8)} = 4.63\,m$$

$$h_{f2} = 0.0213 \frac{10}{1.5} \frac{5.66^2}{2(9.8)} = 0.23\,m$$

유효낙차는,

$$H_e = (115 - 5) - (4.63 + 0.23) = 105.14 m$$

$$P = \gamma \eta Q H_e = 9.8(0.8)(10)(105.14) = 8242.98\,kW$$

4.7 사이폰(Siphon)

2개의 수조를 연결한 관수로의 일부가 동수경사선보다 위에 있는 경우를 **사이폰**이라 한다. 유체는 관수로 양단의 압력 차에 의해 흐르는 것이므로 관로의 중간에 높은 곳이 있다고 할지라도 유체는 흐를 수 있다. 동수경사선보다 위에 있는 부분의 압력은 대기압보다 작아져 부압을 갖으며 대기압보다 작다는 것을 의미한다. 그러나 압력수두 p/γ는 절대영압(absolute zero pressure)보다 작아서는 안 된다. 이런 점들이 일반 관수로와 다른 점이며 사이폰의 기능은 정점부의 부압 크기에 제약을 받게 된다.

그림 4.7.1과 같은 사이폰에서 관의 직경을 D, 관 AB 및 BC의 길이를 각각 l_1, l_2라 하고, A점의 유입손실계수를 f_i, B점의 만곡부 손실계수를 f_b, C점의 유출손실계수를 f_o라고 하자. 점 A와 C, 점 A와 B 사이에 베르누이 방정식을 적용한다. 이때 B 지점의 압력을 계산하여 사이펀의 역할을 하는지 확인해야 한다.

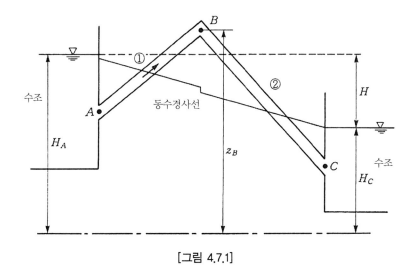

[그림 4.7.1]

$$H_A = \frac{V^2}{2g}\left(f_i + f_1\frac{l_1}{D_1} + f_b + f_2\frac{l_2}{D_2} + f_o\right) + H_C$$

$$= z_B + \frac{p_B}{\gamma} + \frac{V^2}{2g} + \frac{V^2}{2g}\left(f_i + f_1\frac{l_1}{D_1} + f_b\right) \qquad (4.7.1)$$

식(4.7.1)을 수면차 H에 관해서 정리하고 또한 B 지점의 압력수두에 관해 정리하면 각각 다음과 같다.

$$H = H_A - H_C = \frac{V^2}{2g}\left(f_i + f_1\frac{l_1}{D_1} + f_b + f_2\frac{l_2}{D_2} + f_o\right) \qquad (4.7.2)$$

$$\frac{p_B}{\gamma} = (H_A - z_B) - \frac{V^2}{2g}\left(1 + f_i + f_1\frac{l_1}{D_1} + f_b\right) \qquad (4.7.3)$$

식(4.7.2)에서 속도수두에 관해 정리하여 식(4.7.3)에 대입하면 사이폰의 특성 제원에 의해 압력수두를 구할 수 있다. 즉,

$$\frac{p_B}{\gamma} = (H_A - z_B) - \frac{1 + f_i + f_1\dfrac{l_1}{D_1} + f_b}{f_i + f_1\dfrac{l_1}{D_1} + f_b + f_2\dfrac{l_2}{D_2} + f_o} H \tag{4.7.4}$$

B점의 압력은 절대영압 이하가 될 수 없으므로 사이폰이 지속되는 동안에 B점에서 가능한 최대 부압수두, 즉 한계수두는 이론적으로 대기압에 해당하는 수두로서 $-10.33m$이며, 이보다 더 작은 압력에서는 유체 중에 포함된 공기가 분리되어 기포가 발생된다. 이 기포가 B 지점의 정점부에 모이게 되면 사이폰의 기능을 저하시킨다. 그리고 실제로 이보다 약간 큰 -8 $\sim -9m$를 한계값으로 사이폰을 설계한다.

계곡이나 하천을 횡단하기 위해 관로를 사이펀과 반대로 설치하는 경우를 **역사이펀**이라고 한다. 이 경우에 가장 아랫 부분의 압력이 상당히 크게 되므로 주의해야 한다.

예제 4.7.1 그림 4.7.1과 같은 사이펀이 설치되어 있다. 사이펀을 통해서 흐를 수 있는 유량을 구하여라. 이때 사용된 제 변수는 다음과 같다. $H_A = 100\,m$, $z_B = 120\,m$, $D_1 = D_2 = 0.2\,m$, $H_C = 50\,m$, $l_1 = l_2 = 2000\,m$, $f_1 = f_2 = 0.02$, $f_i = 1.0$, $f_o = 0.1$, $f_b = 0.2$이다. 그리고 사이펀의 역할이 가능한지 검토하고 역할을 못하는 경우에 가능하도록 B점의 최대 높이를 구하여라. 단, 사이펀의 작용 한계는 $p_B/\gamma \geq -8\,m$이다.

풀이 식(4.7.2)에 의해 유속을 구한다.

$$V = \sqrt{\frac{2g(H_A - H_C)}{f_i + f_o + f_b + f_1\dfrac{l_1}{D_1} + f_2\dfrac{l_2}{D_2}}}$$

$$= \sqrt{\frac{2(9.8)(100 - 50)}{1.0 + 0.1 + 0.2 + 2(0.02\dfrac{2000}{0.2})}} = 1.56\,m/s$$

$$Q = \frac{\pi D^2}{4} V = \frac{3.14(0.2^2)}{4}1.56 = 0.049\,m^3/s$$

사이펀의 역할이 가능한지를 검토하기 위해 점 B에서 압력수두를 식(4.7.3)을 이용하여 구한다.

$$\frac{p_B}{\gamma} = (H_A - z_B) - \frac{V^2}{2g}(1 + f_i + f_1 \frac{l_1}{D_1} + f_b)$$

$$= (100 - 120) - \frac{1.56^2}{2(9.8)}(1 + 1.0 + 0.02 \frac{2000}{0.2} + 0.2)$$

$$= -45.11\,m < -8.0\,m$$

사이펀 작용을 하지 못한다. 사이펀 작용이 가능하도록 하기 위해 z_B를 구한다. 이 사이펀이 가동되기 위해 z_B를 조정한다. 점 B에서 동수경사선의 높이는 다음과 같다.

$$H_A - \frac{V^2}{2g}(1 + f_i + f_1 \frac{l_1}{D_1} + f_b)$$

$$= 100 - \frac{1.56^2}{2(9.8)}(1 + 1.0 + 0.02 \frac{2000}{0.2} + 0.2)$$

$$= 74.9\,m$$

z_B는 동수경사선의 높이에 사이펀 작용 한계치 $8m$를 더하여 얻을 수 있다. 즉,

$$z_B = 74.9 + 8.0 = 82.9\,m$$

4.8 분기관과 합류관의 계산

1개의 관에서 2개 이상의 관으로 유체를 송수하는 경우에 分岐(分流)管이라고 하며 반대로 2개 이상의 관에서 1개의 관으로 합류되는 경우를 合流管이라고 한다. 그림 4.8.1은 간단한 분기관 또는 합류관을 나타낸 것으로서 수조 1의 관 ①을 거쳐서 관 ②와 ③을 통해 수조 2와 3으로 흐르며 이는 분기관의 한 예이다. 만일 수조 1과 2의 관 ①과 ②의 유량이 합해져 관③을 통해서 흐르는 경우에 합류관이 된다. 분기관 또는 합류관인가는 교차점에서 동수경사선의 위치에 따라 결정된다. 이와 같은 흐름 문제의 해석은 에너지선(동수경사선)을 사용하면 쉽게

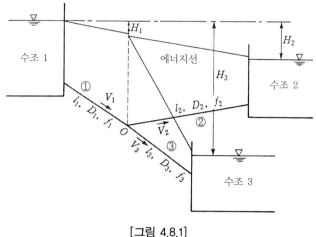

[그림 4.8.1]

해결할 수 있으며 미소손실을 무시하며 마찰손실계수 f를 상대조도만의 함수로 가정한다. 부언하면, 복합관수로(분기 또는 합류관 포함)의 흐름을 해석할 때에는 속도수두나 미소손실, 레이놀즈 수에 따른 마찰손실계수의 변화 등을 무시하며 에너지선과 동수경사선이 일치한다고 가정하여 계산하는 것이 일반적이다(4.5절 참조). 그림 4.8.1에서 물이 흐를 수 있는 방법은 3가지이다.

(1) 1수조에서 2와 3수조로 흐르는 경우,

(2) 1수조에서 3수조로만 흐르고 2수조에서 흐름은 없는 경우,

(3) 1과 2수조의 물이 합해져 3수조로 흐르는 경우이다.

각 관로의 제원이 그림에 제시되어 있다. 우선 (1)의 경우에 해당하는 에너지방정식은 다음과 같다.

$$H_1 = f_1 \frac{l_1}{D_1} \frac{V_1^2}{2g} \tag{4.8.1a}$$

$$H_2 - H_1 = f_2 \frac{l_2}{D_2} \frac{V_2^2}{2g} \tag{4.8.1b}$$

$$H_3 - H_1 = f_3 \frac{l_3}{D_3} \frac{V_3^2}{2g} \tag{4.8.1c}$$

여기서 H_1은 수조 1의 수위와 분기 또는 합류되는 지점 O에서 위압수두와의 차이고 H_2는 수조 1과 2의 수위 차이다. H_3는 수조 1과 3의 수위 차이다. 관 1에서 관 2와 3으로 흐르는 경우의 연속방정식((1)의 경우)은,

$$Q_1 = Q_2 + Q_3 \tag{4.8.2}$$

이고, 관 1과 2가 합류하여 관 3으로 흐르는 경우의 연속방정식((3)의 경우)은,

$$Q_1 = - Q_2 + Q_3 \tag{4.8.3}$$

이다. 식(4.8.1)에서 유속을 유량으로 변환하여 다시 쓰면 다음과 같다.

$$H_1 = k_1 Q_1^2 \tag{4.8.4a}$$
$$H_2 - H_1 = k_2 Q_2^2 \tag{4.8.4b}$$
$$H_3 - H_1 = k_3 Q_3^2 \tag{4.8.4c}$$

여기서,

$$k_1 = \frac{8 f_1 l_1}{g \pi^2 D_1^5}, \; k_2 = \frac{8 f_2 l_2}{g \pi^2 D_2^5}, \; k_3 = \frac{8 f_3 l_3}{g \pi^2 D_3^5} \tag{4.8.5}$$

식(4.8.4)에서 미지수는 Q_1, Q_2, Q_3, H_1이며 식(4.8.2)[또는 식(4.8.3)]와 (4.8.4)의 4개의 방정식에 의해 해결 가능하다. 점 O에서 합류되는 경우에 식(4.8.4b)는 다음과 같다.

$$H_2 - H_1 = - k_2 Q_2^2 \tag{4.8.6}$$

분기되는 경우와 합류되는 경우에 연속방정식은,

$$Q_1 = \pm Q_2 + Q_3 \tag{4.8.7}$$

이고, 에너지 방정식은,

$$H_2 - H_1 = \pm k_2 \, Q_2^2 \tag{4.8.9}$$

이다. 여기서 (+)부호는 O점에서 분기되는 경우이고 (−)부호는 O점에서 합류되는 경우이다. 식(4.8.4a)를 이용하여 식(4.8.9)와 (4.8.4c)의 H_1을 소거하면 다음과 같다.

$$H_2 = \pm k_2 \, Q_2^2 + k_1 \, Q_1^2 \tag{4.8.10}$$

$$H_3 = k_3 \, Q_3^2 + k_1 \, Q_1^2 \tag{4.8.11}$$

식(4.8.10)에 H_3를 곱하고 식(4.8.11)에 H_2를 곱하면,

$$H_2 \, H_3 = \pm k_2 \, H_3 \, Q_2^2 + k_1 \, H_3 \, Q_1^2 \tag{4.8.12}$$

$$H_3 \, H_2 = k_3 \, H_2 \, Q_3^2 + k_1 \, H_2 \, Q_1^2 \tag{4.8.13}$$

이다. 식(4.8.12)와 (4.8.13)의 좌변이 $H_2 H_3$로 동일하기 때문에 이 항을 소거하여 정리하면,

$$(k_1 \, H_2 - k_1 \, H_3) Q_1^2 + k_3 \, H_2 \, Q_3^2 \mp k_2 \, H_3 \, Q_2^2 = 0 \tag{4.8.14}$$

이다. 식(4.8.14)에 연속방정식(4.8.7)을 대입하여 Q_1을 소거하면 다음과 같다.

$$k_1 (H_2 - H_3)(\pm Q_2 + Q_3)^2 + k_3 \, H_2 \, Q_3^2 \mp k_2 \, H_3 \, Q_2^2 = 0 \tag{4.8.15}$$

식(4.8.15)을 Q_2^2으로 나누고 $Q_3/Q_2 = X$라고 놓고 정리하면 다음과 같다.

$$\{k_1 (H_2 - H_3) + k_3 \, H_2\} \, X^2 \pm 2 k_1 (H_2 - H_3) X$$

$$+ k_1(H_2 - H_3) \mp k_2 H_3 = 0 \qquad\qquad\qquad (4.8.16)$$

이 식을 X에 관해 해를 구하면 분류와 합류의 경우에 대해 해는 4개이다. 3개의 해는 물리적으로 불합리한 해이며 부호 $(\pm)$와 $(\mp)$에서 위의 부호는 분류일 때이고 아래의 부호는 합류일 때이다.

예제 4.8.1 그림 4.8.1에서 각 관의 제원과 특성이 다음과 같다.

관 ① : 길이 $l_1 = 1000\,m$, 직경 $D_1 = 10\,cm$, 마찰손실계수 $f_1 = 0.01$

관 ② : 길이 $l_2 = 500\,m$, 직경 $D_2 = 5\,cm$, 마찰손실계수 $f_2 = 0.02$

관 ③ : 길이 $l_3 = 800\,m$, 직경 $D_3 = 9\,cm$, 마찰손실계수 $f_3 = 0.015$

각 관의 유량 Q_1, Q_2, Q_3를 구하여라. 단, $H_2 = 10\,m$, $H_3 = 17\,m$이다.

풀이 식(4.8.5)에 의해 k_1, k_2, k_3를 구하면, $k_1 = 82711.2$, $k_2 = 2646757.45$, $k_3 = 168086.5$이다. 식(4.8.16)에 대입하여 부호를 고려하여 정리하면 하나는 분류에 대한 경우이고 나머지 하나는 합류에 대한 경우이다.

$$X^2 - 1.051X - 41.36 = 0, \quad X^2 + 1.051X + 40.31 = 0$$

판별식을 이 식에 적용하면 두 번째 식이 허근임을 알 수 있다. 그러므로 첫 번째 식이 적합하고 분류되는 경우이다. 이에 대한 해를 구하면,

$$X = -5.93, \ \text{또는} \ X = 6.98$$

$Q_3/Q_2 = 6.98$인 경우에 Q_2와 Q_3는 흐름 방향이 같기 때문에 분류되는 것으로서 연속방정식은 $Q_1 = Q_2 + Q_3$이다. 다시 말하면 $X = -5.93$인 경우에는 적합하지 않다. 연속방정식을 Q_2로 나누고 $Q_3/Q_2 = 6.98$를 적용하면 다음과 같다.

$$\frac{Q_1}{Q_2} = 1 + \frac{Q_3}{Q_2} = 1 + 6.98 = 7.98 \qquad\qquad\qquad (1)$$

식(1)을 식(4.8.10)에 대입하고 분류인 경우이므로 부호를 (+)로 고려하여 적용하면,

$$10 = 2646757.45\,Q_2^2 + 82711.2\,(7.98^2\,Q_2^2) \tag{2}$$

이다. 식(2)에서 Q_2를, 식(1)에 의해 Q_1를, 연속방정식에 의해 Q_3를 구하면 다음과 같다.

$$Q_1 = 8.94 \times 10^{-3}\,m^3/s, \ \ Q_2 = 1.12 \times 10^{-3}\,m^3/s, \ \ Q_3 = 7.82 \times 10^{-3}\,m^3/s \ \ \triangleleft$$

4.9 관망의 계산

앞 절에서 간단한 관수로 흐름에 대한 해석에 대해 공부하였다. 상수도 배관과 같이 관로가 분기되거나 합류되는 복잡한 형태를 이루고 있는 경우를 **관망**(pipe network)이라고 한다. 간단한 형태의 관망이 그림 4.9.1에 제시되어 있다. 관망 내 흐름 문제 해석은 여러 개의 관으로 복잡하게 연결되어 있어서 간단하지는 않지만 해석의 기본 원리로는 앞 절에서 공부한 간단한 관수로 해석에 적용된 기본방정식(연속방정식과 베르누이방정식)이 사용된다. 그림 4.9.1과 같은 간단한 관망에서 개개의 관에 흐르는 유량을 계산하여보자. 그림에서 관은 모두 7개이고 폐회로(circuit, 또는 루프(loop)라고도 함)는 2개이다. 회로의 교차점에서 유량을 연속방정식이 만족하도록 각 관의 유량을 가정한다. 즉, 교차점에서 $\sum Q = 0$의 조건을 의미하며 이를 **교차점 방정식**(junction equation)이라고 한다. 그리고 가정된 유량이 정확한가를 판단하기 위해 Kirchoff의 법칙을 사용한다. 이 법칙을 쉽게 이해하기 위해 그림 4.9.2의 간단한 관로를 고려하자. 점 A에서 B까지의 흐름을 고려할 때 분기점과 합류점을 연결하는 각 분기관들의 손실수두는 동일하다. 다시 말하면 관망상의 임의의 두 교점 사이에서 발생되는 손실수두의 크기는 두 교차점을 연결하는 경로에 관계없이 일정하다. 따라서 어떤 폐합회로에서 발생하는 손실수두의 합은 영(zero)이다(그림에서 본 바와 같이 방향을 고려). 이를 식으로 나타내면 $\sum h_L = 0$의 조건을 의미하며 이를 **폐합회로 방정식**이라고 한다. 관망에서 관마찰 손실수두만을 고려하여 나타내면 다음과 같다.

$$f_1 \frac{l_1}{D_1} \frac{V_1^2}{2g} = f_2 \frac{l_2}{D_2} \frac{V_2^2}{2g} \tag{4.9.1}$$

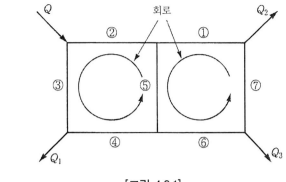

[그림 4.9.1]

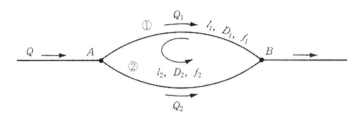

[그림 4.9.2]

그림 4.9.2에서 관로 1과 2는 하나의 회로를 형성하며 이 회로의 방향(반시계방향)과 흐름 방향이 동일하면 +1, 반대 방향이면 −1을 부여하여 합한다. 즉, 이 회로에 적용하면,

$$-f_1 \frac{l_1}{D_1} \frac{V_1^2}{2g} + f_2 \frac{l_2}{D_2} \frac{V_2^2}{2g} = 0 \tag{4.9.2}$$

이다. 이 식은 식(4.9.1)과 일치하며 식(4.9.2)의 좌변이 영(zero)이면 **Kirchoff의 법칙**이 성립된다. 그리고 유량 Q는 Q_1과 Q_2로 분류되었다가 다시 합해진다.

복잡한 관망에서 각 관의 흐름을 결정하는 문제를 해석적으로 해결한다는 것은 실제적으로 불가능한 일이다. 관망을 해석하기 위해서는 일반적으로 시행착오법에 의해 수행되는데, 흔히 사용되는 방법으로는 **Hardy Cross 방법**이 있다. 이 방법에 의한 해를 구하기 위해 앞에 제시된 교차점에서 $\sum Q = 0$인 교차점 방정식과 $\sum h_L = 0$인 폐합회로 방정식이 만족되어야 한다.

각 관에서 참유량을 Q, 가정유량을 Q', 보정유량을 ΔQ라고 하자. 관망에서 회로의 수를 m개, 한 개의 회로에서 관의 수를 n개라고 하면 각 회로에서 각 관의 가정유량은 Q_{ji}'

$(j = 1, 2, ..., m \ : i = 1, 2, ... n)$이다. 즉, 참유량은 $Q_{ji} = Q_{ji}' + \Delta Q_j$ 이다. Hardy Cross 방법에 의해 관망을 해석하기 위해서는 가정유량 Q'를 이용하여 폐합회로 방정식이 만족되는지 확인해야 한다. 관망에서 손실수두로서 마찰손실만을 고려하고 Darcy-Weisbach 공식을 사용한다면 손실수두를 관 내의 유량의 함수로 나타낼 수 있다.

$$h_L = f \frac{l}{D} \frac{V^2}{2g} = f \frac{l}{D} \frac{1}{2g} \left(\frac{4Q}{\pi D^2} \right)^2 = \frac{0.0828 fl}{D^5} Q^2 = k_1 Q^2 \qquad (4.9.3)$$

여기서 k_1은 각 관의 특성제원에 따라 결정되는 상수이다. 식(4.9.3)에서 알 수 있는 것처럼 손실수두가 Q^2에 비례한다. 만일 상수도 관망에 많이 사용되는 Williams-Hazen 공식을 사용하면,

$$h_L = \frac{133.5}{C_{WH}^{1.85} D^{0.167} V^{0.15}} \frac{l}{D} \frac{V^2}{2g} = k_2 Q^{1.85} \qquad (4.9.4)$$

이다. 여기서 k_2도 k_1과 같이 각 관의 특성제원에 따라 결정되는 상수이다. 계수 k_1과 k_2을 구분하지 않고 k로 나타낸다. 식(4.9.3)과 (4.9.4)에서 알 수 있는 바와 같이 어떤 손실수두의 공식을 사용하느냐에 따라서 약간씩 다르게 표현된다.

Darcy-Weisbach 공식을 이용하여 손실수두를 계산하는 경우에 가정유량을 폐합회로방정식을 만족하는가를 알아보기 위해 식(4.9.3)을 적용한다. 만일 하나의 폐회로에서 $\sum h_L = 0$을 만족하면 가정유량은 참유량이 되며, 만족하지 않으면 가정유량을 보정해야 한다. 참유량, 가정유량과 보정유량과의 관계는 $Q_{ji} = Q_{ji}' + \Delta Q_j$이다. 따라서 각 회로에 대한 손실수두는 다음과 같다.

$$\sum_{i=1}^{n_j} h_{L_{ji}} = \sum_{i=1}^{n_j} k_{ji} Q_{ji}^2 = \sum_{i=1}^{n_j} k_{ji} (Q_{ji}' + \Delta Q_j)^2 = 0 \qquad (4.9.5)$$

여기서 물의 흐름 방향이 반시계방향이면 (+)이고 시계방향이면 (−)이다(그림 4.9.1 또는 4.9.2 참조). 아래첨자에서 j는 회로의 번호이고 i는 관의 번호이다. 보정유량 ΔQ_j가 가정유

량 Q_{ji}'와 비교하여 대단히 작다면, 즉 $Q_{ji}' \gg \Delta Q_j$이면 식(4.9.5)는 근사적으로 다음과 같이 나타낼 수 있다.

$$\sum_{i=1}^{n_j} k_{ji} Q_{ji}^{'2} + 2\Delta Q_j \sum_{i=1}^{n_j} k_{ji} Q_{ji}' = 0 \qquad (4.9.6)$$

이 식으로부터 보정유량 ΔQ_j에 관해 정리하면 다음과 같다.

$$\Delta Q_j = -\frac{\sum k_{ji} Q_{ji}^{'2}}{2\sum k_{ji} Q_{ji}'} \qquad (4.9.7)$$

이 식을 다음과 같이 수정하여 사용하면 편리하다. 다시 말하면 ΔQ_j는 부호 변화를 내포하고 있으므로 식(4.9.7)에서 분모를 절대치의 합으로 표시한다.

$$\Delta Q_j = \frac{\sum k_{ji} Q_{ji}^{'2}}{2\sum |k_{ji} Q_{ji}'|} \qquad (4.9.8)$$

식(4.9.8)의 분자는 식(4.9.5)에서 보는 바와 같이 손실수두인데, 각 관에서 가정된 유량 Q_{ji}'에 대한 각 관로에서 손실수두를 합한 것으로서 각 관로에 가정된 유량의 방향이 반시계방향이면 h_{L_j}는 (+)값으로 하고 시계방향이면 (−)값으로 한다. 그리고 ΔQ_j는 (+) 또는 (−)값을 갖는데, 이 값을 해당되는 폐회로의 각 관의 가정유량에 더해주거나 감해준다. 즉, 그림 4.9.1에서와 같이 폐합회로의 각 관에 가정한 유량의 방향이 시계방향이면 ΔQ_j를 감해주고, 반시계방향이면 ΔQ_j만큼 더해준다. ΔQ_j가 거의 영(zero)이 되든지 허용오차보다 작아지면 가정유량이 참유량과 같다는 것을 의미한다.

예제 4.9.1 그림과 같은 관망의 각 관로에서 유량을 구하여라. 단, k 값은 다음과 같다.

$$k_{11} = 1000, \ k_{12} = 1500, \ k_{13} = 1300, \ k_{14} = 800$$

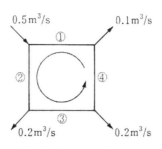

[그림 예제 4.9.1]

풀이 각 관의 유량을 가정하고 반시계방향을 (+)로 한다. 식(4.9.8)을 이용하여 제 1회 계산을 수행하면 다음과 같다.

제1회 계산표

	k_{1i}	Q_{1i}	$k_{1i} Q_{1i}^2$	$\mid k_{1i} Q_{1i} \mid$	
관 ①	1000	-0.30	-90	300	$\Delta Q_1 = \dfrac{-62}{2(760)}$ $= -0.041$
관 ②	1500	0.20	60	300	
관 ③	1300	0	0	0	
관 ④	800	-0.20	-32	160	
계	−	−	-62	760	

가정유량에 보정유량을 더하여 다시 반복 계산한다. 보정유량의 부호가 (−)이므로 시계방향이다. 가정유량이 시계방향이면, 즉 보정유량과 동일한 방향이면 감해주고 반대방향이면 더해준다. 각 관에 대한 새로운 유량은,

관 ① : 0.30(시계방향)−0.041=0.259(시계방향)

관 ② : 0.20(반시계방향)+0.041=0.241(반시계방향)

관 ③ : 0.00(반시계방향)+0.041=0.041(반시계방향)

관 ④ : 0.20(시계방향)−0.041=0.159(시계방향)

제2회 계산표

	k_{1i}	Q_{1i}	$k_{1i}Q_{1i}^2$	$\mid k_{1i}Q_{1i} \mid$	
관 ①	1000	−0.259	−67.081	259.0	$\Delta Q_1 = \dfrac{2.001}{2(801.0)}$
관 ②	1500	0.241	87.122	361.5	
관 ③	1300	0.041	2.185	53.3	$= 0.0012$
관 ④	800	−0.159	−20.225	127.2	
계	−	−	2.001	801.0	

각 관에 대한 새로운 유량은,

  관 ① : 0.259(시계방향)+0.0012=0.260(시계방향)

  관 ② : 0.241(반시계방향)−0.0012=0.240(반시계방향)

  관 ③ : 0.041(반시계방향)−0.0012=0.040(반시계방향)

  관 ④ : 0.159(시계방향)+0.0012=0.160(시계방향)

제3회 계산표

	k_{1i}	Q_{1i}	$k_{1i}Q_{1i}^2$	$\mid k_{1i}Q_{1i} \mid$	
관 ①	1000	−0.260	−67.60	260.0	$\Delta Q_1 = \dfrac{0.40}{2(800)}$
관 ②	1500	0.240	86.40	360.0	
관 ③	1300	0.040	2.08	52.0	$= 2.5 \times 10^{-4}$
관 ④	800	−0.160	−20.48	128.0	
계	−	−	0.40	800.0	

보정유량 $\Delta Q_1 = 2.5 \times 10^{-4}$이므로 충분히 작다고 고려하면,

  관 ① : $-0.260 m^3/s$(시계방향),

  관 ② : $0.240 m^3/s$(반시계방향),

  관 ③ : $0.040 m^3/s$(반시계방향),

  관 ④ : $-0.160 m^3/s$(시계방향) ◁

연습문제

4.2.1 길이 $200m$인 직사각형 단면($120cm \times 90cm$)인 관을 통해서 물이 흐를 때 $15m$의 손실수두가 발생하였다. 이때 물과 관벽 사이에 발생하는 마찰응력은 얼마인가?

[해답] $\tau_0 = 9.5kg_f/m^2$

4.3.1 직경이 $40cm$, 길이가 $80m$인 강관($n = 0.013$) 속을 물이 흐른다. 이 구간에서 손실수두가 $2m$로 측정되었을 경우에 관의 유량을 구하여라.

[해답] $Q = 0.33m^3/s$

4.5.1 그림과 같이 수조에 직경이 $30cm$인 관을 통해서 물이 흐르고 있다. 이 관의 유량을 구하고 C점 전후의 압력을 구하여라. 이때 관의 입구손실계수 $f_i = 0.50$, 곡관에 의한 손실계수 $f_b = 0.20$, Manning의 조도계수 $n = 0.012$이다.

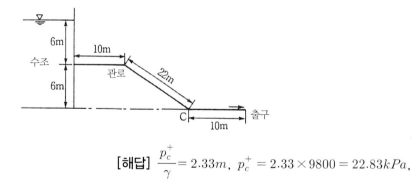

[해답] $\dfrac{p_c^+}{\gamma} = 2.33m$, $p_c^+ = 2.33 \times 9800 = 22.83kPa$,

$\dfrac{p_c^-}{\gamma} = 1.90m$, $p_c^- = 18.62kPa$, C점의 전후 압력 차는 $4.21kPa$

4.5.2 수면차가 $15.9m$인 2개의 수조가 길이 $500m$인 관으로 연결되어 있다. 이 관을 통해서 물 $0.7m^3/s$를 송수하기 위한 관의 직경을 결정하여라. 단, 이 관의 중간에 물을 조절

하기 위한 밸브가 1개 설치되어 있다. 밸브로 인한 미소 손실계수 $f_v = 0.1$이며, 관의 입구 손실($f_i = 0.5$)와 출구손실($f_i = 1.0$)을 고려하고 Manning의 조도계수 $n = 0.012$이다.

[해답] 시산법에 의해 $D = 0.5m$

4.5.3 그림과 같이 수조에 원관이 연결되어 있다. 이 관의 Manning 조도계수 $n = 0.013$, 입구손실계수 $f_i = 0.5$(B점), 급축소손실계수 $f_{sc} = 0.2$(C점), 출구손실계수 $f_o = 1.0$ (D점), 물의 밀도 $\rho = 1000 kg/m^3$일 때,

(1) 관에서 유량 Q를 구하여라.

(2) B와 D 사이의 에너지선과 동수경사선을 그리고 다음 수두표를 작성하여라.

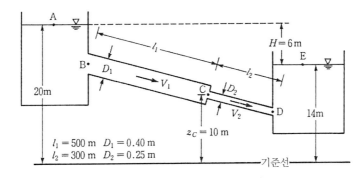

	A	B	C-	C+	D	E
손실수두식	–	$f_i \dfrac{V_1^2}{2g}$	$f_1 \dfrac{l_1}{D_1}\dfrac{V_1^2}{2g}$	$f_{sc}\dfrac{V_2^2}{2g}$	$f_2\dfrac{l_2}{D_2}\dfrac{V_2^2}{2g}$	$f_o\dfrac{V_2^2}{2g}$
손실수두(m)						
총수두 $\dfrac{V^2}{2g}+\dfrac{p}{\gamma}+z$						
속도수두 $\dfrac{V^2}{2g}$						
동수경사높이 $\dfrac{p}{\gamma}+z$						
위치수두 z						
압력수두 $\dfrac{p}{\gamma}$						

[해답] (1) $V_1 = 0.62m/s$, $Q = 0.078m^3/s$

(2) 생략

4.7.1 그림과 같이 수조에 직경이 $20mm$인 관이 연결되어 A지점에서 C지점으로 물을 보낸다. B지점의 압력과 관의 유량을 구하여라. 여기서 관의 유입손실계수 $f_i = 0.5$, 곡관손실계수 $f_b = 0.3$이고 관마찰손실계수 $f = 0.03$으로 가정한다.

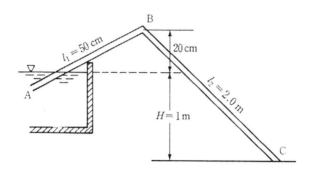

[해답] $\dfrac{p_B}{\gamma} = -0.66m$, $p_B = -660kg_f/m^2$, $Q = 0.59l/s$

4.7.2 다음 그림의 사이펀에서 B점의 압력을 구하여라. 관의 직경은 $2m$이고 입구손실계수 $f_i = 0.1$, 곡관손실계수 $f_b = 0.3$, 관마찰손실계수 $f = 0.016$으로 가정한다.

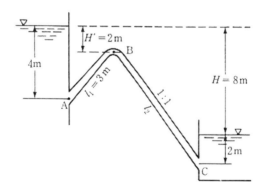

[해답] $\dfrac{p_B}{\gamma} = -5.64m$, $p_B = -5640kg_f/m^2$

4.9.1 그림과 같이 1개의 관이 3개의 관으로 분기되어 흐르다가 다시 1개의 관으로 합류된다. 관의 유량비 Q_1/Q_2, Q_2/Q_3를 구하여라. 단, 마찰손실만 고려한다.

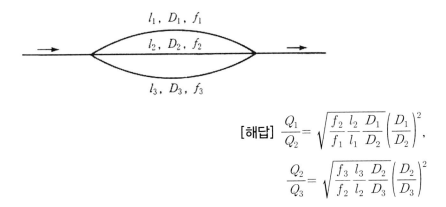

[해답] $\dfrac{Q_1}{Q_2} = \sqrt{\dfrac{f_2}{f_1}\dfrac{l_2}{l_1}\dfrac{D_1}{D_2}}\left(\dfrac{D_1}{D_2}\right)^2 ,$

$\dfrac{Q_2}{Q_3} = \sqrt{\dfrac{f_3}{f_2}\dfrac{l_3}{l_2}\dfrac{D_2}{D_3}}\left(\dfrac{D_2}{D_3}\right)^2$

4.9.2 그림과 같은 관망의 유량을 계산하여라. 각관의 성질은 표와 같다.

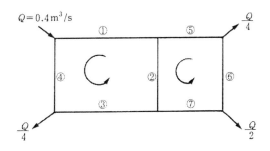

관	1	2	3	4	5	6	7
n	0.013	0.013	0.013	0.013	0.013	0.013	0.013
D(m)	0.40	0.20	0.30	0.40	0.40	0.30	0.30
l(m)	200	150	200	150	100	150	100

[해답] $Q_1 = -0.2071$, $Q_2 = -0.0281$, $Q_3 = 0.0929$, $Q_4 = 0.1929$,

$Q_5 = -0.1790$, $Q_6 = -0.0790$, $Q_7 = 0.1210$ [단위: m^3/s]

객관식 문제

4.1 물이 단면적, 수로의 재료 및 동수경사가 동일한 정사각형관과 원관을 가득 차서 흐를 때 유량

비($\dfrac{Q_s}{Q_c}$)는? (단, Q_s는 정사각형관의 유량, Q_c는 원관의 유량, Manning 공식을 적용한다.)

가. 0.645   나. 0.923   다. 1.083   라. 1.341

[정답 : 나]

4.2 지름 $20cm$ 의 원형단면 관수로에 물이 가득차서 흐를 때의 동수반경(R)은?

가. $5cm$　　　　　나. $10cm$　　　　　다. $15cm$　　　　　라. $20cm$

[정답 : 가]

4.3 직경 $20cm$ 인 관수로에 $39.25cm^3/s$ 의 유량이 흐를 때 동점성계수가 $\nu = 1.0 \times 10^{-2} cm^2/s$ 이면 마찰손실계수 f 는?

가. 0.010　　　　　나. 0.025　　　　　다. 0.256　　　　　라. 0.560

[정답 : 다]

4.4 지름 $20cm$, 길이 $100m$ 의 주철관으로 매초 $0.1m^3$ 의 물을 $40m$ 의 높이까지 양수하려고 한다. 펌프의 효율이 100% 라 할 때, 필요한 펌프의 동력은? 단, 마찰손실계수는 0.03, 유출 및 유입손실계수는 각각 1.0과 0.5이다.

가. $40HP$　　　　　나. $65HP$　　　　　다. $75HP$　　　　　라. $85HP$

[정답 : 나]

4.5 양정이 $5m$ 일 때 $4.9kw$ 의 펌프로 $0.03m^3/s$ 를 양수했다면 이 펌프의 효율은 약 얼마인가?

가. 0.3　　　　　나. 0.4　　　　　다. 0.5　　　　　라. 0.6

[정답 : 가]

4.6 마찰손실계수(f)와 Reynolds 수(Re) 및 상대조도(ϵ/d)의 관계를 나타낸 Moody 도표에 대한 설명으로 옳지 않은 것은?

가. 층류와 난류의 물리적 상이점은 f–Re 관계가 한계 Reynolds 수 부근에서 갑자기 변한다.

나. 층류 영역에서 단일 직선이 관의 조도에 관계없이 적용된다.

다. 난류 영역에서는 f–Re 곡선은 상대조도(ϵ/d)에 따라 변하며 Reynolds 수보다는 관의 조도가 더 중요한 변수가 된다.

라. 완전 난류의 완전히 거치른 영역에서 f 는 Reynolds 수와 반비례하는 관계를 보인다.

[정답 : 라]

4.7 내경 $100mm$, 조도계수 $n=0.014$의 관으로 물을 보낼 때 마찰손실계수 f는? (단, Manning을 적용한다.)

가. 0.0240　　　나. 0.0306　　　다. 0.0386　　　라. 0.0526

[정답 : 라]

4.8 Pipe의 배관에서 엘보우(Elbow)에 의한 손실수두와 직선관의 마찰손실수두가 같아지는 직선관의 길이는 직경의 몇 배에 해당하는가? 단, 관의 마찰손실계수 f는 0.025이고 엘보우의 미소손실계수 K는 0.9이다.

가. 48배　　　나. 40배　　　다. 36배　　　라. 20배

[정답 : 다]

4.9 그림과 같은 관(管)에서 V의 유속으로 물이 흐르고 있는 경우에 대한 설명으로 옳지 않는 것은?

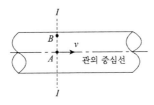

가. 흐름이 층류인 경우 A점에서의 유속은 단면 I의 평균유속의 2배이다.

나. A점에서의 마찰저항력은 V^2에 비례한다.

다. A점에서 B점(관벽)으로 갈수록 마찰저항력은 커진다.

라. 유속은 A점에서 최대인 포물선 분포를 한다.

[정답 : 나]

4.10 관수로 계산에서 l/D이 얼마 이상이면 마찰손실 이외의 소손실을 무시할 수 있는가? (단, D : 관의 지름, l : 관의 길이)

가. 100　　　나. 300　　　다. 1000　　　라. 3000

[정답 : 라]

4.11 직경 20cm의 관 내 유속을 Chezy의 평균유속 공식으로 구하려 할 때 유속계수 C는?
(단, 마찰손실계수 $f = 0.03$)

가. 35.5 　　　　 나. 40.9 　　　　 다. 51.1 　　　　 라. 60.2

[정답 : 다]

4.12 그림과 같이 일정한 수위차가 계속 유지되는 두 수조를 서로 연결하는 관 내를 흐르는
유속의 근삿값은? (단, 관의 마찰손실계수=0.03, 관의 지름 $D = 0.3m$, 관의 길이
$l = 300m$이고 관의 유입 및 유출 손실수두는 무시한다.)

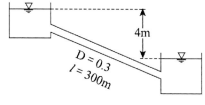

가. $1.6m/s$ 　　　 나 $2.3m/s$ 　　　 다. $16m/s$ 　　　 라. $23m/s$

[정답 : 가]

4.13 원형 관수로 내의 층류 흐름에 관한 설명으로 옳은 것은?

가. 속도분포는 포물선이며, 유량은 지름의 4제곱에 반비례한다.

나. 속도분포는 대수분포 곡선이며, 유량은 압력강하량에 반비례한다.

다. 마찰응력 분포는 포물선이며, 유량은 점성계수와 관의 길이에 반비례한다.

라. 속도분포는 포물선이며, 유량은 압력강하량에 비례한다.

[정답 : 라]

4.14 관수로 흐름에서 난류에 대한 설명으로 옳은 것은?

가. 마찰손실계수는 레이놀즈 수만 알면 구할 수 있다.

나. 관벽 조도가 유속에 주는 영향은 층류일 때보다 작다.

다. 관성력의 점성력에 대한 비율이 층류의 경우보다 크다.

라. 에너지 손실은 주로 난류효과보다 유체의 점성 때문에 발생된다.

[정답 : 다]

제5장

개수로 흐름

제 5 장

개수로 흐름

　개수로(開水路) 흐름이란 흐름의 일부가 대기와 접하는 자유수면을 갖고 있으며, 높은 곳에서 낮은 곳으로, 즉 중력 방향으로 흐르는 것을 말한다. 토목공학에서의 개수로 흐름은 하천, 운하, 배수로, 용수로 등을 예로 들을 수 있다. 이것들을 통해서 물이 흐를 때, 이 흐름의 상부는 기체와 접하며 개방되어 있다. 상부가 개방되어 있지 않는 폐합관 형태의 암거, 하수관, 우수관은 자유수면을 갖기 때문에 개수로 흐름이다.

　개수로 흐름에서 유체에 작용하는 기체의 영향을 통상적으로 무시하는데, 기체와 비교하여 유체의 밀도가 크기 때문이다. 자유표면에서의 기체는 유체의 흐름에 따라 영향을 받는다고 가정하여 유체에 작용하는 전단응력을 무시한다. 만일 기체가 정상상태라면 이 가정은 타당하지만 다른 변수가 작용하여 기체가 큰 속도를 갖는다면 이 가정은 성립하지 않는다. 부언하면, 수면에 강한 바람이 불면 수면에 파가 형성되어 바람에 의한 흐름이 발생된다. 수로의 유속이 약 $6m/s$ 이상이 되면 물속으로 공기가 혼입되어 수면은 불안정하게 된다. 이와 같은 현상은 경사가 급한 여수로에서 종종 볼 수 있다. 공기가 혼입되면 물의 밀도는 작아져 흐름 깊이가 증가되기도 한다.

　자연, 또는 인공수로가 흙으로 피복된 경우에 유속이 피복재료의 점착력보다 크면 침식이 발생된다. 침식물질은 부유상태로, 또는 수로 바닥을 구르거나 또는 미끄러져 하류로 운반되면서 퇴적되기도 한다. 침식과 퇴적이 단면의 형태와 유로를 변형시키지만 본 장에서는 비침식성 수로에 대해 한정시킨다. 그리고 정상상태인 등류와 부등류에 한정하여 기술하고 비정상상태 흐름에 대해서는 이 교재의 영역을 넘기 때문에 고급 수준의 교재를 참고하여야 한다.

5.1 개수로 단면

개수로 흐름에서 자유수면은 시공간적으로 변하고, 흐름의 수심, 유량, 수로경사, 수면경사 등의 변수가 서로 영향을 미치기 때문에 흐름 해석이 복잡하다. 개수로 흐름에 대한 이론적인 간편성을 위해서 균일단면수로(prismatic channel)로 가정하여 해석한다. 즉, 수로의 횡단면과 수로경사가 일정하며 직선수로로 가정하고 균일단면수로의 횡단면 형상이 흐름방향으로 일정한 것으로 가정한다. 그림 5.1.1에 균일단면수로의 종단면과 횡단면을 나타낸 것이며 기하학적인 용어의 정의는 다음과 같다.

그림 5.1.1에서 최저부(invert)는 단면에서 가장 낮은 지점을 의미한다. 몇 가지 용어는 그림 5.1.1을 참고로 다음과 같이 정의된다.

(1) **단면적** A(area of flow) : 흐름 방향에 수직(직각)인 단면적이다.

(2) **수심**, 수로수심 y(depth of flow) : 수로 단면의 최저부(invert)에서 수면까지의 연직거리를 나타내며, 단면수심 d는 수로 바닥에서 수직(직각)으로 수면까지의 깊이이며 (수로)수심 y와의 관계는 다음과 같다.

$$y = \frac{d}{\cos\theta} \tag{5.1.1}$$

여기서 θ는 수평선과 수로 바닥 사이의 각도이다.

(3) **수위** h(stage) : 임의의 수평기준선에서 자유수면까지의 수직(연직)거리를 의미한다. 기준면이 수로바닥이 되는 경우에 수위는 수심과 같다.

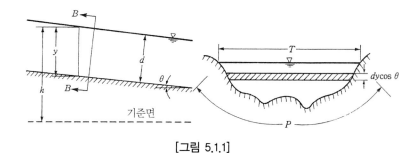

[그림 5.1.1]

(4) **수면폭** T(top width) : 횡단면에서 공기와 액체가 접하는 수평 길이를 말한다.

(5) **동수반경, 경심** R(hydraulic radius) : 단면적을 윤변 P로 나눈 것으로 다음과 같다.

$$R = \frac{A}{P}$$ (5.1.2)

수심에 비해 수면폭이 긴 경우($B > 20h$)를 광폭 수로라고 하며 이때 동수반경은 근사적으로 수심과 같은 것으로 가정하여 사용하기도 한다.

(6) **수리(평균)수심** D(hydraulic mean depth) : 수로의 평균수심을 말하며 단면적 A를 수면폭 T로 나눈 것을 말한다. 수리수심은 프루드수를 정의할 때 사용된다.

$$D = \frac{A}{T}$$ (5.1.3)

(7) **단면계수** Z(section factor) : 단면계수는 한계류 조건에 관련된 단면형상 특성을 나타내며 단면적과 수리수심에 의해 나타낼 수 있다.

$$Z = A\sqrt{D}$$ (5.1.4)

(8) **수로경사** S_0(channel slope) : 수로 상하류의 두 단면에서 바닥의 표고차를 두 단면 사이의 수로거리로 나눈 것으로 수로의 기울기를 말한다.

(9) **수면경사** S_w(water surface slope) : 수로 상하류의 두 단면에서 수면의 표고차를 두 단면 사이의 수로거리로 나눈 것으로 수면의 기울기를 말한다.

(10) **에너지 경사** S_e(energy slope) : 수로 상하류의 두 단면에서 흐름의 경계면 마찰과 기타손실에 의한 에너지 총손실을 두 단면 사이의 거리로 나눈 것으로 에너지선의 기울기를 말한다.

(11) **마찰경사** S_f(friction slope) : 수로 상하류의 두 단면에서 흐름의 경계면 마찰에 의한 에너지 손실을 두 단면 사이의 거리로 나눈 것이며, 마찰 이외의 에너지 손실이 없는 경우에 에너지 경사와 동일하다. 이에 대한 경사를 그림 5.1.2에 나타냈다.

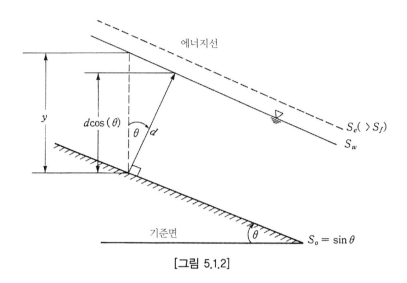

에너지선

$dcos(\theta)$

θ d

$S_e(\,\rangle S_f)$

S_w

y

기준면

θ

$S_o = \sin\theta$

[그림 5.1.2]

예제 5.1.1 그림과 같은 직사각형수로에서 단면적, 수면폭, 윤변, 동수반경, 수리수심, 단면
계수를 구하여라.

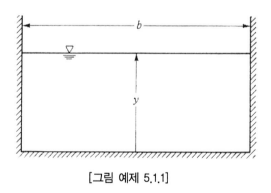

b

$\bigtriangledown$

y

[그림 예제 5.1.1]

풀이 단면적 $A = by$

수면폭 $T = b$

윤변 $P = b + 2y$

동수반경 $R = \dfrac{A}{P} = \dfrac{by}{b+2y}$

수리수심 $D = \dfrac{A}{T} = \dfrac{by}{b} = y$

단면계수 $Z = A\sqrt{D} = by\sqrt{y} = by^{3/2}$

직사각형 수로에서 폭 b가 상당히 큰 경우, 즉 광폭 수로($b \gg y$)인 경우에 동수반경은 근사적으로 수심 y와 동일하게 된다.

$$\lim_{b \to \infty} R = \lim_{b \to \infty} \frac{by}{b+2y} = \lim_{b \to \infty} \frac{y}{1+\dfrac{2y}{b}} = y$$

예제 5.1.2 그림과 같은 사다리꼴 수로에서 단면적, 수면폭, 윤변, 동수반경, 수리수심을 구하여라.

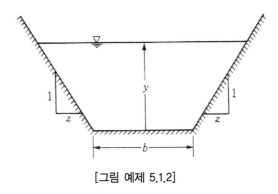

[그림 예제 5.1.2]

풀이 단면적 $A = by + 2\left[\dfrac{1}{2}y\,(zy)\right] = y\,(b+zy)$ (대칭사다리꼴)

수면폭 $T = b + 2zy$

윤변 $P = b + 2\sqrt{y^2 + (zy)^2} = b + 2y\sqrt{1+z^2}$

동수반경 $R = \dfrac{A}{P} = \dfrac{y\,(b+zy)}{b+2y\sqrt{1+z^2}}$

수리수심 $D = \dfrac{A}{T} = \dfrac{y\,(b+zy)}{b+2zy}$

예제 5.1.3 수로 바닥과 평행한 수면이 그림과 같을 때 수로 바닥의 압력강도가 $p = \gamma y cos^2\theta$임을 보여라. 그리고 수로바닥의 경사가 급하지 않은 경우에 수로수심 y와 단면 수심 d를 사용하였을 때 수로 바닥의 압력강도가 거의 비슷함을 보여라.

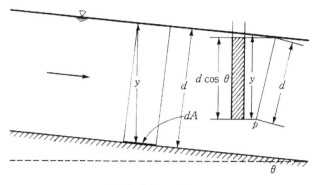

[그림 예제 5.1.3]

풀이 그림에서 수로 바닥의 미소면적 dA에 작용하는 압력 P는 그 위의 물기둥의 무게 $\gamma d(dA)$가 미소면적 dA에 수직으로 작용하는 힘 $\gamma d(dA)\cos\theta$이다. 그림에서 $d = y\cos\theta$ 이므로 다시 정리하면, $\gamma y\cos^2\theta dA$이 된다. 이 힘과 미소면적 dA에서 받는 수압의 힘 pdA 와 같게 놓아 수압강도 p를 구하면, $p = \gamma y\cos^2\theta$가 된다. y는 연직으로 측정한 수로수심이 며 d는 흐름에 직각으로 측정한 단면수심이다. 개수로에서 수심은 흐름에 직각방향으로 측 정하는 것보다는 중력방향으로 측정하는 것이 쉽다. 그리고 수로경사가 1:10 정도 ($\theta = 5.71^o$)로 매우 급한 흐름의 경우에 $\cos 5.71 = 0.995$이며, $\cos^2 5.71 = 0.990$이므로 수 로수심이나 단면수심의 차이에 의한 압력은 거의 없음을 알 수 있다. 즉, 평면에서 흐름의 경우와 비슷하다. 따라서 수로경사가 아주 급한 경우를 제외하고는 압력 보정은 불필요함을 알 수 있다.

5.2 흐름의 분류

5.2.1 정류와 부정류

수로의 특정한 지점에서 수심, 유속, 유량 등과 같은 흐름의 특성 변수 중에 어느 한 변수라 도 시간에 따라 변하지 않는 흐름을 **정류** 또는 **정상류**(steady flow)라고 하며, 흐름의 특성 중에 어느 한 변수라도 변하는 흐름을 **부정류** 또는 **비정상류**(unsteady flow)라고 한다. 즉, 흐름의 특성 변수를 $N(x,y,t)$이라고 하면 다음과 같은 편미분식으로 표현이 가능하다.

$$\frac{\partial N}{\partial t} = 0 (정상류) \tag{5.2.1}$$

$$\frac{\partial N}{\partial t} \neq 0 (부정류) \tag{5.2.2}$$

흐름의 특성을 시간 t에 대한 편미분방정식으로 표시한 것은 임의의 지점에서 시간 t에 대한 흐름의 변화가 있는가 또는 일정한 값으로 변화가 없느냐에 따라 결정된다는 것을 의미한다.

5.2.2 등류와 부등류

어느 특정한 시간에서 임의의 구간에 대해 수심, 유속, 유량 등과 같은 흐름의 특성 변수 중에 어느 한 변수라도 변화가 없는 흐름을 **등류**(uniform flow)라고 하며 그렇지 않는 경우의 흐름을 **부등류**(nonuniform flow)라고 한다. 어느 특정한 구간을 x라고 하여 이들을 편미분식 으로 나타내면 다음과 같다.

$$\frac{\partial N}{\partial x} = 0 (등류) \tag{5.2.3}$$

$$\frac{\partial N}{\partial x} \neq 0 (부등류) \tag{5.2.4}$$

이 식은 고정된 시간 t에서 수로 구간 x에 대해 흐름의 특성 변화가 있느냐 없느냐에 따라서 등류와 부등류를 구분하는 기준이 된다. 이와 같은 설명은 흐름이 1차원인 경우에 한하며, 실제로 개수로에서 흐름은 3차원 흐름이므로 흐름 방향 x의 모든 점 (y, z)에서 흐름 특성의 변화가 없어야 엄밀하게 등류라고 한다. 그러나 대부분의 개수로 흐름에서 흐름 방향에 대한 변화가 중요하기 때문에 특정한 시점에 수로에서 수심과 흐름 방향 유속의 변화가 없고, 한 단면 내에서 유속의 변화가 있더라도 등류로 간주한다. 예를 들어 어느 임의의 단면에서 흐름 방향의 유속은 바닥에서 0이고 수면으로 갈수록 증가하지만 연직 유속 분포가 흐름 방향에 대해 변하지 않고 일정하면 등류로 다룬다.

부등류는 수심, 유속, 유량 등과 같은 흐름 특성 변수가 임의의 구간 내에서 변하는 흐름으로

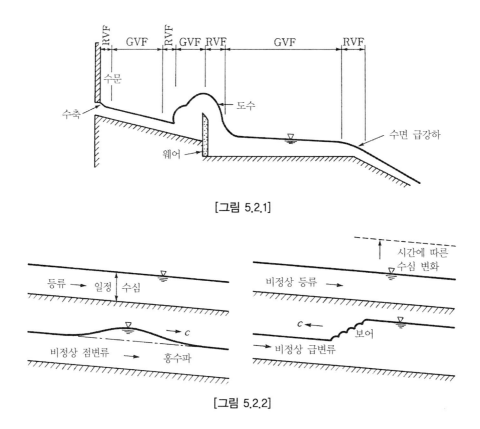

[그림 5.2.1]

[그림 5.2.2]

변(화)류(varied flow)라고도 한다. 이와 같은 부등류를 어느 구간에서 크게 변하는 **급변류**(RVF, rapidly varied flow)와 완만하게 변하는 **점변류**(GVD, gradually varied flow)로 구분한다. 급변류에 대한 예는 여수로나 보를 월류하는 흐름에서 볼 수 있는 도수현상이고 점변류의 예는 댐 상류의 배수(backwater)에서 볼 수 있다. 이에 대한 흐름의 예를 그림 5.2.1에 예시하였다.

흐름을 크게 정류와 부정류, 그리고 등류와 부등류로 구분하였는데, 이들은 서로 복합적으로 나타난다. 즉, 이들 흐름을 조합하여 구분하면 4개의 서로 다른 흐름이 존재한다(그림 5.2.2 참고). 이 중에서 가장 간단한 형태의 흐름은 **정상-등류**(steady-uniform flow)이다. 이 흐름은 자연에서 흔하게 볼 수는 없지만 실험실의 수로에서 가능한 흐름으로서 여러 가지 형태의 흐름을 해석하는 데 가장 기초적인 흐름으로서 복잡한 흐름을 해석하는 데 도움이 된다.

수리학에서 주로 다루는 흐름의 하나가 **정상-부등류**(steady-nonuniform flow)이다. 이 흐름은 시간에 따라 흐름 특성의 변화는 없지만 임의의 구간에서 흐름 특성이 변한다. 본 책에서는 정상-부등류에 한정하여 다룬다.

비정상-등류(unsteady-uniform flow)는 흐름이 공간에 따라 변하지 않지만 시간에 따라서 변하는 흐름으로서 자연 상태에서는 흔히 볼 수 없는 흐름이다. 예를 들면, 수로에서 등류 상태의 흐름이 존재할 때 균일한 강도로 비가 오거나 바닥을 통해서 균일하게 손실되거나 수로에서 증발로 인한 손실의 경우이다.

비정상-부등류(unsteady-nonuniform flow)는 시공간적으로 변하는 복잡한 흐름 현상이다. 실제 자연하천에서 볼 수 있는 흐름으로서 홍수파의 전파 또는 댐의 파괴로 시간적으로 변하며 공간적으로 변하는 흐름으로서 이에 대한 해석은 이 책의 범주를 벗어난다.

5.3 흐름의 상태

5.3.1 층류와 난류

관수로에서 흐름의 상태를 분류한 바와 같이 개수로에서 흐름도 층상을 형성하면서 흐르는 층류와 유체입자가 불규칙하게 활동하면서 흐르는 난류, 그리고 층류와 난류로 구분되지 않는 천이류로 구분된다. 이와 같은 흐름의 구분은 물의 관성력과 점성력의 비인 레이놀즈 수에 의해 구분된다. 관수로 흐름에서 적용된 레이놀즈 식을 약간 변형하면 된다. 직경 D 대신에 동수반경 $R(D = 4R)$을 사용하여 나타낼 수 있다.

$$Re = \frac{VR}{\nu} \tag{5.3.1}$$

관수로에서 층류의 상한값은 $Re = 2000$ 정도이므로 개수로에서 이에 상응하는 층류의 상한선은 500이 된다.

$$Re < 500 \qquad \textbf{층류} \tag{5.3.2a}$$
$$500 < Re < 12500 \qquad \textbf{천이류} \tag{5.3.2b}$$
$$12500 < Re \qquad \textbf{난류} \tag{5.3.2c}$$

예를 들어 직사각형 수로에서 폭이 $4m$이고 수심이 $1m$일 때 20℃의 물이 층류로 흐르기 위한 최대유속은 $1.003 \times 10^{-3} m/s$이다. 폭이 넓은 자연하천(물 20°C)에서 수심이 $2m$일 때 층류로 흐르기 위한 최대유속은 $2.508 \times 10^{-4} m/s$이다. 실제로 유속이 이와 같이 작은 흐름은 거의 없기 때문에 관심의 대상인 대부분의 개수로 흐름을 난류로 취급한다. 그러나 수심이 매우 작고 바닥 마찰이 큰 박층류(sheet flow)는 층류가 될 수 있다.

5.3.2 상류와 사류

개수로의 흐름은 중력이 지배적이다. 이와 같은 흐름의 특성은 관성력과 중력의 비인 프루드 수 Fr로 구분된다. 수리(평균)수심 D를 이용하여 나타내면 다음과 같다.

$$Fr = \frac{V}{\sqrt{gD}} \tag{5.3.3}$$

$$Fr < 1 : \textbf{상류}(常流, \text{ subcritical flow}) \tag{5.3.4a}$$
$$Fr = 1 : \textbf{한계류}(限界流, \text{ critical flow}) \tag{5.3.4b}$$
$$Fr > 1 : \textbf{사류}(射流, \text{ supercritical flow}) \tag{5.3.4a}$$

$Fr < 1$이면 $V < \sqrt{gD}$로서 상류라 부르며, 이 흐름은 중력의 영향이 커서 유속이 느리고 수심이 크다. 반대로 $Fr > 1$이면 $V > \sqrt{gD}$로서 사류라고 부르며 관성력이 중력보다 커서 흐름의 유속은 빠르고 수심은 낮아진다.

표면파의 이론에 의하면 한계류일 때 한계유속 $\sqrt{gD}$는 수심이 작은 흐름의 표면에서 발생되는 중력파의 전파속도와 같다고 알려져 있다. 그러므로 상류(常流)일 때 흐름의 평균유속이 중력파의 전파속도보다 작기 때문에 중력파가 하천의 상류(上流)로 전파될 수 있다. 반대로 사류일 때는 평균유속이 중력파의 전파속도보다 큰 경우로서 중력파는 상류(上流)로 전파가 불가능하다. 이와 같은 흐름의 특성은 하천의 수면곡선을 계산하는 과정에 반영된다.

5.4 개수로 흐름의 유속

한 단면에서 흐름의 유속을 단면 위치에 관계없이 평균유속으로 표시하여 1차원 흐름으로 접근하였다. 그러나 실제로 한 단면에서의 유속은 위치에 따라 다르다. 그 이유는 수로 바닥의 형태, 표면조도, 수로의 단면 형상, 물의 점성, 표면장력 등에 의한 영향을 받기 때문이다. 대표적인 개수로 단면의 유속 분포가 그림 5.4.1에 제시되어 있으며 등유속선이 표시되어 있다.

그림에서 알 수 있는 바와 같이 유속은 하상을 비롯한 경계면에서 최소가 되고 자유수면에 가까워질수록 점유속(point velocity)은 커진다. 개수로 흐름에서 최대 유속은 자유수면의 약간 하부에서 발생되는데, 이는 수로의 양측벽으로 인한 부차적인 순환류(循環流)의 영향으로 알려져 있다. 또한 자유수면의 풍향에 따른 영향을 받기 때문에 연직방향의 유속분포는 변하지만 평균유속의 크기나 그 위치는 변하지 않는다. 일반적으로 난류 상태일 때 연직방향에 대한 유속분포의 형상을 그림 5.4.2에 나타냈다.

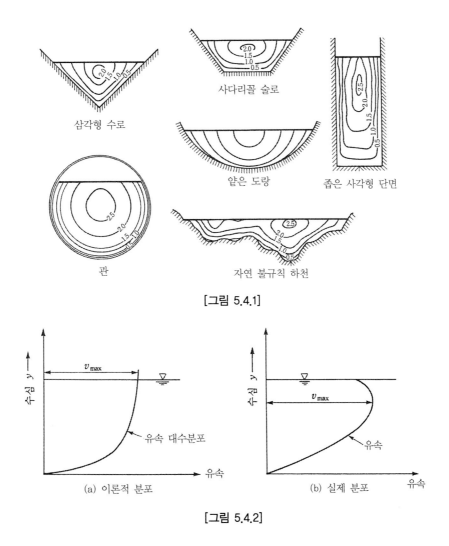

[그림 5.4.1]

[그림 5.4.2]

실무에서는 하천 단면의 평균유속이 주로 사용되기 때문에 유속계에 의해 점유속을 측정하여 수행한다. 연직방향의 점유속을 여러 개 측정하지 않고 수심에 따라서 다음과 같은 방법에 의해 평균유속을 결정하여 사용하고 있다.

(1) 1점법 : 수면에서 수심의 60% 되는 지점의 유속을 측정하여 평균유속으로 한다.

$$V = v_{0.6} \qquad\qquad (5.4.1)$$

(2) 2점법 : 수면에서 수심의 20%와 80% 되는 지점의 유속을 측정하여 이를 평균하여 평균유속을 결정한다.

$$V = \frac{1}{2}(v_{0.2} + v_{0.8}) \qquad\qquad (5.4.2)$$

(3) 3점법 : 수면에서 수심의 20%, 60%, 80% 되는 지점의 유속을 측정하여 이를 평균하여 평균유속을 결정한다.

$$V = \frac{1}{4}(v_{0.2} + 2v_{0.6} + v_{0.8}) \qquad\qquad (5.4.3)$$

이외에도 평균유속을 결정하는 방법은 여러 가지가 있다. 간단하게는 자유수면의 표면유속을 측정하여 결정하는 경우도 있다. 표면유속의 80~95% 사이에 평균유속이 있는 것으로 알려져 있지만 통상적으로 표면유속의 85%값을 취하여 결정하기도 한다.

5.5 등류와 평균유속 공식

개수로 흐름에서 등류는 수로의 바닥과 수면이 평행하게 유지된다. 이와 같은 흐름이 유지되기 위해서 중력과 경계면의 마찰력이 흐름 방향에 대해 평형이 이루어져야 흐름의 가속이 발생되지 않고 일정한 유속과 수심을 갖는다. 예를 들면 일정한 균일 수로에서 등류인 경우에 일정한 유속과 일정한 수심이 수로의 전 구간에 걸쳐서 유지된다. 이때의 유속을 등류 유속, 수심을 등류 수심이라고 한다.

흐름이 등류일 때 경계면에 작용하는 평균 전단응력을 구하기 위해 그림 5.5.1과 같은 흐름을 고려하자. 수로경사를 $S_0 = \tan\theta$라고 할 때 단면 ①과 ② 사이의 거리 l에 작용하는 흐름 방향에 대한 중력 F_g는 다음과 같다.

$$F_g = \gamma A\, l \sin\theta \tag{5.5.1}$$

여기서 γ는 물의 단위중량, A는 흐름 단면적, θ는 수로의 경사각으로 이 값이 작을 때는 $\sin\theta \fallingdotseq \tan\theta = S_0$라고 할 수 있다. 그러므로 식(5.5.1)은,

$$F_g = \gamma A\, l\, S_0 \tag{5.5.2}$$

이다. 이 힘에 평형한 마찰력 F_r은 경계면의 평균마찰응력 τ_0를 사용하여 나타내면,

$$F_r = \tau_0 P l \tag{5.5.3}$$

이고, 여기서 P는 윤변이다. 등류이므로 흐름 방향의 중력과 경계면의 마찰력은 같다. 즉,

$$\gamma A l S_0 = \tau_0 P l \tag{5.5.4}$$

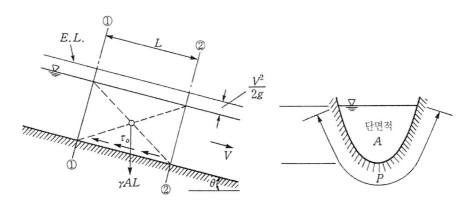

[그림 5.5.1]

이다. 이 식을 **평균마찰응력** τ_0에 관해 정리하면,

$$\tau_0 = \gamma R S_0 \tag{5.5.5}$$

이며, 여기서 R은 동수반경이다.

만일 흐름이 등류가 아니고 가속도가 있는 흐름인 경우에는 가속도를 고려하여 평균 전단응력을 나타낸다. 즉, 수로경사 S_0 대신에 마찰경사 S_f 또는 에너지경사를 이용한다.

$$\tau_0 = \gamma R S_f \tag{5.5.6}$$

흐름으로 인한 에너지 손실이 바닥 마찰만인 경우에는 에너지경사와 마찰경사는 동일하고 이들 용어는 구분 없이 사용 가능하다. 그러나 에너지 소모가 경계면의 마찰뿐만 아니라 형상저항 등이 포함되는 경우에 에너지경사와 마찰경사를 구분해야 한다. 이와 같은 경우, 마찰경사에 형상저항에 의한 손실을 합한 것이 에너지경사이다.

평균 전단응력은 등류 또는 부등류 구분없이 경사 S를 적절히 선택하면 된다. 즉, 등류의 경우에 바닥경사 S_0, 수면경사 S_w, 마찰경사 S_f는 모두 동일하여 어느 값을 사용하여도 무방하지만, 부등류인 경우에는 마찰경사 S_f를 사용해야 한다. 폭이 넓은 하천에서 동수반경 R 대신에 수심 y를 사용하여 근사적으로 나타낼 수 있다.

식(5.5.5)의 평균 전단응력을 평균유속의 항으로 표시하기 위해 등류인 경우에 수로경사 $S_0 = S_w = S_f = h_f / l$로 놓을 수 있다. 그리고 h_f 대신에 Darcy-Weisbach 공식을 이용하여 나타내면 다음과 같다.

$$\tau_0 = \frac{f \rho V^2}{8} \tag{5.5.7}$$

여기서 ρ는 물의 밀도이다. 그리고 평균 전단응력을 나타내는 식(5.5.5)와 (5.5.7)을 같게 놓고 평균유속 V에 관해 정리하면 다음과 같다.

$$V = \sqrt{\frac{8g}{f}} \sqrt{R S_0} = C \sqrt{R S_0} \tag{5.5.8}$$

여기서 $C = \sqrt{8g/f}$ 이고 식(5.5.8)은 등류에 대한 **Chezy의 평균유속공식**이며 C를 Chezy의 계수라고 부르고 이 계수는 마찰손실계수 f에 의해 결정된다. Ganguillet와 Kutter는 Chezy의 계수 C에 대한 복잡한 경험공식을 제안하였다. 그러나 간편한 Manning 공식의 출현으로 거의 사용되지 않고 있다. Manning은 여러 유량측정 자료와 여러 가지 공식들을 조사하여 Chezy의 계수 C와 수로의 조도계수 n과의 관계를 다음과 같이 제시하였다.

$$C = \frac{R^{1/6}}{n} \tag{5.5.9}$$

여기서 n은 Manning의 조도계수이며 식(5.5.9)의 관계를 Chezy의 평균유속공식에 대입하면 다음과 같은 **Manning의 평균유속공식**을 얻을 수 있다.

$$V = \frac{1}{n} R^{2/3} S^{1/2} \tag{5.5.10}$$

여기서 n은 단면의 형상과 조도를 고려한 것이며 Chow에 의해 다양한 표면조건에 대해 이 값이 표 5.5.1에 제시되었다. 인공수로의 경우에 수로의 단면과 사용된 재료가 일정하기 때문에 이 표가 도움이 될 것이다. 그러나 자연하천의 경우에 단면형이나 경계면의 재질이 다양하기 때문에 신뢰도 높은 계수 값의 사용이 쉽지 않다. 이에 대해서는 다음 절에서 별도로 기술한다. 또한 이 계수의 차원은 $[TL^{-1/3}]$으로서 특별한 물리적인 의미를 갖고 있지 않다. 즉, 이 공식은 근본적인 한계를 갖고 있다는 것이며 하나의 경험공식으로 이해하면 된다. 그렇지만 Manning 공식은 간단한 형태로서 실무에서 등류계산을 위해 널리 사용되어왔다. 유럽에서는 **Strickler 공식**으로 더 알려져 있다.

표 5.5.1 수로의 상태에 따른 Manning의 조도계수 n값(Chow, 1959)

수로 형태와 구성 재료	범위	평균
금속		
철(부드러운, 페인트를 안 칠한 표면)	0.010−0.014	0.012
주름진 금속	0.021−0.030	0.025
비금속		
시멘트(표면이 깨끗함)	0.010−0.013	0.011
콘크리트(표면이 마감됨)	0.011−0.015	0.013
목재(평평하나 처리되지 않음)	0.010−0.014	0.012
벽돌(광택 있음)	0.011−0.015	0.013
돌(시멘트로 처리됨)	0.017−0.030	0.025
굴착 또는 준설 수로		
직선이고 단면이 일정한 토공수로	0.016−0.020	0.018
만곡이고 잡초가 있는 토공수로	0.025−0.033	0.030
표면이 암석	0.025−0.040	0.035
자연하천(홍수 발생 시 하폭 30m 이하)		
매끈한 직선하도	0.025−0.033	0.030
매끈하고 만곡과 여울/소가 있는 하도	0.033−0.045	0.040
잡초가 있고 소가 깊고 흐름이 느린 하도	0.050−0.080	0.070
산지하천(자갈, 조약돌, 거석)	0.030−0.050	0.040
산지하천(조약돌)	0.040−0.070	0.050
홍수터		
초지(작은 풀)	0.025−0.035	0.030
관목	0.035−0.070	0.050
중대하천(홍수 발생시 하폭 30m 이상)		
거석 또는 관목이 없는 정상하도	0.025−0.070	−
불규칙하고 거친 하도	0.035−0.100	−

5.6 복합단면 수로의 조도

간단한 인공수로에서 윤변을 따라서 동일한 재료를 사용한 경우에 조도계수의 값의 결정은 어렵지 않다. 그러나 단순한 수로에서 바닥과 측벽의 재료가 다른 경우에 이를 대표하는 조도계수가 필요하다. 또한 자연하천의 경우에 윤변을 따라서 조도는 크게 다를 수 있다. 예를 들어, 홍수 때 홍수터가 잠긴 경우에 홍수터가 경작지, 다양한 종류의 식물, 도로로 이용되는 경우, 기타 다른 시설물 등이 놓여 있는 경우에 주수로와의 조도계수는 크게 다를 수 있다.

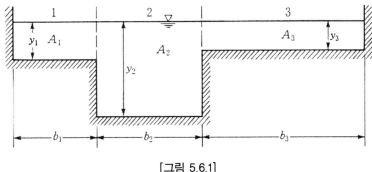

[그림 5.6.1]

이와 같은 경우에 이 하천 단면을 대표할 수 있는 조도계수가 필요하다. 대표조도계수를 **등가조도계수**(equivalent roughness coefficient) 또는 **복합조도계수**(composite roughness coefficient)라고 한다. 그림 5.6.1과 같이 윤변을 따라서 구간별로 서로 다른 재료로 구성된 수로 단면에서 등가조도계수를 구하는 방법이 여러 문헌에 소개되어 있다. 그림과 같이 윤변을 따라서 수로 단면이 N개로 이루어 진 경우에 소구간의 조도계수를 n_1, n_2, ..., n_N, 소구간의 윤변을 P_1, P_2, ..., P_N이라고 할 때 등가조도계수 n_e를 구하는 몇 가지 방법은 다음과 같다.

(1) 각 소단면의 평균유속은 모두 같고 동시에 전단면의 유속과 같다($V_1 = V_2 = ... = V_N$) $= V$는 가정하에서 유도되었다(Horton, 1933).

$$n_e = [\frac{\sum_{i=1}^{N} P_i n_i^{3/2}}{P}]^{2/3} \tag{5.6.1}$$

(2) 각 소단면에서 흐름에 저항하는 마찰력의 합이 전단면에서 발생하는 마찰력과 같다는 가정하에서 유도되었다(Einstein and Banks, 1951).

$$n_e = [\frac{\sum_{i=1}^{N} (P_i n_i^2)}{P}]^{1/2} \tag{5.6.2}$$

(3) 각 소단면 유량의 합이 전단면의 유량과 같다는 조건하에서 유도되었다(Lotter, 1933).

$$n_e = \frac{PR^{5/3}}{\displaystyle\sum_{i=1}^{N} \frac{P_i R_i^{5/3}}{n_i}}$$ (5.6.3)

(4) 수로 단면에서 연직방향의 유속분포가 대수식을 따른다는 가정하에서 수심 y_i를 이용하여 유도되었다(Krishnamurthy and Christensen, 1972).

$$\ln n_e = \frac{\displaystyle\sum_{i=1}^{N} P_i y_i^{3/2} \ln n_i}{\displaystyle\sum_{i=1}^{N} \frac{P_i y_i^{3/2}}{n_i}}$$ (5.6.4)

Motayed and Krishnamurthy(1980)는 36개의 자연하천의 자료를 이용하여 위의 4가지 방법을 검토해본 결과, 대부분 비슷한 결과를 얻었으며 식(5.6.1)에 의한 결과가 가장 작은 오차를 나타냈다고 하였다. 그러나 하천 실무에서 사용하기 편한 식(5.6.3)을 자주 사용한다.

5.7 등류의 계산

인공수로의 설계에서 등류 조건이 기본 설계조건이며 등류 유량, 등류 수심, 등류 유속, 등류 경사 등이 설계의 지표로 이용되고 있다. 자연하천에서의 흐름은 복잡하여 흐름 해석이 어렵다. 실제 자연하천에 보기 드물지만 등류의 개념을 도입하여 근사적으로 수행한 결과를 이용하기도 한다.

등류의 계산은 등류 공식과 흐름의 연속방정식을 이용하면 해결된다. Manning 공식을 이용하여 유량을 구하면 다음과 같다.

$$Q = AV = \frac{1}{n} AR^{2/3} S_0^{1/2} = K S_0^{1/2}$$ (5.7.1)

여기서,

$$K = \frac{1}{n} A R^{2/3} \qquad (5.7.2)$$

식(5.7.2)는 단면의 기하학적 형상과 조도계수에 관련된 것으로 수로 단면의 **통수능** (conveyance)이라고 한다. 통수능은 수로 단면의 유수 소통 능력을 의미한다. 등류 유량은 단면의 형상, 조도계수, 수로경사, 등류수심에 의해 결정된다.

등류의 계산에서 등류 유량(또는 평균유속), 등류 수심, 수로 경사 등을 계산하는 것이 실무에서 많이 접하는 문제이다. 단면의 제원이 주어지고 등류 수심이 결정되면 이 수심을 유지하기 위한 등류 유량이 식(5.7.1)에 의해 계산된다.

예제 5.7.1 그림과 같이 바닥 폭이 $10m$, 측벽경사 $z{:}1=2{:}1$, 수로경사 $S_0 = 0.0001$, 수로의 조도계수 $n = 0.011$인 사다리꼴 수로에서 수심이 $2.5m$인 유량을 구하여라.

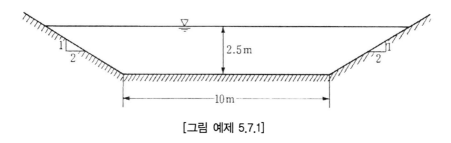

[그림 예제 5.7.1]

풀이
$$A = (b + zy)y = [10 + 2\,(2.5)]\,2.5 = 37.5\,m^2$$
$$P = b + 2y\sqrt{(1 + z^2)} = 10 + 2\,(2.5)\sqrt{1 + 2^2} = 21.2\,m$$
$$R = \frac{A}{P} = \frac{37.5}{21.2} = 1.77\,m$$
$$Q = \frac{1}{n} A R^{2/3} S_0^{1/2} = \frac{1}{0.011}(37.5)(1.77)^{2/3}(0.0001)^{1/2} = 49.9\,m^3/s\,\triangleleft$$

실제 수로 설계에서 유량과 단면이 주어질 때, 이에 따른 등류 수심을 결정해야 하는 경우에 식(5.7.1)을 수심만의 함수인 단면 관련 변수를 별도로 분리하여 표시하면 편리하다.

$$AR^{2/3} = \frac{nQ}{S_0^{1/2}} \tag{5.7.3}$$

위 식의 우변은 설계할 때 주어지는데, 좌변은 수심의 함수로서 직접 등류 수심을 구할 수 없다. 식(5.7.3)을 이용하여 시행착오법, 도식법, 수치해석법에 의해 등류 수심을 구할 수 있다.

예제 5.7.2 그림 예제 5.7.1에서 바닥 폭이 $10m$, 측벽경사 z:1=2:1, 수로경사 $S_0 = 0.0001$, 수로의 조도계수 $n = 0.011$인 사다리꼴 수로에 $50m^3/s$의 유량이 흐르는 경우에 등류 수심을 구하여라.

풀이

(1) 시행착오법 : 식(5.7.3)에서 우변의 값을 구하면,

$$\frac{nQ}{S_0^{1/2}} = \frac{0.011(50)}{0.0001^{1/2}} = 55$$

이다. 식(5.7.3)의 좌변을 등류 수심의 함수로 표시하면,

$$A = (b + zy_n)y_n, \ P = b + 2y_n \sqrt{1+z^2}$$
$$AR^{2/3} = (10 + 2y_n)y_n \left(\frac{(10+2y_n)y_n}{10+2y_n \sqrt{1+2^2}} \right)^{2/3}$$
$$y_n = 2.5\,m일 \ 때 \ AR^{2/3} = 54.88$$
$$y_n = 2.55\,m일 \ 때 \ AR^{2/3} = 56.95$$

이다. 등류 수심은 이 사이에 존재하므로 선형보간법에 의해 등류수심을 구하면 $y_n = 2.503\,m$ 이다. 이때 $AR^{2/3} = 55.005$이므로 등류 수심은 근사적으로 $2.50m$이다.

(2) 수치해석법 : Newton-Raphson 방법의 수치해석법을 이용한다. 이를 위해 식(5.7.3)을 다음과 같이 정리하였다.

$$f(y_n) = AR^{2/3} - \frac{nQ}{S_0^{1/2}} = 0 \tag{1}$$

식 (1)을 등류 수심 y_n에 대해 미분하면,

$$\frac{df}{dy_n} = \frac{5}{3} P^{-2/3} A^{2/3} \frac{dA}{dy_n} - \frac{2}{3} A^{5/3} P^{-5/3} \frac{dP}{dy_n} \tag{2}$$

여기서 $dA/dy_n = T$(수면폭)이므로,

$$\frac{df}{dy_n} = \frac{5}{3} TR^{2/3} - \frac{2}{3} R^{5/3} \frac{dP}{dy_n} \tag{3}$$

위 식에서 dP/dy_n은 단면의 형태에 따라서 결정된다. 이 예제에서는 사다리꼴이므로 $2\sqrt{1+z^2}$ 이다. 이 값을 식(3)에 대입하여 사용하면 된다. 대부분의 수치해석 책에 Newton–Raphson 방법과 그 프로그램이 소개되어 있다. 그 프로그램에서 식(1)과 (3)을 적용하여 수행하면 된다. Newton–Raphson 방법에 의한 프로그램과 그 결과를 수록하였으며, 이때 등류 수심은 $2.50287m$로 시행착오법과 거의 같다.

```
C
C          COMPUTATION OF NORMAL DEPTH USING NEWTON-RAPHSON METHOD-
C          TRAPEZOIDAL
C
           REAL N
           OPEN(UNIT=1,FILE='EX572.DAT')
           OPEN(UNIT=2,FILE='EX572.OUT')
           READ(1,100)B,Z,S0,N,Q
100        FORMAT(5F7.2)
           WRITE(2,200)B,Z,S0,N,Q
200        FORMAT('BOTTOM WIDTH=',F10.5,3X,'SIDE SLOPE=',F10.5,3X,'BOTTOM
```

```
    1 SLOPE = ',F10.5,/,'MANNING COEF. =',F10.5,3X,'DISCHARGE = ',F10.5)
C  Y    IS INITIAL NORMAL DEPTH
       Y=0.1
       ITER=0
  10   ITER=ITER+1
       A=(B+Z*Y)*Y
       P=B+2.*Y*SQRT(1.0+Z*Z)
       R=A/P
       T=B+2.0*Z*Y
       FX=A*R**(2./3.)−N*Q/(S0**(1./2.))
       DX=(5.0/3.0)*T*R**(2./3.)−(2.0/3.0)*R**(5./3.)*2.0*SQRT(1.+Z*Z)
       Y1=Y−FX/DX
       IF(ABS(Y−Y1)−1.0E−03)30,30,20
  20   Y=Y1
       IF(ITER.EQ.100) GOTO 31
       GOTO 10
  30   WRITE(2,201)ITER,Y1
 201   FORMAT('NO. OF ITERATION =',I10,/,'NORMAL DEPTH =',F10.5,'(m)')
       GOTO 32


  31   WRITE(2,202)
 202   FORMAT('ERROR')
  32   STOP
       END

BOTTOM WIDTH=10.00000 SIDE SLOPE=2.00000 BOTTOM SLOPE = 0.00010
MANNING COEF. = 0.01100 DISCHARGE = 50.00000
NO. OF ITERATION = 8
NORMAL DEPTH = 2.50287(m)
```

개수로에서 단면형이 일정하고 유량과 조도계수가 주어졌을 때 특정한 등류 수심 y_n으로 흐를 수 있는 수로경사를 **등류 수로경사** S_n(normal slope)이라고 하며 Manning 공식에 의해 계산하면 다음과 같다.

$$S_n = (\frac{nQ}{AR^{2/3}})^2 \tag{5.7.4}$$

예제 5.7.3 [예제 5.7.2]에서 등류 수심이 $2.5m$가 되기 위한 수로경사를 구하여라.

풀이 식(5.7.4)에 대입하면,

$$S_n = (\frac{0.011(50)}{37.5(1.77)^{2/3}})^2 = 0.0001$$

5.8 수리상 유리한 단면

인공수로를 설계할 때에 통상적으로 등류로 설계한다. 등류 수로의 설계에서 수로의 경사와 조도가 정해진 경우에 식(5.7.1)에서 알 수 있는 바와 같이 유량은 단면적이 크거나 동수반경이 크면 증가한다. 만일 단면적이 일정한 경우에 동수반경이 커지면 유량은 증가하는데, 이때 단면적이 일정하기 때문에 윤변이 최소가 될 때를 의미한다. 이와 같이 가장 경제적인 단면의 결정은 개수로 설계에 중요하다. 즉, 단면적이 일정한 경우에 동수반경이 크거나 또는 윤변이 최소가 되어 유량이 최대가 되는 단면을 **수리상 유리한 단면**(최적 수리단면, 최량수리단면, best hydraulic section)이라고 한다.

Manning의 공식을 이용한 유량공식에서 동수반경을 단면적과 윤변으로 표시하면,

$$Q = \frac{1}{n}(\frac{A^5}{P^2})^{1/3} S_0^{1/2} \tag{5.8.1}$$

이다. n과 S_0가 주어졌을 때 수리상 유리한 단면은 단면적이 일정한 상태에서 A와 P는 수로 내 수심의 함수이므로 A^5/P^2이 최대가 되기 위한 조건은,

$$\frac{d}{dy}\left(\frac{A^5}{P^2}\right) = 0 \tag{5.8.2}$$

이며, 이 식을 미분하여 정리하면 다음과 같다.

$$5P\frac{dA}{dy} - 2A\frac{dP}{dy} = 0 \tag{5.8.3}$$

수로의 설계 단면 A가 일정하게 주어진 경우에 $dA/dy = 0$이므로 식(5.8.3)은,

$$\frac{dP}{dy} = 0 \tag{5.8.4}$$

이다. 이 조건이 만족될 때, 즉 윤변 P가 최소일 때 유량이 최대가 된다. 또한 유량이 주어졌을 때 수리상 유리한 단면은 윤변이 최소인 단면이므로 이때가 가장 경제적이다. 반원은 어떤 기하 단면형보다 동일한 단면적에 비해 윤변이 가장 작기 때문에 모든 단면형 중에서 가장 수리상 유리한 단면이다. 그러나 반원 단면형은 실제로 시공이나 유지관리 측면에서 불편하기 때문에 인공수로 설계 시에 사각형 또는 사다리꼴 단면형의 수로를 사용한다.

5.8.1 직사각형 수로

직사각형 수로에서 수로폭을 b, 수심을 y라고 할 때 단면적 $A = by$, 윤변 $P = b + 2y$이다. A가 일정하게 주어질 때 b를 y의 항으로 표시하면 $b = A/y$이다. 그러므로 윤변은,

$$P = \frac{A}{y} + 2y \tag{5.8.5}$$

이다. 수리상 유리한 단면이 되기 위한 조건인 식(5.8.4)를 적용하여 정리하면,

$$\frac{dP}{dy} = -\frac{A}{y^2} + 2 = 0$$

$$\therefore \ y = \frac{b}{2}, \ \text{또는} \ b = 2y \tag{5.8.6}$$

이다. 직사각형 수로에서 수리상 유리한 단면은 수심이 수면폭의 1/2일 때이고 동수반경은 수심의 1/2임을 알 수 있다.

$$R = \frac{A}{P} = \frac{2y^2}{4y} = \frac{y}{2} \tag{5.8.7}$$

5.8.2 사다리꼴 수로

그림 5.8.1의 사다리꼴 수로에서 $A = y\,(b + zy)$, $P = b + 2y\,\sqrt{1 + z^2}$ 이다. 그러므로,

$$b = P - 2y\,\sqrt{1 + z^2} \tag{5.8.8}$$

이다. 식(5.8.8)을 사용하여 사다리꼴 면적을 나타내면 다음과 같다.

$$A = (P - 2y\,\sqrt{1 + z^2})y + zy^2 \tag{5.8.9}$$

수로의 경사와 조도, 그리고 단면을 통해서 소통시킬 일정한 유량이 주어질 때, 단면적 A는 측벽경사 z와 수심 y의 함수이다. 우선 일정한 단면 A에 대해 z를 상수로 간주하여 y에 대해 미분하면,

$$\frac{dA}{dy} = (\frac{dP}{dy} - 2\,\sqrt{1 + z^2})y + (P - 2y\,\sqrt{1 + z^2}) + 2zy = 0 \tag{5.8.10}$$

이다. 윤변 P가 최소가 되기 위한 조건은 $dP/dy = 0$이므로 식 (5.8.10)은 다음과 같다.

$$P = 4y\,\sqrt{1 + z^2} - 2zy \tag{5.8.11}$$

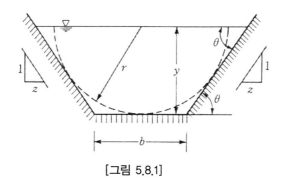

[그림 5.8.1]

이번에는 P를 최소로 하는 z를 결정하기 위해 y를 상수로 간주하고 z에 관해 미분하여 구한다.

$$\frac{dP}{dz} = \frac{4zy}{\sqrt{1+z^2}} - 2y = 0$$

$$\therefore \ z = \frac{1}{\sqrt{3}} \tag{5.8.12}$$

식(5.8.12)는 그림 5.8.1에서 $\theta = 60^o$임을 의미하며 이 관계를 식(5.8.11), (5.8.8), (5.8.9)에 대입하여 정리하면 사다리꼴 단면에서 각 제원을 수심의 항으로 나타낼 수 있다.

$$P = 2\sqrt{3}\,y \tag{5.8.13a}$$

$$b = \frac{2\sqrt{3}}{3}y \tag{5.8.13b}$$

$$A = \sqrt{3}\,y^2 \tag{5.8.13c}$$

식(5.8.13a)와 (5.8.13b)로부터 $P = 3b$이며 식(5.8.12)로부터 $\theta = 60^o$이므로 사다리꼴 단면에서 수리상 유리한 단면은 정육각형의 1/2임을 알 수 있다. 이 조건에서 동수반경 R을 구하면,

$$R = \frac{y}{2} \tag{5.8.14}$$

이며, 이는 사각형 단면의 경우와 같다.

최대유속을 보장하기 위한 조건도 최대유량을 위한 조건과 같지만 수로의 경사가 커지면

유속이 빠르게 되어 바닥이나 측벽에 세굴현상이 나타날 수 있다. 따라서 허용유속을 높이기 위해 수로의 피복이 필요하며 수로의 경사에 따른 굴착 비용이 증가하기 때문에 수리상 유리한 단면으로 설계하여 시공하는 것이 쉽지는 않다. 실제 설계에서 조도계수의 변화가 흐름을 지배하고 통수단면적이 실제 굴착량이 아니기 때문에 수리상 유리한 단면이 반드시 경제적인 단면은 아니다.

5.9 수리특성곡선

우수나 하수의 배수를 위해 폐합 관로가 사용될 때 자유수면을 갖는 개수로 흐름이므로 등류 설계가 적용된다. 일반적으로 우수나 하수의 배제를 위해 사용되는 관은 콘크리트로 제작된 원형이며, 이는 상업용 제품으로 생산되기 때문에 여러 가지로 제작되어 규격품으로 생산된다.

이 원형관에서 수심에 따른 유량과 평균유속의 변화를 통해서 관의 수리특성을 이해할 수 있다. 원관에서 만수 시에 수리요소(유량, 유속 등)에 대해 임의의 수심일 때의 수리요소와의 비를 그림으로 나타낸 곡선을 **수리특성곡선**(hydraulic characteristic curve)이라고 한다. 그림 5.9.1은 직경이 D인 원형관에 수심 d로 물이 흐를 때 수면을 나타낸 것이며 단면의 중심이 이루는 각을 ϕ(radian)라고 할 때 면적, 윤변, 동수반경은 다음과 같다.

$$A = (\text{원의 면적} - \text{부채꼴 면적} + \text{삼각형 면적})$$

$$= \frac{\pi D^2}{4} - \frac{D^2 \phi}{8} + \frac{D^2}{4} \sin \frac{\phi}{2} \cos \frac{\phi}{2} = \frac{\pi D^2}{4} - \frac{D^2 \phi}{8} + \frac{D^2}{8} \sin \phi$$

$$= \frac{D^2}{4} (\pi - \frac{\phi}{2} + \frac{\sin \phi}{2}) \tag{5.9.1}$$

$$P = \pi D - \frac{D}{2} \phi = D(\pi - \frac{\phi}{2}) \tag{5.9.2}$$

$$R = \frac{A}{P} = \frac{D}{4} (1 + \frac{\sin \phi}{2\pi - \phi}) \tag{5.9.3}$$

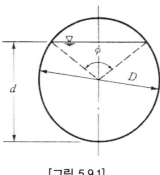

[그림 5.9.1]

만일 관의 조도계수와 수로경사가 주어지면 Manning 공식을 사용하여 유량을 나타내면,

$$Q = \frac{1}{n} A R^{2/3} S_0^{1/2} = CAR^{2/3} \tag{5.9.4}$$

이다. 여기서, $C = S_0^{1/2}/n$로 일정하다. 식 (5.9.1)과 (5.9.3)을 (5.9.4)에 대입하여 정리하면,

$$Q = C\frac{D^2}{4}(\pi - \frac{\phi}{2} + \frac{\sin\phi}{2})[\frac{D}{4}(1 + \frac{\sin\phi}{2\pi - \phi})]^{2/3}$$
$$= C\frac{D^{8/3}}{10.08}(\pi - \frac{\phi}{2} + \frac{\sin\phi}{2})(1 + \frac{\sin\phi}{2\pi - \phi})^{2/3} \tag{5.9.5}$$

이다. 관 내에 물이 가득 차서 흐르는 경우는 그림 5.9.1에서 $\phi = 0$일 때이다. 이때 유량 Q_F는,

$$Q_F = \frac{C\pi D^{8/3}}{10.08} \tag{5.9.6}$$

이다. 식(5.9.5)와 (5.9.6)으로부터 임의의 수심과 가득 차서 흐를 때의 유량의 비는,

$$\frac{Q}{Q_F} = \frac{1}{\pi}(\pi - \frac{\phi}{2} + \frac{\sin\phi}{2})(1 + \frac{\sin\phi}{2\pi - \phi})^{2/3} \tag{5.9.7}$$

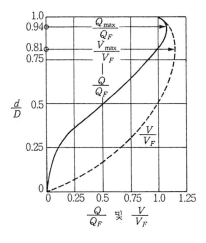

[그림 5.9.2]

이다. 수심비 d/D를 ϕ로 나타내면 $\phi = 2\cos^{-1}(2\dfrac{d}{D}-1)$이다. 수심비에 따라 식(5.9.7)에 의해 유량비 Q/Q_F를 구하여 이 값을 도시하면 그림 5.9.2를 얻을 수 있다. 최대유량 Q_{max}에 해당하는 상대수심은 식(5.9.5)를 ϕ에 관해 미분하여 0(zero)으로 놓고 ϕ를 구하면 $\phi = 57^o\,36'$일 때이다. 이에 상응하는 수심비는 $d/D = 0.94$이고 이때 유량비 $Q/Q_F = 1.08$이다.

그리고 관 내에 물이 가득 차서 흐를 때 유속 V_F와 일부만 차서 흐를 때 유속 V의 비는,

$$\frac{V}{V_F} = (1 + \frac{\sin\phi}{2\pi - \phi})^{2/3} \tag{5.9.8}$$

이다. 유량의 비와 마찬가지로 식(5.9.8)의 관계를 그림 5.9.2에 도시하였다. 최대유속은 $\phi = 102^o\,33'$일 때이고 이때 유속비는 $V_{max}/V_F = 1.14$이다.

5.10 개수로의 정상부등류

개수로에서 정상부등류란 특정한 지점에서 시간에 따라 흐름의 특성이 변하지 않고 공간적으로 임의 구간에 대해 흐름의 특성이 변하는 흐름을 말한다. 이와 같은 흐름을 **변**(화)**류**(varied flow)라고 하며, 수면을 기준으로 수로 바닥 경사와 수면 경사가 서로 평행하지 않다

는 것을 의미하는 것으로 그림 5.10.1에 도시하였다. 또한 부등류 또는 변류는 점변류와 급변류로 구분되며 전자는 임의의 흐름 구간에 대해 점진적으로 흐름의 특성이 변하며 경계면의 마찰력을 반드시 고려하여 해석해야 한다. 후자는 흐름의 짧은 구간에서 흐름 단면적의 큰 변화로 인해 발생하는 흐름으로서 경계면의 마찰손실보다는 와류(渦流)로 인한 손실이 지배적이다.

점변류 해석을 단순화시키기 위해 수로바닥 경사가 작고(θ를 수로바닥 경사라고 하면 $\tan\theta \fallingdotseq \sin\theta$) 단면은 균일단면 수로라고 가정한다. 그리고 임의의 구간에서 손실수두는 정상등류와 같이 Darcy–Weisbach 공식으로 표시되며 유속분포는 균등분포라고 가정하여 에너지 보정계수와 운동량 보정계수를 $\alpha = \beta = 1$로 가정한다. 직사각형 균일 단면수로에서 단위폭당 유량을 사용하는 것이 편리하다.

$$q = \frac{Q}{b} = Vy \tag{5.10.1}$$

여기서 b는 수로폭이며 수로폭이 일정한 경우에 그림 5.10.1의 단면 1과 2에서 단위폭당 유량은 다음과 같다.

$$q_1 = q_2 = q \tag{5.10.2}$$

이상의 가정 사항 등을 기초로 점변류의 기본방정식과 수면곡선의 분류 및 계산을 위한 필요사항에 대해 공부한다.

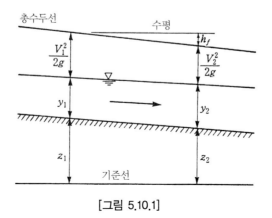

[그림 5.10.1]

5.10.1 비에너지

그림 5.10.1에서 단면 1과 2에 대한 에너지 방정식은 다음과 같다.

$$[\frac{V_1^2}{2g}+y_1]+z_1 = [\frac{V_2^2}{2g}+y_2]+z_2+h_f \tag{5.10.3}$$

개수로 흐름에서 수로 바닥을 기준으로 측정된 에너지를 **비에너지**(specfic energy)라고 하며, [ ]의 값이며 길이의 차원을 갖는다. 즉, 속도수두와 수심의 합이며 단위중량의 물이 갖는 역학적 에너지라고 할 수 있다.

$$E = \frac{V^2}{2g}+y \tag{5.10.4}$$

그림 5.10.1에서 단위물이 갖는 역학적 전 에너지(total head)는 다음과 같다.

$$H = \frac{V^2}{2g}+y+z \tag{5.10.5}$$

여기서 z는 임의의 기준면에서 수로 바닥까지의 위치수두이다. 만일 등류의 경우에 비에너지는 일정하며 에너지선은 수로 바닥과 평행이다. 흐름이 부등류인 경우에 에너지선은 하류 방향으로 경사지며 비에너지는 수로의 형상과 흐름 조건에 따라 흐름 구간에서 증가 또는 감소된다. 총수두 H는 일반적인 기준선으로부터 정의되지만 비에너지 E는 수로 바닥으로부터 정의되는 점이 다르다.

유량 Q가 일정할 때 흐름의 수심이 한계수심이 되기 위한 조건을 구하기 위해 식(5.10.4)에 $V = Q/A$를 대입하면,

$$E = \frac{Q^2}{2gA^2}+y \tag{5.10.6}$$

이다. 여기서 이 식을 E, Q, y축에 대해 3차원으로 나타낼 수 있다. 유량 Q를 일정하게 놓고

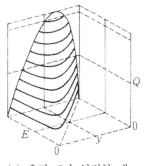
(a) 유량 Q가 일정할 때

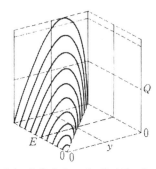
(b) 비에너지 E가 일정할 때

[그림 5.10.2]

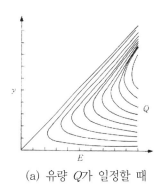
(a) 유량 Q가 일정할 때

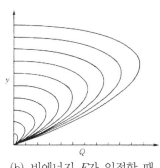
(b) 비에너지 E가 일정할 때

[그림 5.10.3]

비에너지 E와 수심 y에 대해 도시하면 그림 5.10.2(a)와 같다. 이번에는 비에너지 E를 일정하게 놓고 유량 Q와 수심 y를 도시하면 그림 5.10.2(b)와 같다. 이들 관계를 2차원으로 나타내면 그림 5.10.3(a)와 (b)와 같다.

그림 5.10.2는 여러 가지의 유량 Q값에 대한 것이며 이 곡선들은 서로 만나지 않는다. 식 (5.10.6)의 E는 임의의 Q값에 대해 2차 포물선 $Q^2/(2gA^2)$과 직선 y의 합이다. 그림 5.10.4에서 원점을 지나는 직선은 E축과 45°를 이루고 있기 때문에 임의의 y값에 대한 E값을 얻기 위해 직선에 수평거리 $Q^2/(2gA^2)$을 더해야 한다. 임의의 Q값에 대해 $y{\to}0$하면 E는 수평축에 접근($E{\to}\infty$)하며, y가 커지면 E는 원점을 지나는 직선에 접근함으로서 $E{\to}\infty$가 된다. 임의의 Q 값에 대해 비에너지가 최소(E_{min})인 수심을 **한계수심**(critical depth) y_c이라고 하며 이때의 평균유속을 **한계유속**(critical velocity)이라고 한다. 한계수심은 주어진 수로 단면에서 최소 비에너지를 유지하며 일정 유량 q를 흘릴 수 있는 수심을 의미한다. 최소 비에너지보다 큰 비에너지로 흐를 수 있는 수심은 그림 5.10.4에서 보는 바와 같이 한계수심보다 큰 수심 y_1과 작은 수심 y_2의 2개가 존재하며 이 수심을 **대응수심**(alternate depth)이라고 한다.

그림 5.10.4에서 알 수 있는 바와 같이 한계수심은 비에너지가 최소일 때 발생하기 때문에 이에 대한 조건식으로 $dE/dy = 0$이다. 즉,

$$\frac{dE}{dy} = 1 - \frac{Q^2}{gA^3}\frac{dA}{dy} = 0 \tag{5.10.7}$$

여기서, $dA/dy = T$이고 $D = A/T$를 대입하면,

$$\frac{dE}{dy} = 1 - \frac{Q^2\,T}{gA^3} = 1 - \frac{V^2}{g\left(\dfrac{A}{T}\right)} = 1 - \frac{V^2}{gD} = 0 \tag{5.10.8}$$

이다. 여기서 D는 수리평균수심이고 식(5.10.8)을 정리하면,

$$\frac{Q^2\,T}{gA^3} = \frac{V^2}{gD} = 1 \tag{5.10.9}$$

이다. 이 식은 비에너지가 최소인 조건이며 동시에 한계수심이 발생되는 조건으로 이에 상응하는 한계유속 V_c와 수리평균수심 D_c를 사용하면,

$$\frac{Q^2\,T_c}{gA_c^3} = \frac{V_c^2}{gD_c} = Fr^2 = 1 \tag{5.10.10}$$

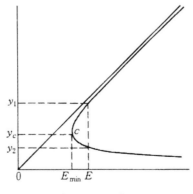

[그림 5.10.4]

이다. 프루드 수가 1일 때 수심은 한계수심이고, 이때 비에너지가 최소이며 흐름 상태는 한계류이다.

비에너지가 일정하게 유지될 때 수심의 변화에 따른 유량의 변화를 알아보기 위해 식 (5.10.6)을 Q에 관해 정리하면,

$$Q = \sqrt{2gA^2(E_s - y)} = \sqrt{2g}\,A\,\sqrt{(E_s - y)} \qquad (5.10.11)$$

여기서 E_s는 일정한 비에너지 값이며 수심 y에 따른 유량 Q의 변화를 그림 5.10.5에 도시하였다. 그림에서 $y \to 0$이면 $Q \to 0$이고, 또 $y \to \infty$이면 $Q \to 0$임을 나타내고 있다. 그림에서 알 수 있는 바와 같이 유량이 최대가 되는 지점의 수심을 **한계수심** y_c라고 하며 이 경우를 제외하고는 한 개의 유량에 2개의 수심이 존재하는데, 역시 이들 수심을 **대응수심**이라고 한다. 유량이 최대가 되기 위한 한계수심은 식(5.10.11)을 수심 y에 대해 미분하여 구한다. 즉,

$$\frac{dQ}{dy} = \sqrt{2g}\left[\frac{2AE_s\dfrac{dA}{dy} - \left(A^2 + 2yA\dfrac{dA}{dy}\right)}{2\sqrt{A^2 E_s - yA^2}}\right] = 0 \qquad (5.10.12)$$

이다. 여기서 $dA/dy = T$이며 위 식을 정리하면 다음과 같다.

$$2AT(E_s - y) - A^2 = 0$$

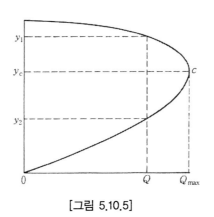

[그림 5.10.5]

$$\therefore \; E_s - y = \frac{A}{2T} \qquad\qquad (5.10.13)$$

식(5.10.13)을 (5.10.11)에 대입하면,

$$Q = \sqrt{2gA^2(\frac{A}{2T})}$$

$$\therefore \; \frac{Q^2 T}{gA^3} = 1 \qquad\qquad (5.10.14)$$

이다. 이 식은 식(5.10.9)와 동일하며 프루드 수가 1임을 의미한다. 다시 말하면, 비에너지가 일정할 때 흐름의 수심이 한계수심이면 유량은 최대가 된다.

$$\frac{Q_{\max}^2 \, T_c}{gA_c^3} = 1 \qquad\qquad (5.10.15)$$

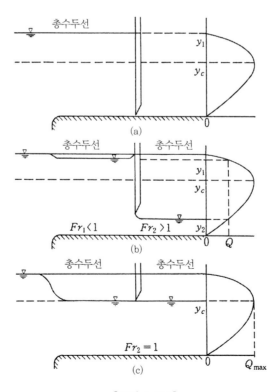

[그림 5.10.6]

실질적인 문제에서 비에너지가 일정하게 유지되는 흐름은 그림 5.10.6에서와 같이 수문 상류의 흐름에서 비에너지가 E_s로 일정하고 수문의 열림 정도에 따라 하류의 유량이 달라지는 경우이다. 그림 5.10.6(a)에서 수문을 완전히 폐쇄하면 상류의 비에너지 E_s는 수심 y_1과 같고 하류의 수심 y_2는 0(zero)이 된다. 그림 5.10.6(b)처럼 수문을 y_c보다 약간 작게 개방하면 $y_1 > y_c$가 되고 $y_2 < y_c$가 된다. 그림 5.10.6(c)와 같이 완전히 개방되면 수문 상하류의 수심은 같아져서 $y_1 = y_2 = y_c$가 되며 이때의 유량이 최대가 된다.

　　예제 5.10.1 수면폭이 T인 직사각형 수로에서 (1) 한계수심을 단위폭당 유량으로 나타내어라. (2) 한계유속을 한계수심으로 표시하여라. (3) 비에너지와 한계수심과의 관계를 식으로 나타내어라.

　　풀이 (1) 직사각형 수로에서 면적 $A = Ty$이다. 식(5.10.10)을 이용하여 한계수심을 구한다.

$$\frac{Q^2 T_c}{g A_c^3} = \frac{Q^2 T_c}{g T_c^3 y_c^3} = \frac{q^2}{g y_c^3} = 1 \tag{5.10.16}$$

여기서 $q = Q/T$로서 단위폭당 유량이다. 식(5.10.16)으로부터 한계수심 y_c는,

$$y_c = \left(\frac{q^2}{g}\right)^{1/3} \tag{5.10.17}$$

(2) 식(5.10.17)로부터 $q = \sqrt{g y_c^3}$이므로 한계유속은,

$$V_c = \frac{q}{y_c} = \sqrt{g y_c} \tag{5.10.18}$$

(3) 유량이 일정할 때 한계수심에서 비에너지는 최소가 된다. 즉,

$$E_{\min} = \frac{V_c^2}{2g} + y_c = \frac{3}{2} y_c \tag{5.10.19}$$

또는,

$$y_c = \frac{2}{3} E_{\min} \tag{5.10.20}$$

예제를 통해서 직사각형 수로의 한계수심, 한계수심과 비에너지 관계 등에 대해 알아보았다. 복잡한 수로 단면의 경우에는 식(5.10.10)을 시행착오법에 의해 구할 수 있다. 유량이 주어지는 경우에 이 식을 계산 가능한 항과 수심이 포함된 미지의 항으로 분리하여 정리하면,

$$\frac{Q^2}{g} = \frac{A_c^{\,3}}{T_c} \tag{5.10.21}$$

이다. 유량이 주어지면 좌변은 알려진 값이다. 이 식의 우변은 수심의 함수이므로 수심을 가정하여 A와 T를 구하고 식(5.10.21)이 성립되는 수심을 찾는 방법이다. 또는 식(5.10.10)을 이용하여 프루드 수가 $Fr = 1$이 되는 수심을 찾아도 된다. 쉽게 찾기 위해서는 초기 한계수심에 대한 가정값의 선택에 좌우된다. 일반적으로 주어진 단면과 유사한 직사각형 단면의 한계수심을 계산하여 초기 가정값으로 선택하면 해를 신속하게 구할 수 있다.

예제 5.10.2 사다리꼴 수로의 바닥 폭이 $10\,m$, 측벽경사 $z:1=2:1$인 수로에 $50\,m^3/s$의 물이 흐르고 있다. 이 수로의 한계수심, 한계유속, 최소 비에너지를 구하여라.

풀이 이 수로의 초기 한계수심을 바닥 폭이 $12\,m$인 직사각형 수로로 가정하여 결정하면,

$$y_c = (\frac{q^2}{g})^{1/3} = [\frac{(50/12)^2}{9.8}]^{1/3} = 1.21\,m$$

이다. 따라서 사다리꼴 수로에서 한계수심을 $1.21\,m$로 가정하면,

$$T_c = b + 2zy_c = 10 + 2(2y_c) = 10 + 4(1.21) = 14.84\,m$$

$$A_c = (b + zy_c)y_c = [10 + 2(1.21)]1.21 = 15.03\,m^2$$

이고, 식(5.10.10) 또는 (5.10.21)에 대입하면,

$$\frac{Q^2 T_c}{g A_c^3} = \frac{50^2 (14.84)}{9.8 (15.03)^3} = 1.11 = Fr^2$$

이다. 프루드 수는 $Fr = 1.06$이다. 이 값으로부터 흐름이 사류이므로 한계수심은 $1.21\,m$보다 커야 한다. 그러므로 $y_c = 1.25\,m$로 다시 가정하여 구하면,

$$T_c = b + 2 z y_c = 10 + 2(2 y_c) = 10 + 4(1.25) = 15.00\,m$$

$$A_c = (b + z y_c) y_c = [10 + 2(1.25)]\,1.25 = 15.63 m^2$$

$$\frac{Q^2 T_c}{g A_c^3} = \frac{50^2 (15.00)}{9.8 (15.63)^3} = 1.002 = Fr^2$$

프루드수가 $Fr = 1.00$이므로 한계수심은 $y_c = 1.25 m$이고 한계유속은,

$$V_c = \frac{Q}{A_c} = \frac{50}{15.63} = 3.20\,m/s$$

최소 비에너지는,

$$E_{\min} = \frac{3.20^2}{2(9.8)} + 1.25 = 1.77\,m$$

일반적인 수리 단면에 대한 한계수심을 구해 보자. 단면적 A는 일반적으로 수심의 함수이므로 유량 Q가 일정할 때 비에너지 E는 수심 y만의 함수이다. 즉, $A = a y^n$으로 가정할 수 있다. 여기서 a와 n은 단면형에 따라 결정되는 상수이다. 이 관계를 식(5.10.6)에 대입하면,

$$E = \frac{Q^2}{2 g a^2 y^{2n}} + y \tag{5.10.22}$$

이다. 한계수심 y_c는 비에너지가 최소일 때의 수심이기 때문에 $\dfrac{dE}{dy}=0$으로 놓고 구할 수 있다.

$$\frac{dE}{dy} = \frac{d}{dy}(y+\frac{Q^2}{2gA^2}) = 1+\frac{Q^2}{2g}\frac{d}{dy}(\frac{1}{A^2}) = 1-\frac{Q^2}{gA^3}\frac{dA}{dy} = 0$$

$$\therefore \ \ \frac{dA}{dy} = \frac{gA^3}{Q^2} \tag{5.10.23}$$

한편, $A=ay^n$으로부터 $\dfrac{dA}{dy}=nay^{n-1}$이므로 이를 식(5.10.23)에 대입하여 정리하면,

$$\therefore \ \ y_c = (\frac{nQ^2}{ga^2})^{1/(2n+1)} \tag{5.10.24}$$

이다. 예를 들면 직사각형 단면인 경우에 $a=T$, $n=1$이므로 한계수심은,

$$y_c = (\frac{Q^2}{gT^2})^{1/3} = (\frac{q^2}{g})^{1/3} \tag{5.10.25}$$

이며, 측벽경사가 z:1인 3각형 단면인 경우에 $A=zy^2$이므로 3각형 수로의 한계수심은 다음과 같다.

$$y_c = (\frac{2Q^2}{gz^2})^{1/5} \tag{5.10.26}$$

개수로 흐름에서 수심은 수로의 경사에 따라 영향을 받는다. 등류수심이 한계수심과 동일하게 유지될 수 있는 수로경사를 **한계경사** S_c(critical slope)라 하고 이때의 흐름을 **한계등류**라고 부른다. Manning 공식을 이용하여 한계경사를 나타내면 다음과 같다.

$$S_c = \frac{n^2 V_c^2}{R_c^{4/3}} = \frac{n^2 gD_c}{R_c^{4/3}} \tag{5.10.27}$$

여기서 R_c, D_c는 각각 한계수심에 대응되는 동수반경과 수리평균수심이다.

자연하천인 경우에 수심에 비해 수로폭이 큰 단면에서는 근사적으로 $D_c \simeq R_c \simeq y_c$로 가정할 수 있다. 이 가정을 식(5.10.27)에 대입하면 다음과 같다.

$$S_c = \frac{n^2 g}{y_c^{1/3}} \tag{5.10.28}$$

만일 유량이 일정할 때 한계경사 S_c보다 작은 수로 경사 S_0를 갖는 수로에서 등류로 흐를 경우에 등류수심은 한계수심보다 크고 흐름의 상태는 常流이며 이때의 수로경사를 **완경사** (mild slope)라고 부른다. 반대로 한계경사보다 큰 수로경사를 갖는 수로에서 등류로 흐를 경우에 등류수심은 한계수심보다 작고 흐름의 상태는 射流이며 이때의 수로경사를 **급경사** (steep slope)라고 한다.

5.10.2 비력과 도수현상

그림 5.10.7의 정상–부등류 흐름에서 검사체적에 작용하는 힘을 도시하였다. 그림에서 수로 바닥 경사는 $\theta \simeq 0$이고 운동량 보정계수는 $\beta_1 \simeq \beta_2 \simeq 1$이라 가정하자. 단면 1과 2 사이의 짧은 구간 L 사이의 마찰력 F_f를 무시하고 검사체적에 뉴턴의 제 2법칙을 적용하면,

$$F_1 - F_2 = \rho Q (V_2 - V_1) \tag{5.10.29}$$

이다. 여기서 F_1과 F_2는 단면 1과 2에 작용하는 수평 성분의 압력으로 다음과 같다.

$$F_1 = \gamma y_{G1} A_1, \; F_2 = \gamma y_{G2} A_2 \tag{5.10.30}$$

여기서 y_{G1}과 y_{G2}는 자유수면에서 단면 A_1과 A_2의 도심까지의 거리이다. 식(5.10.30)을 (5.10.29)에 대입하여 정리하면,

$$\gamma y_{G1} A_1 + \rho Q V_1 = \gamma y_{G2} A_2 + \rho Q V_2 \tag{5.10.31}$$

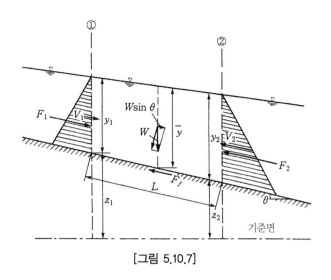

[그림 5.10.7]

이다. 이 식의 양변을 γ로 나누고 $V_1 = Q/A_1$, $V_2 = Q/A_2$를 대입하여 정리하면,

$$y_{G1}A_1 + \frac{Q^2}{gA_1} = y_{G2}A_2 + \frac{Q^2}{gA_2} \tag{5.10.32}$$

이며, 양변은 물의 단위무게당 정수압항과 동수압항으로 구성되어 있으며 단면에서 이들의 합은 동일하다. 이를 **비력**(specific force) M이라고 한다. 즉,

$$M = y_G A + \frac{Q^2}{gA} = constant \tag{5.10.33}$$

유량이 일정할 때, 식(5.10.33)은 수심의 함수라고 할 수 있다. 즉, 유량이 일정할 때 비력은 수심의 함수이므로 이 관계를 임의의 단면에 대해 도시하면 그림 5.10.8과 같다. 비에너지 곡선과 유사한 형태로서 비력에 대응하는 수심은 그림의 C점을 제외하고는 2개의 수심이 존재한다. 비력이 최소가 되는 조건을 구하기 위해 식(5.10.33)을 수심 y에 관해 미분하여 0(zero)으로 놓고 구하면 다음과 같다.

$$\frac{dM}{dy} = \frac{d(y_G A + \frac{Q^2}{gA})}{dy} = \frac{d}{dy}(y_G A) - \frac{Q^2}{gA^2}\frac{dA}{dy} = 0$$

여기서 $d(y_G A)$항은 수심변화 dy에 따른 자유수면을 축으로 한 단면 1차 모멘트의 변화량이다. 그러므로

$$\frac{d(Ah_G)}{dy} = \frac{[A(h_G + dy) + Tdy\frac{dy}{2}] - Ah_G}{dy}$$

이다. 미소량인 dy^2를 무시하면,

$$\frac{d(Ah_G)}{dy} = A$$

이고, $dA/dy = T$이므로,

$$\frac{dM}{dy} = A - \frac{Q^2 T}{gA^2} = 0$$

$$\therefore \quad \frac{Q^2 T}{gA^3} = 1 \tag{5.10.34}$$

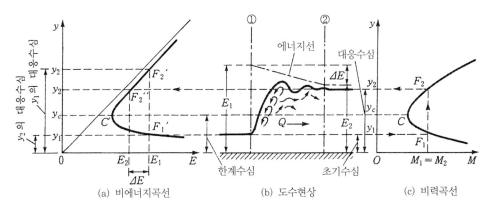

(a) 비에너지곡선   (b) 도수현상   (c) 비력곡선

[그림 5.10.8]

식(5.10.34)는 (5.10.9)와 같기 때문에 프루드 수가 1이며 한계류이다. 즉, 유량이 일정하게 주어지고 수심이 한계수심일 때 비력은 최소가 된다.

그림 5.10.8에 비력곡선에 대응되는 비에너지곡선을 도시하였다. 임의의 비에너지 E_1에 대한 수심은 y_1(사류)과 y_2'(상류)이며 수심 y_1에 대응되는 비력을 M_1이라고 하자. 이때 비력 M_1에 해당되는 또 다른 y_2로서 y_2'보다 작으며 일치하지 않다는 사실을 알 수 있다. 이 차이는 에너지 손실($\Delta E = E_1 - E_2$) 때문이다. 이에 대한 예는 도수현상에서 찾아 볼 수 있다.

댐의 여수로와 같은 급경사 수로를 통해서 물이 흐르다가 여수로 하단부에 연결되어 있는 감세공과 같은 완경사 수로(또는 수평 수로)를 통해서 물이 흐를 때 감세공 위에서 **도수현상**이 발생된다. 이때 급경사 수로인 여수로에서 유속은 빠르고 이로 인해 마찰로 인한 비에너지 손실이 크고 수심은 작은 사류이다. 계속해서 흐름은 불연속적으로 튀면서 수면이 불안정하게 되고 이후에 유속은 감소되고 수심은 증가되면서 안정상태의 상류로 변한다(그림 5.10.8(b) 참조). 또한 흐름 상태가 변하면서 와류가 발생되어 공기가 흡입되기 때문에 물의 밀도는 작아진다.

사류에서 상류로 변할 때 상당한 크기의 에너지손실을 수반시키는 도수현상의 해석을 위해서 운동량방정식이 적용된다. 직사각형 균일단면의 수평 수로에서 도수가 발생되는 경우에 운동량방정식을 적용한 식(5.10.32)를 적용하면 다음과 같다.

$$\frac{y_1^2}{2} + \frac{q^2}{gy_1} = \frac{y_2^2}{2} + \frac{q^2}{gy_2} \qquad (5.10.35)$$

여기서 y_1과 y_2는 그림 5.10.8(b)에서처럼 도수 전과 후의 수심을 나타내고 있으며, 이들을 대응수심이라고 하고 q는 직사각형 수로에서 단위폭당 유량이다. 식(5.10.35)를 정리하면,

$$y_2^2 + y_1 y_2 - \frac{2q^2}{gy_1} = 0$$

이다. 이 식에 $q = y_1 V_1$을 대입하여 y_2에 대한 2차 방정식을 풀면,

$$y_2 = -\frac{y_1}{2} + \frac{y_1}{2} \left(\sqrt{1 + \frac{8V_1^2}{gy_1}} \right) \qquad (5.10.36)$$

또는

$$y_2 = -\frac{y_1}{2} + \frac{y_1}{2}\left(\sqrt{1 + 8Fr_1^2}\right) \tag{5.10.37a}$$

$$\frac{y_2}{y_1} = \frac{1}{2}\left(\sqrt{1 + 8Fr_1^2} - 1\right) \tag{5.10.37b}$$

이다. 여기서 $Fr_1 = \dfrac{V_1}{\sqrt{gy_1}}$ 은 도수 전의 프루드 수이다. 도수현상은 사류가 상류로 변할 때 발생하기 때문에 도수 전의 프루드 수는 $Fr_1 > 1$ 이다. 도수로 인해 와류가 발생됨으로써 에너지 손실이 발생되는데, 그 크기는 도수 전후의 흐름 에너지 차에 의해 구할 수 있다. 즉,

$$\Delta E = E_1 - E_2 = \left(y_1 + \frac{V_1^2}{2g}\right) - \left(y_2 + \frac{V_2^2}{2g}\right) \tag{5.10.38}$$

연속방정식과 식(5.10.35)를 이용하여 식(5.10.38)을 도수 전후의 수심으로 나타내면 도수로 인한 에너지 손실은 다음과 같다.

$$\Delta E = \frac{(y_2 - y_1)^3}{4y_1 y_2} \tag{5.10.39}$$

도수 전후의 수심차가 클수록 에너지 손실이 커짐을 알 수 있다. 그리고 도수현상이 발생하는 구간의 길이도 관심의 대상이다. 이에 대한 해석, 또는 실험적 연구가 많이 있지만 대체적으로 도수 전후 수심 차이의 4~6배로 알려져 있다. 도수의 길이는 다음과 같은 Smetana의 공식이 주로 사용된다.

$$L = 6(y_2 - y_1) \tag{5.10.40}$$

예제 5.10.3 댐 여수로 아래의 감세공에서 도수현상이 발생되었다. 수로의 단면은 직사각형이며 단위폭당 유량은 $6.0 m^3/s$ 이고 도수 전의 수심이 $1.2 m$ 이다. 도수 후의 수심과 도수

로 인한 에너지 손실을 동력으로 표시하여라. 그리고 도수의 길이를 구하여라.

풀이 $V_1 = \dfrac{q}{y_1} = \dfrac{6}{1.2} = 5\,m/s$

$$y_2 = -\frac{y_1}{2} + \frac{y_1}{2}\left(\sqrt{1 + 8Fr_1^2}\right)$$

$$= -\frac{1.2}{2} + \frac{1.2}{2}\sqrt{1 + 8\frac{5^2}{9.8(1.2)}} = 1.95\,m$$

$$V_2 = \frac{6}{1.95} = 3.08\,m/s$$

$$\Delta E = \left(y_1 + \frac{V_1^2}{2g}\right) - \left(y_2 + \frac{V_2^2}{2g}\right) = \left[1.2 + \frac{5^2}{2(9.8)}\right] - \left[1.95 + \frac{3.08^2}{2(9.8)}\right] = 0.042\,m$$

또는,

$$\Delta E = \frac{(y_2 - y_1)^3}{4y_1 y_2} = \frac{(1.95 - 1.2)^3}{4(1.95)(1.2)} = 0.045\,m$$

손실동력 $P = \gamma Q \Delta E = 9.8(6)(0.42) = 2.470\,kW/m$

도수길이 $L = 6(y_2 - y_1) = 6(1.95 - 1.2) = 4.5\,m$

5.11 점변류의 기본방정식

5.11.1 수면곡선식

자연현상을 수학적으로 완전하게 표현하고 해석할 수 있다면 그 현상에 대해 예측이 가능하다. 그러나 복잡한 현상을 수학적으로 표현하는 것은 어려운 일이며, 또한 표현이 가능한 것일지라도 그 해를 구하는 것도 쉬운 일이 아니다. 복잡한 자연현상을 이해하고 예측하기 위해 그 현상을 단순화시킴으로써 예측이나 해석이 가능하다. 마찬가지로 복잡한 흐름을 해석하기 위해 흐름을 단순하게 가정하여 접근해야 한다. 이에 대한 기본적인 가정사항은 다음과 같다.

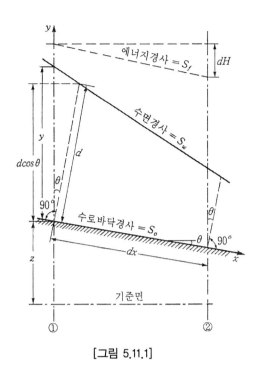

[그림 5.11.1]

(1) 수로 바닥의 경사는 작다. 수로 바닥의 경사가 1:10 정도로 매우 급해도 각이 5.7^o로 $\cos 5.7^o = 0.995$로서 (수로)수심 y(수로 단면의 최저부에서 수면까지의 연직거리)와 단면수심 d(수로 바닥에서 수직으로 수면까지의 깊이)는 거의 같다.

(2) 수로는 균일하여 에너지 보정계수와 조도계수는 모든 단면에 대해 동일하고, 특히 조도계수는 수심에 따라 변하지 않는다. 균일 수로가 아닌 경우에도 이 값들의 변화는 작은 것으로 가정한다.

(3) 측방으로부터 유입과 유출은 없다. 즉, 공간상에서의 변화류와 구분하기 위한 것이다.

(4) 수로 단면에서 압력 분포를 정수압으로 취급한다. 이는 (1)과 (2)의 가정이 만족되면 해결되는 조건이다.

(5) 부등류 흐름에서 정상 등류의 마찰식을 이용한다. 평균마찰응력 $\tau_o = \gamma RS$로서 S만 적절하게 정의하면 등류나 부등류 흐름에 적용시킬 수 있다.

위와 같은 가정하에서 그림 5.11.1의 점변류에 대한 수면 변화를 알아보자. 임의 단면에서의 총에너지를 나타내면 다음과 같다.

$$H = z + d\cos\theta + \alpha\frac{V^2}{2g} \tag{5.11.1}$$

여기서 H는 총에너지 또는 전수두(total head)이고 z는 위치수두이다. θ가 매우 작기 때문에 $d\cos\theta \simeq y$라고 가정하고 에너지 보정계수 $\alpha \simeq 1$로 가정하면 식 (5.11.1)은,

$$H = z + y + \frac{V^2}{2g} \tag{5.11.2}$$

이다. 수로 바닥 x를 기준으로 이 식을 미분하면 다음과 같다.

$$\frac{dH}{dx} = \frac{dz}{dx} + \frac{dy}{dx} + \frac{d}{dx}\left(\frac{V^2}{2g}\right) \tag{5.11.3}$$

여기서 $\dfrac{dH}{dx} = -S_f$로 에너지 경사 또는 마찰경사를, $\dfrac{dz}{dx} = -S_0$로 수로경사를 나타내며, $\dfrac{dy}{dx}$는 수로 바닥을 기준으로 수면경사를 나타낸다. 그리고 식(5.11.3)의 마지막 항은,

$$\frac{d}{dx}\left(\frac{V^2}{2g}\right) = \frac{d}{dx}\left(\frac{Q^2}{2gA^2}\right) = \frac{d}{dy}\left(\frac{Q^2}{2gA^2}\right)\frac{dy}{dx} = \left[-\frac{Q^2}{gA^3}\frac{dA}{dy}\right]\frac{dy}{dx}$$

$$= \left[-\frac{Q^2 T}{gA^3}\right]\frac{dy}{dx} \tag{5.11.4}$$

이다. 이와 같은 관계를 식(5.11.3)에 대입하여 정리하면 다음과 같다.

$$\frac{dy}{dx} = \frac{S_0 - S_f}{1 - \dfrac{Q^2 T}{gA^3}} = \frac{S_0 - S_f}{1 - Fr^2} \tag{5.11.5}$$

이 식은 점변류에서 수로 바닥을 기준으로 수심 변화를 나타내는 기본방정식이며 **점변류의 수면곡선식**이라고 부르며, 경사가 작은 임의의 균일 단면수로에 유용하게 적용된다. 식의 형

태는 간단하지만 S_f와 Fr이 y에 종속인 비선형 형태이므로 해석적 방법으로 수면곡선식의 해를 얻기가 어렵다.

이 식에서 보는 바와 같이 수면곡선식은 수로경사와 마찰경사에 따라 변한다. 여기서 마찰경사는 경계면에서의 마찰 저항을 의미한다. 단면의 갑작스런 변화, 예를 들면 단면의 급축소, 또는 급확대와 같은 다른 저항 요소가 존재하는 지배적인 흐름은 급변류이기 때문에 이와 같은 수면곡선식을 적용할 수 없다. 그리고 수로에서 바닥이나 측벽의 경계면 조도가 거리에 따라 큰 변화가 없다면 수로 경사가 수면 변화에 영향을 주는 변수임을 알 수 있다.

5.11.2 점변류의 수면형

점변류의 수면형을 구분하기 위해 식(5.11.5)의 수면곡선식을 변형시키면 편리하다. 이 식의 분자인 $(S_0 - S_f)$를 변형시키기 위해 Manning 공식을 이용하여 수로경사 S_0와 에너지경사 S_f를 다음과 같이 나타낼 수 있다.

$$S_0 = (\frac{nQ}{A_n R_n^{2/3}})^2 = (\frac{Q}{K_n})^2, \ S_f = (\frac{nQ}{A R^{2/3}})^2 = (\frac{Q}{K})^2$$

여기서 K_n과 K는 각각 등류와 부등류일 때의 통수단면적이다. $(S_0 - S_f)$에 이 식을 대입하여 정리하면 다음과 같다.

$$S_0 - S_f = \ S_0 (1 - \frac{S_f}{S_0}) = S_0 \left[1 - (\frac{K_n}{K})^2\right] \tag{5.11.6}$$

한계류가 흐를 때에 프루드수 Fr은 식(5.10.10)으로부터 다음과 같이 나타냈다.

$$Fr^2 = \frac{Q^2 T_c}{g A_c^3} = 1 \tag{5.10.10}$$

이 식을 단면계수 $Z = A \sqrt{D} = A \sqrt{\frac{A}{T}} = \sqrt{\frac{A^3}{T}}$ 를 이용하여 변형시켜 나타내면,

$$\frac{Q^2}{g} = \frac{A_c^3}{T_c} = Z_c^2 \tag{5.11.7}$$

이며 식(5.11.5)의 분모인 $(1 - Fr^2)$에 식(5.11.7)을 대입하여 정리하면 다음과 같다.

$$1 - Fr^2 = 1 - \frac{Q^2 T}{g A^3} = 1 - (\frac{Z_c}{Z})^2 \tag{5.11.8}$$

수면곡선식(5.11.5)에 식(5.11.6)과 (5.11.8)을 대입하면 다음과 같다.

$$\frac{dy}{dx} = S_0 \frac{1 - (\frac{K_n}{K})^2}{1 - (\frac{Z_c}{Z})^2} \tag{5.11.9}$$

이 식은 임의 단면에 대한 개수로 흐름에서 발생 가능한 수면곡선의 형태를 판별하기 위한 변형된 점변류의 수면곡선식이다.

폭이 넓은 직사각형수로(동수반경 R 대신에 수심 y를 사용)에 대한 수면곡선식을 나타내기 위해 Manning 공식과 Chezy 공식을 사용하여 식(5.11.9)를 변형하면 다음과 같다.

$$\text{Manning 공식} : \frac{dy}{dx} = S_0 \frac{1 - (\frac{y_n}{y})^{10/3}}{1 - (\frac{y_c}{y})^3} \tag{5.11.10}$$

$$\text{Chezy 공식} : \frac{dy}{dx} = S_0 \frac{1 - (\frac{y_n}{y})^3}{1 - (\frac{y_c}{y})^3} \tag{5.11.11}$$

여기서 y_n은 등류수심, y_c는 한계수심, y는 점변류의 수심이다. dy/dx는 수로바닥을 기준으로 한 수심의 변화율을 나타내고 있다. 흐름 방향에 대해 균일단면이라고 한다면 dy/dx 값이 (+)이면 흐름 방향에 대해서 수심이 증가함을 의미하는데, 이 수면을 **배수곡선**(backwater curve)이라고 한다. 반대로 (−)이면 흐름 방향에 대해 수심이 감소됨을 의미하며 이를 **저하곡선**(drawdown curve)이라고 부른다. 또한 dy/dx의 값이 0인 경우는 흐름 방향에 대해 수심의 변화가 없는 것으로서 수로바닥과 평행한 등류 흐름이다.

5.11.3 수면곡선의 분류

점변류 흐름을 구분하기 위해 등류가 형성되는 기본적인 사항을 살펴보자. 5.10절에서 구분된 것처럼 흐름이 常流일 때 수로경사는 완경사이고, 射流일 때 수로경사는 급경사이다. 흐름이 한계류일 때 수로경사는 한계경사이다. 이를 등류수심 y_n과 한계수심 y_c를 이용하여 구분할 수 있다.

$$y_n \ > \ y_c \ : \ 완경사$$
$$y_n \ = \ y_c \ : \ 한계경사$$
$$y_n \ < \ y_c \ : \ 급경사$$

이와 같이 수로경사의 특성은 등류수심과 한계수심의 상대적 크기에 따라 구분된다. 그림 5.11.2에서와 같이 등류수심선과 한계수심선의 위치에 따라서 완경사 수로에서 3영역과 급경사 수로에서 3영역으로 구분된다. 완경사와 급경사 수로에서 발생 가능한 경우는 다음과 같다.

완경사 수로(M곡선, $S_0 \ > \ 0$, $y_n \ > \ y_c$)
<u>M1곡선</u> : $y \ > \ y_n \ > \ y_c$
$y \ > \ y_n \ (S_0 > S_f)$이고, $Fr \ < \ 1 \ (y \ > \ y_c)$ $\therefore \ dy/dx > 0$

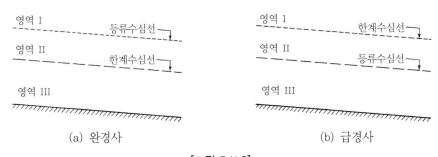

(a) 완경사   (b) 급경사

[그림 5.11.2]

$$\therefore \frac{dy}{dx} = \frac{(+)}{(+)} = (+) \qquad \text{(식 5.11.5)}$$

또는

$$\frac{dy}{dx} = (+)\frac{(+)}{(+)} = (+) \qquad \text{(식 5.11.10)}$$

(식 5.11.10)에서 $y \to y_n$이면 $dy/dx \to 0$이고, $y \to \infty$이면 $dy/dx \to S_0$가 된다. 또한 (식 5.11.5)에 의해서 판별할 수 있다. 즉, $y \to y_n$이면 $S_f \to S_0$가 되어 이 식의 분자인 $(S_0 - S_f) \to 0$이 되므로 $dy/dx \to 0$이고, $y \to \infty$이면 $S_f \to 0$이 되어 $(S_0 - S_f) \to S_0$, $Fr \to 0$이 되어 $(1 - Fr^2) \to 1$이므로 $dy/dx \to S_0$가 된다. 즉, 흐름 방향에 대해 하류에서의 수면은 수로 경사와 수평을 이룬다. 이와 같은 결과를 근거로 수면곡선을 스케치할 수 있으며 다른 수면형도 같은 방법으로 구분할 수 있다.

<u>M2곡선</u> : $y_n > y > y_c$

$y < y_n$ $(S_0 < S_f)$이고, $Fr < 1$ $(y > y_c)$ $\therefore dy/dx < 0$

*퀴즈 1 $\therefore \dfrac{dy}{dx} = \dfrac{(\ \ )}{(\ \ )} = (-)$ (식 5.11.5)

또는 $\dfrac{dy}{dx} = (+)\dfrac{(\ \ )}{(\ \ )} = (-)$ (식 5.11.10)

(식 5.11.10)에서 $y \to y_n$이면 $dy/dx \to 0$이고, $y \to y_c$이면 $dy/dx \to \infty$가 된다.

<u>M3곡선</u> : $y_n > y_c > y$

$y < y_n$ $(S_0 < S_f)$이고, $Fr > 1$ $(y_c > y)$ $\therefore dy/dx > 0$

*퀴즈 2 $\therefore \dfrac{dy}{dx} = \dfrac{(\ \ )}{(\ \ )} = (+)$ (식 5.11.5)

또는 $\dfrac{dy}{dx} = (+)\dfrac{(\ \ )}{(\ \ )} = (+)$ (식 5.11.10)

(식 5.11.10)에서 $y \to y_c$이면 $dy/dx \to \infty$이고, $y \to 0$이면 $dy/dx \to \infty/\infty$로 부정이 된다.

그러나 (식 5.11.10)을 변형하면,

$$\frac{dy}{dx} = S_0 \frac{1 - (\frac{y_n}{y})^{10/3}}{1 - (\frac{y_c}{y})^3} = S_0 \frac{y^3 - y_n^3 (\frac{y_n}{y})^{1/3}}{y^3 - y_c^3} \tag{5.11.12}$$

이다. $y_c \neq 0$, $y_n \neq 0$이므로 $y \to 0$이면 $dy/dx \to \infty$이다. 즉, 수로 바닥과 직교하며 수로 바닥 부근에서 수면곡선은 변곡점을 갖게 된다.

급경사 수로(S곡선, $S_0 > 0$, $y_n < y_c$)

S1곡선 : $y_n < y_c < y$

$y_n < y(S_0 > S_f)$이고, $Fr < 1$ $(y > y_c)$ $\therefore$ $dy/dx > 0$

*퀴즈 1 $\because \dfrac{dy}{dx} = \dfrac{(\quad)}{(\quad)} = (+)$ (식 5.11.5)

또는 $\dfrac{dy}{dx} = (+)\dfrac{(\quad)}{(\quad)} = (+)$ (식 5.11.10)

S2곡선 : $y_n < y < y_c$

$y_n < y(S_0 > S_f)$이고, $Fr > 1$ $(y < y_c)$ $\therefore$ $dy/dx < 0$

S3곡선 : $y < y_n < y_c$

$y < y_n(S_0 < S_f)$이고, $Fr > 1$ $(y < y_c)$ $\therefore$ $dy/dx > 0$

한계경사 수로에서는 한계수심과 등류수심이 동일($y_n = y_c$)하기 때문에 2개의 영역으로 구분된다. 즉, 한계경사 수로에서 2개의 영역으로 구분하여 수면형을 검토한다. 만일 $y = y_n = y_c$인 경우에는 한계등류(uniform critical flow)라고 부르며 $dy/dx = 0$이 되므로 점변류가 아닌 등류 흐름(C2곡선)이다.

한계경사 수로(C곡선, $S_0 = S_c > 0$, $y_n < y_c$)

C1곡선 : $y_n = y_c < y$

　$y > y_n = y_c(S_0 > S_f)$이고, $Fr < 1$ $(y > y_c)$ ∴ $dy/dx > 0$

C3곡선 : $y_n = y_c > y$

　$y < y_n = y_c(S_0 < S_f)$이고, $Fr > 1$ $(y < y_c)$ ∴ $dy/dx > 0$

수평 수로(H곡선, $S_0 = 0$, $y_n = \infty$)

수평 수로에서는 $S_0 = 0$이기 때문에 이를 Manning 공식에 대입하여 등류수심 y_n을 구하면 $y_n = \infty$가 된다. 수평 수로에서 등류수심을 정의할 수 없기 때문에 영역 I에 해당하는 수면곡선은 없다. 수평 수로에서 가능한 수면곡선은 2종류로서 영역 II와 III이며 가능 수심은 각각 $y_n > y > y_c$와 $y_n > y_c > y$인 경우이다. 이에 대한 수면곡선의 형태를 결정하기 위해 식(5.11.9)를 변형하여 검토한다. 이때 $S_0 = 0$이고 Manning 공식에서 $S_f = (Q/K)^2$를 적용시킨다.

$$\frac{dy}{dx} = \frac{S_o - S_f}{1 - (\frac{Z_c}{Z})^2} = \frac{-(\frac{Q}{K})^2}{1 - (\frac{Z_c}{Z})^2} \tag{5.11.13}$$

H2곡선 : $y_n > y > y_c$

$y > y_c$이므로 분모는 (+)이고 Q/K는 (+)이므로 분자는 (−)이다. ∴ $dy/dx < 0$

H3곡선 : $y_n > y_c > y$

$y_c > y$이므로 분모는 (−)이고, Q/K는 (+)이므로 분자는 (−)이다. ∴ $dy/dx > 0$

역경사 수로(A곡선, $S_0 < 0$)

역경사 수로에서는 바닥경사가 $S_0 < 0$이므로 $K_n^2 = Q^2/S_0 < 0$이 되어 등류수심의 함수인 K_n이 허수를 갖게 되므로 등류수심을 정의할 수 없다. 이론적으로 영역 I에 존재하는 수면은 없고 영역 II와 III에 대한 수면곡선에 대해 검토한다. 식(5.11.9)에서 등류수심을 정의할 수 없기 때문에 $S_0 < 0$이므로 분자는 항상 (−)이다.

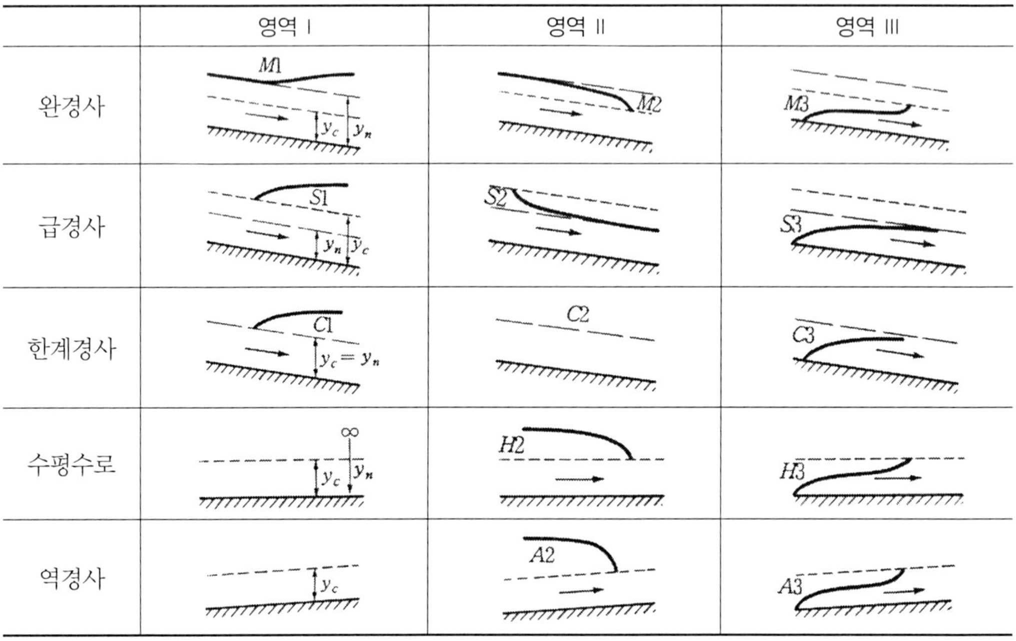

	영역 I	영역 II	영역 III
완경사			
급경사			
한계경사			
수평수로			
역경사			

[그림 5.11.3]

__A2곡선__ : $y_c < y$

$y > y_c$이므로 식(5.11.9)에서 분모는 (+)이다. $\therefore\ dy/dx < 0$

__A3곡선__ : $y_c > y$

$y < y_c$이므로 식(5.11.9)에서 분모는 (−)이다. $\therefore\ dy/dx > 0$

이상과 같이 점변류에 볼 수 있는 수면곡선의 형태를 분류하였다. 이로부터 공통적으로 나타나는 현상들은 다음과 같다.

(1) 수면곡선의 경계조건에서 수심을 등류수심에 접근시키면 기울기가 0에 가까워져 그 선에 접근한다.

(2) 수면곡선의 경계조건에서 수심을 한계수심에 접근시키면 기울기가 무한대가 됨으로써 상당한 각도를 갖고 만난다는 사실을 유추할 수 있다.

(3) 수면곡선은 常流에서 하류단의 흐름 통제를 받고, 射流에서 상류단의 흐름 통제를 받는다.

지금까지 분류된 수면곡선의 형태를 그림 5.11.3에 도시하였으며 몇 가지의 예를 그림 5.11.4에 예시하였다.

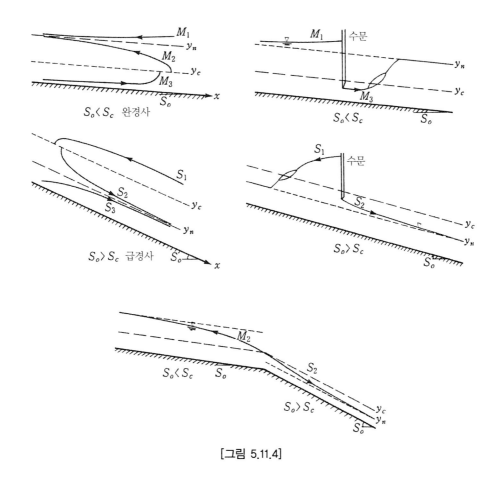

[그림 5.11.4]

5.11.4 수면곡선의 계산

점변류 수면곡선 계산은 점변류의 수심이 흐름 방향으로 어떻게 변화하는지를 파악하는 것이다. 이 계산은 실무에서 매우 중요한 것으로 하천계획이나 하천 내의 수공구조물 설계 시에 수면변화의 검토는 필수적이다. 또한 댐 계획을 위해 주어진 홍수량에 대해 댐 상류의 수면변화를 파악함으로써 수몰지의 파악과 홍수방어 계획의 수립에 필수적인 사항이다. 하천에서 점변류의 수면곡선 계산은 식(5.11.5)를 적분하면 흐름 방향에 대한 수심 변화를 파악할 수 있다. 계산은 지배단면의 기지의 값(수심)으로부터 시작한다. 흐름의 특성이 常流인 경우에는 上流방향으로 진행하고, 射流인 경우에는 下流방향으로 진행하면서 수행한다. 진행 방향에 대해 수면의 위치를 축차적으로 구해가면서 수면곡선을 결정한다. 수면곡선의 계산방법은, (1) 직접적분법, (2) 축차계산법, (3) 수치적분법, (4) 도식해법 등이 있으나 몇 가지 기본적인 방법을 소개한다.

(1) 직접적분법

점변류의 수면방정식을 직접 적분하여 수면곡선을 구할 수 있는 방법으로 Chow 방법과 Bresse 방법 등이 있다. Bresse 방법은 수로폭이 넓은 직사각형 수로에 적용되는 방법으로 함수표를 이용하여 쉽게 수면곡선을 결정하는 방법이다. 본 교재에서는 어떤 단면에서도 적용 가능하고, 많이 사용되는 Chow 방법을 소개하며, 비교적 간단한 수로폭이 넓은 직사각형 수로에 적용하는 과정을 설명한다.

수면곡선식을 변형시킨 식(5.11.9)의 통수능 K와 단면계수 Z를 수심으로 변환시켜 나타내면 다음과 같다.

$$\frac{dy}{dx} = S_0 \frac{1 - (\frac{y_n}{y})^N}{1 - (\frac{y_c}{y})^M} \tag{5.11.14}$$

여기서, 지수 M과 N은 수리지수이며 Manning 공식 또는 Chezy 공식에 따라 결정되는 지수이며 수로폭이 넓은 직사각형 수로일 때의 값이 식(5.11.10)과 (5.11.11)에 주어져 있다. 식(5.11.14)를 적분하기 위해 $y/y_n = u$라 하면 $dy = y_n\,du$이므로 이를 식(5.11.4)에 대입하여 dx에 관해 정리하면 다음과 같다.

$$dx = \frac{y_n}{S_0}[1 - \frac{1}{1 - u^N} + (\frac{y_c}{y_n})^M \ (\frac{u^{N-M}}{1 - u^N})]du \tag{5.11.15}$$

적분구간 내에 수심의 변화가 작고 수리지수가 일정하다는 가정하에서 식(5.11.15)를 적분해야 한다. 즉,

$$x = \frac{y_n}{S_0}[u - \int_0^u \frac{du}{1 - u^N} + (\frac{y_c}{y_n})^M \int_0^u \frac{u^{N-M}}{1 - u^N}du] + C \tag{5.11.16}$$

이다. 여기서 우변의 첫 번째 적분항을 $F(u, N)$이라고 하자. 즉,

$$F(u, N) = \int_0^u \frac{du}{1 - u^N} \tag{5.11.17}$$

이와 같은 특수함수식을 **변류함수**(varied flow function)라 부르고 이 함수값에 대해서는 부록에 제시하였다. 식(5.11.16)의 두 번째 적분항에서 $v = u^{N/J}$, $J = N/(N - M + 1)$라 놓고, 이 항을 식(5.11.17)의 특수함수식과 같은 형태로 변형시키면 다음과 같다.

$$\int_0^u \frac{u^{N-M}}{1 - u^N} du = \frac{J}{N} \int_0^v \frac{dv}{1 - v^J} = \frac{J}{N} F(v, J) \tag{5.11.18}$$

여기서,

$$F(v, J) = \int_0^v \frac{dv}{1 - v^J} \tag{5.11.19}$$

식(5.11.19)도 변류함수의 형태와 동일하다. 식(5.11.17)과 (5.11.18)을 (5.11.16)에 대입하면 다음과 같다.

$$x = \frac{y_n}{S_0} [u - F(u, N) + (\frac{y_c}{y_n})^M (\frac{J}{N}) F(v, J)] + C \tag{5.11.20}$$

이 식에 의해 수로의 2단면 사이의 수면길이를 다음 식에 의해 결정할 수 있다.

$$L = x_2 - x_1 = \frac{y_n}{S_0} [(u_2 - u_1) - \{F(u_2,\, 3.33) - F(u_1,\, 3.33)\}$$
$$+ \frac{3}{4} (\frac{y_c}{y_n})^3 \{F(v_2,\, 2.5) - F(v_1,\, 2.5)\}] \tag{5.11.21}$$

이 식을 이용하여 수면곡선을 결정하는 과정을 간단하게 요약하면 다음과 같다.

(1) 주어진 유량 Q와 바닥경사 S_0로부터 등류수심 y_n과 한계수심 y_c를 계산한다.

(2) 대상 구간의 양끝 단면으로부터 평균수심을 구한다. 이 평균수심에 의해 수리지수 M과 N을 결정한다. (단, 고려 대상 구간의 단면변화가 거의 일정해야 수리지수가 일정하다.)

(3) $J = N/(N-M+1)$에 의해 J를 계산한다.

(4) 구간의 두 단면에 대해 각각 $u = y/y_n$과 $v = u^{N/J}$ 값을 계산한다.

(5) 부록의 변류함수표로부터 $F(u, N)$과 $F(v, J)$값을 찾는다.

(6) 식(5.11.21)에 의해 단면 ①과 ② 사이의 떨어진 거리를 구한다.

예제 5.11 수로폭이 넓은 직사각형 수로($n = 0.03$)에서 물이 흐르다가 하류의 보를 만나 보의 직상류에서 수심이 상승하였다. 단위폭당 유량이 $2.0\,m^3/s/m$이고 수로경사가 1/500이다. 보의 직상류의 수심이 $2.0\,m$일 때 등류수심의 101%되는 수심은 보로부터 얼마나 떨어진 곳에서 발생되는가?

풀이 한계수심 $y_c = (q^2/g)^{1/3} = (2.0^2/9.8)^{1/3} = 0.74\,m$

수로폭이 넓은 직사각형 수로이므로 $R \simeq y$, $D \simeq y$이라 놓고 Manning 공식에 의해 등류수심 y_n을 구하면,

$$AR^{2/3} = Ty_n y_n^{2/3} = \frac{nQ}{S_0^{1/2}}, \quad y_n^{5/3} = \frac{nq}{S_0^{1/2}}, \quad \therefore \quad y_n = 1.19\,m$$

이다. 지배단면인 보에서 수심 $y > y_n > y_c$이므로 수면곡선은 M1 곡선이다. 이 흐름은 常流이므로 수면곡선의 계산은 보에서 上流 지점으로 수행한다. $y = 2.00\,m$부터 $y = 1.01y_n = 1.20\,m$까지 5개 구간($\Delta y = 0.16\,m$)으로 나누어 식(5.11.21)에 의해 계산한다. 이때,

$$\frac{y_n}{S_0} = 595$$

$$\frac{3}{4}\left(\frac{y_c}{y_n}\right)^3 = 0.180$$

이다. 이를 이용하여 계산된 결과는 다음 표와 같다.

y	u	v	$F(u, 3.33)$	$F(v, 2.50)$	L	$\sum L$
2.00	1.68	2.00	0.143	0.256		0
1.84	1.55	1.79	0.171	0.310	-88.2	88.2
1.68	1.41	1.58	0.232	0.390	-111.0	199.2
1.52	1.28	1.39	0.311	0.504	-112.0	311.2
1.36	1.14	1.19	0.479	0.741	-157.9	469.1
1.20	1.01	1.01	1.236	1.870	-406.8	875.9

$F(u, 3.33)$와 $F(v, 2.50)$의 값은 부록을 보고 찾거나 그 사이 값은 보간법으로 추정함.

보의 직상류에서 $y = 2.00\,m$와 등류수심의 101%인 $y = 1.20\,m$ 사이의 떨어진 거리에 대해 식(5.11.21)을 적용하여 직접 구하면,

$$L = 595.0[(1.01 - 1.68) - 1.236 - 0.143 = 0.180\{1.87 - 0.256\}] = -876.1\,m$$

여기서 (−)값은 수면곡선의 계산방향이 흐름의 방향과 반대임을 의미한다.

(2) 직접축차계산법

수면곡선을 구하고자하는 구간을 여러 개의 소구간으로 나누어 지배단면에서부터 축차적으로 계산해 나간다. 식(5.11.3)은 수로 바닥을 기준으로 총 에너지의 변화를 나타낸 것으로 비에너지를 사용하여 다시 나타내면 다음과 같다.

$$\frac{dH}{dx} = \frac{dz}{dx} + \frac{d}{dx}\left(y + \frac{V^2}{2g}\right) = \frac{dz}{dx} + \frac{dE}{dx} \qquad (5.11.22)$$

여기서 $\frac{dH}{dx} = -S_f$(에너지 경사 또는 마찰경사), $\frac{dz}{dx} = -S_0$(수로경사)를 대입하여 정리하면,

$$\Delta x = \frac{\Delta E}{S_0 - S_f} = \frac{E_2 - E_1}{S_0 - S_f} \qquad (5.11.23)$$

이다. 여기서 ΔE는 비에너지의 변화량이며 E_1과 E_2는 단면 1과 2의 비에너지이다. Δx는 단면 1과 2 사이의 거리이다. 이 식에서 단면 1과 2 사이의 대표 에너지 경사(S_f, 평균에너지

경사)를 사용하는 것이 바람직하다. 평균 에너지경사는 산술평균법, 기하평균법, 조화평균법, 유량과 통수능 평균법 등을 이용한다. 균일 수로에서 유량이 주어진 경우에 비에너지 항의 평균유속과 에너지 경사 항의 동수반경은 수심만의 함수이므로 지배단면에서 수심 y_1과 유량 Q를 알면 상류 또는 하류로 이동하면서 수심 y_2에 해당하는 거리 x_2를 구한다. 식(5.11.23)은 미분방정식을 테일러 전개에 의해 1차항만을 고려하여 차분화한 것이다. 2차항 이상을 무시한 것이기 때문에 차분 계산 간격은 충분히 작아야 한다.

예제 5.11.2 예제 5.11.1에 주어진 자료를 이용하여 직접축차방법에 의해 수면곡선을 계산하여라.

풀이 폭이 넓은 직사각형수로이므로 $R \simeq y$이다. 주어진 조건은 $S_0 = 1/500$, $n = 0.03$, $q = 2.0\, m^3/s/m$이고 계산된 값은 $y_n = 1.19\,m$, $y_c = 0.74\,m$이다. 유속은 $V = \dfrac{q}{y}$, 에너지 경사 $S_f = \dfrac{n^2 q^2}{y^{10/3}}$이다. 보의 직상류 수심 $y = 2.00\,m$에서 상류 수심 $y = 1.20\,m$까지 10구간으로 구분하여 식(5.11.23)으로 계산한 결과를 표에 수록하였다.

y	R	V	$\dfrac{V^2}{2g}$	E	ΔE	$S_f \times 10^{-4}$	$\overline{S_f} \times 10^{-4}$	$(S_0 - \overline{S_f})\,10^{-3}$	Δx	L
2.00	2.00	1.00	0.051	2.051		3.572				
1.92	1.92	1.04	0.055	1.975	0.076	4.092	3.832	1.617	47.0	47.0
1.84	1.84	1.09	0.061	1.901	0.074	4.716	4.404	1.560	47.4	94.4
1.76	1.76	1.14	0.066	1.826	0.075	5.469	5.093	1.491	50.3	144.7
1.68	1.68	1.19	0.072	1.752	0.074	6.389	5.929	1.407	52.5	197.2
1.60	1.60	1.25	0.080	1.680	0.072	7.515	6.952	1.305	55.2	252.4
1.52	1.52	1.32	0.089	1.609	0.071	8.916	8.216	1.178	60.3	312.7
1.44	1.44	1.39	0.099	1.539	0.070	10.686	9.801	1.020	68.6	381.3
1.36	1.36	1.47	0.110	1.470	0.069	12.917	11.802	0.819	84.2	465.5
1.28	1.28	1.56	0.124	1.404	0.066	15.810	14.364	0.564	117.0	582.5
1.20	1.20	1.67	0.142	1.342	0.062	19.605	17.708	0.229	270.0	852.5

(3) 표준축차계산법

이 방법은 수로에서 임의의 2단면에 에너지 식을 적용하여 시행착오법에 의해 수면곡선을 축차적으로 구한다. 또한 균일단면 수로와 임의의 단면을 갖는 자연하천에도 적용이 가능하다. 이 방법을 적용하기 위해서는 구간별 횡단과 종단 측량의 자료가 필요하다. 이 방법은 그림 5.11.5의 두 단면에 에너지방정식을 적용하여 축차적으로 수행된다.

$$Z_1 + \frac{V_1^2}{2g} = Z_2 + \frac{V_2^2}{2g} + h_f \qquad (5.11.24)$$

여기서, Z는 기준면에서부터 수면까지의 높이로서 수면표고이고 h_f는 임의의 두 단면 사이의 경계면에서 마찰손실수두이다. 에너지손실은 마찰손실 이외에도 존재하지만 손실의 대부분을 차지하는 마찰손실만 여기서 고려한다. 마찰손실수두를 에너지경사로 표현하면,

$$h_f = S_f \, \Delta x = \frac{1}{2}(S_{f1} + S_{f2}) \, \Delta x \qquad (5.11.25)$$

이다. 이 식을 식(5.11.24)에 대입하면 다음과 같다.

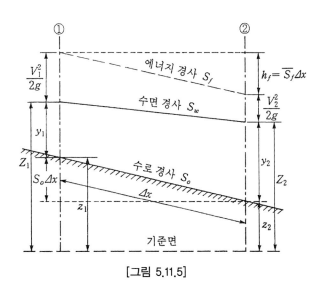

[그림 5.11.5]

$$Z_1 + \frac{V_1^2}{2g} = Z_2 + \frac{V_2^2}{2g} + \frac{1}{2}(S_{f1} + S_{f2}) \, \Delta x \qquad (5.11.26)$$

임의의 두 단면에서 단위무게의 물이 갖는 에너지인 총 수두 H로 나타내면,

$$H_1 = H_2 + S_f \Delta x \qquad (5.11.27)$$

이 식이 표준축차계산방법의 기본방정식이다. 수면곡선의 계산과정은 常流 흐름인 경우에 단면 2가 기준이고 이 지점의 수위를 알고 있기 때문에 우변의 H_2는 기지이고 Δx만큼 떨어진 단면에서의 수위(또는 수면표고)를 적절히 가정하여 H_1를 계산하고 마찰손실수두를 포함한 우변의 두 번째 항인 $S_f \Delta x$를 계산하여 식(5.11.27)이 성립하는지를 검토한다. 만일 허용오차 범위에 들면 가정한 수위가 구하려는 수위이고 그렇지 않은 경우에 수위를 재가정하여 허용오차 범위에 들어올 때까지 반복 계산한다. 이 과정은 흐름이 常流인 경우이고 흐름이 射流인 경우에는 기지 단면을 단면 1로 하고 상류에서 하류방향으로 진행시킨다.

[**부록 5.1**] 수로폭이 넓은 직사각형 수로의 변류함수$[F(x,y) = \int_0^x \frac{dx}{1-x^y}]$

	$S_o > 0$			$S_o < 0$	
x ＼ y	2.50	3.33	x ＼ y	2.50	3.33
0.00	0.000	0.000	0.00	0.000	0.000
0.02	0.020	0.020	0.02	0.020	0.020
0.04	0.040	0.040	0.04	0.040	0.040
0.06	0.060	0.060	0.06	0.060	0.060
0.08	0.080	0.080	0.08	0.080	0.080
0.10	0.100	0.100	0.10	0.100	0.100
0.12	0.120	0.120	0.12	0.120	0.120
0.14	0.140	0.140	0.14	0.140	0.140
0.16	0.160	0.160	0.16	0.160	0.160
0.18	0.181	0.180	0.18	0.180	0.180
0.20	0.201	0.200	0.20	0.199	0.200
0.22	0.221	0.220	0.22	0.219	0.220
0.24	0.242	0.240	0.24	0.238	0.240
0.26	0.262	0.261	0.26	0.257	0.260
0.28	0.283	0.281	0.28	0.276	0.279
0.30	0.304	0.301	0.30	0.295	0.298
0.32	0.325	0.322	0.32	0.314	0.318
0.34	0.347	0.342	0.34	0.333	0.338
0.36	0.368	0.363	0.36	0.352	0.357
0.38	0.390	0.383	0.38	0.370	0.376
0.40	0.412	0.404	0.40	0.388	0.395
0.42	0.435	0.425	0.42	0.406	0.413
0.44	0.458	0.447	0.44	0.425	0.433
0.46	0.480	0.469	0.46	0.442	0.452
0.48	0.504	0.490	0.48	0.460	0.470
0.50	0.528	0.513	0.50	0.477	0.488
0.52	0.553	0.535	0.52	0.492	0.506
0.54	0.578	0.558	0.54	0.510	0.524
0.56	0.604	0.580	0.56	0.525	0.542
0.58	0.630	0.605	0.58	0.542	0.560
0.60	0.658	0.629	0.60	0.558	0.577
0.61	0.672	0.642	0.61	0.566	0.585
0.62	0.686	0.656	0.62	0.575	0.593
0.63	0.699	0.666	0.63	0.582	0.602
0.64	0.715	0.680	0.64	0.589	0.619

[부록 5.1] 수로폭이 넓은 직사각형 수로의 변류함수$[F(x,y) = \int_0^x \dfrac{dx}{1-x^y}]$(계속)

	$S_o > 0$			$S_o < 0$	
x ⟍ y	2.50	3.33	x ⟍ y	2.50	3.33
0.65	0.729	0.692	0.65	0.595	0.617
0.66	0.746	0.705	0.66	0.603	0.624
0.67	0.761	0.719	0.67	0.610	0.633
0.68	0.777	0.733	0.68	0.618	0.641
0.69	0.743	0.746	0.69	0.625	0.659
0.70	0.800	0.760	0.70	0.633	0.657
0.71	0.828	0.776	0.71	0.640	0.664
0.72	0.845	0.791	0.72	0.647	0.672
0.73	0.863	0.806	0.73	0.654	0.680
0.74	0.882	0.822	0.74	0.661	0.687
0.75	0.901	0.838	0.75	0.668	0.694
0.76	0.921	0.855	0.76	0.675	0.702
0.77	0.941	0.872	0.77	0.681	0.708
0.78	0.963	0.889	0.78	0.687	0.715
0.79	0.984	0.907	0.79	0.693	0.722
0.80	1.008	0.926	0.80	0.699	0.732
0.81	1.032	0.946	0.81	0.705	0.736
0.82	1.056	0.966	0.82	0.712	0.743
0.83	1.083	0.987	0.83	0.717	0.749
0.84	1.110	1.010	0.84	0.724	0.755
0.85	1.140	1.033	0.85	0.730	0.767
0.86	1.170	1.058	0.86	0.736	0.768
0.87	1.203	1.084	0.87	0.742	0.774
0.88	1.238	1.112	0.88	0.748	0.780
0.89	1.277	1.143	0.89	0.753	0.786
0.90	1.318	1.176	0.90	0.759	0.797
0.91	1.364	1.211	0.91	0.765	0.798
0.92	1.414	1.251	0.92	0.771	0.804
0.93	1.470	1.295	0.93	0.777	0.810
0.94	1.535	1.345	0.94	0.782	0.816
0.950	1.612	1.404	0.950	0.788	0.821
0.960	1.700	1.475	0.960	0.793	0.826
0.970	1.822	1.566	0.970	0.798	0.830
0.975	1.897	1.623	0.975	0.800	0.832
0.980	1.988	1.693	0.980	0.803	0.834

[부록 5.1] 수로폭이 넓은 직사각형 수로의 변류함수$[F(x,y) = \int_0^x \dfrac{dx}{1-x^y}]$(계속)

$S_o > 0$			$S_o < 0$		
x \ y	2.50	3.33	x \ y	2.50	3.33
0.985	2.110	1.782	0.985	0.806	0.837
0.990	2.272	1.906	0.990	0.809	0.840
0.995	2.549	2.119	0.995	0.811	0.844
0.999	3.194	2.608	1.000	0.813	0.846
1.000	∞	∞	1.005	0.815	0.849
1.001	2.767	1.932	1.010	0.817	0.851
1.005	2.146	1.445	1.015	0.819	0.854
1.010	1.870	1.236	1.020	0.823	0.857
1.015	1.709	1.115	1.03	0.827	0.861
1.020	1.595	1.030	1.04	0.833	0.866
1.03	1.436	0.910	1.05	0.836	0.871
1.04	1.322	0.826	1.06	0.841	0.875
1.05	1.273	0.762	1.07	0.846	0.880
1.06	1.167	0.710	1.08	0.852	0.884
1.07	1.108	0.666	1.09	0.856	0.889
1.08	1.057	0.630	1.10	0.860	0.894
1.09	1.013	0.597	1.11	0.865	0.897
1.10	0.973	0.568	1.12	0.868	0.900
1.11	0.938	0.543	1.13	0.873	0.905
1.12	0.906	0.519	1.14	0.876	0.909
1.13	0.877	0.498	1.15	0.881	0.913
1.14	0.850	0.479	1.16	0.885	0.917
1.15	0.825	0.461	1.17	0.888	0.920
1.16	0.802	0.445	1.18	0.892	0.924
1.17	0.780	0.430	1.19	0.896	0.928
1.18	0.760	0.415	1.20	0.900	0.932
1.19	0.741	0.402	1.22	0.904	0.935
1.20	0.723	0.390	1.24	0.912	0.943
1.22	0.691	0.366	1.26	0.923	0.952
1.24	0.661	0.346	1.28	0.930	0.957
1.26	0.634	0.327	1.30	0.937	0.964
1.28	0.610	0.311	1.32	0.944	0.970
1.30	0.587	0.296	1.34	0.951	0.976
1.32	0.566	0.287	1.36	0.957	0.981
1.34	0.547	0.269	1.38	0.963	0.987

[부록 5.1] 수로폭이 넓은 직사각형 수로의 변류함수$[F(x,y) = \int_0^x \frac{dx}{1-x^y}]$(계속)

$S_o > 0$			$S_o < 0$		
x \ y	2.50	3.33	x \ y	2.50	3.33
1.36	0.529	0.257	1.40	0.969	0.991
1.38	0.512	0.246	1.42	0.975	0.997
1.40	0.496	0.236	1.44	0.982	1.002
1.42	0.482	0.227	1.46	0.986	1.006
1.44	0.468	0.217	1.48	0.992	1.010
1.46	0.455	0.209	1.50	0.998	1.014
1.48	0.443	0.201	1.55	1.010	1.023
1.50	0.431	0.194	1.60	1.022	1.033
1.55	0.404	0.171	1.65	1.034	1.041
1.60	0.380	0.163	1.70	1.045	1.049
1.65	0.359	0.150	1.75	1.055	1.056
1.70	0.340	0.139	1.80	1.064	1.062
1.75	0.323	0.129	1.85	1.073	1.067
1.80	0.307	0.120	1.90	1.082	1.075
1.85	0.293	0.112	1.95	1.090	1.080
1.90	0.279	0.105	2.00	1.098	1.083
1.95	0.267	0.099	2.10	1.112	1.091
2.00	0.256	0.093	2.20	1.125	1.098
2.10	0.237	0.082	2.3	1.138	1.106
2.20	0.218	0.074	2.4	1.147	1.112
2.3	0.204	0.066	2.5	1.156	1.117
2.4	0.181	0.060	2.6	1.165	1.121
2.5	0.178	0.054	2.7	1.173	1.124
2.6	0.167	0.050	2.8	1.181	1.126
2.7	0.157	0.045	2.9	1.187	1.130
2.8	0.148	0.042	3.0	1.193	1.133
2.9	0.141	0.038	3.5	1.221	1.144
3.0	0.134	0.035	4.0	1.237	1.149
3.5	0.105	0.025	4.5	1.252	1.153
4.0	0.086	0.018	5.0	1.264	1.156
4.5	0.072	0.014	6.0	1.272	1.160
5.0	0.062	0.011	7.0	1.282	1.162
6.0	0.047	0.007	8.0	1.290	1.163
7.0	0.037	0.005	9.0	1.294	1.165
8.0	0.031	0.004	10.0	1.299	1.165
9.0	0.026	0.003			
10.0	0.022	0.002			
20.0	0.008	0.000			

연습문제

5.1.1 다음과 같은 각 단면에 대한 면적, 수면폭, 윤변, 동수반경, 수리수심을 구하여라.

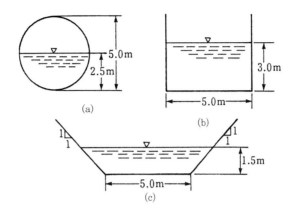

[해답] (a) 면적 $A = 9.817m^2$, 수면폭 $T = 5.0m$, 윤변 $P = 7.854m$,
동수반경 $R = 1.250m$, 수리수심 $D = 1.963m$

(b) 면적 $A = 15.00m^2$, 수면폭 $T = 5.0m$, 윤변 $P = 11.0m$,
동수반경 $R = 1.36m$, 수리수심 $D = 3.00m$

(c) 면적 $A = 9.750m^2$, 수면폭 $T = 8.0m$, 윤변 $P = 9.243m$,
동수반경 $R = 1.055m$, 수리수심 $D = 1.219m$

5.3.1 직사각형 콘크리트 수로의 폭이 $3m$이고, 높이가 $2m$이다. 수로의 수심 $1.5m$, 유량 $30m^3/s$로 흐르고 있다. 흐름의 단면적, 윤변, 동수반경을 구하고 이 흐름의 Re수를 구하여 층류인가 난류인가를 구분하여라. 물의 온도는 $20℃$로 가정하여라.

[해답] 단면적 $A = 4.5m^2$
윤변 $P = 6.0m$
동수반경 $R = 0.75m$
$Re = 2.007 \times 10^7$
난류

5.5.1 사다리꼴 콘크리트 수로의 저폭이 $4m$이고 측벽경사가 1:1이다. 수로의 경사가 1%이고 이 수로에서 물이 $1m$의 수심으로 흐를 때 Manning 공식을 사용하여 이 수로에서 흐를 수 있는 유량을 구하여라. 그리고 이 수로를 폭이 $4m$인 직사각형으로 변경하면 유량은 얼마인가?

> **[해답]** $A = 5.00m^2$, $P = 6.83m$, $R = 0.73m$, $V = 6.25m/s$, $Q = 31.2m^3/s$,
> $A = 4m^2$, $P = 6m$, $R = 0.67m$, $V = 5.87m/s$, $Q = 23.5m^3/s$

5.8.1 삼각형 수로에서 정점의 각이 90°일 때 수리상 유리한 단면임을 증명하여라. 이때 수로경사가 0.007이고 유량이 $1.5\,m^3/s$로 흐르도록 삼각형 개수로($n = 0.011$)를 설계하고자 한다. 이 수로에 대한 가장 효율적인 단면을 결정하여라.

> **[해답]** 증명 생략
> 90°인 삼각형의 한 변 $a = 0.998m$,
> 수심 $y = 0.705m$

5.10.1 삼각형 수로에서 측벽의 경사가 $2H : 1V$이고 수로의 경사가 0.5%일 때 유량이 $3.00\,m^3/s$이다. 이 흐름에 대한 한계수심을 구하여라. 실제 수심이 $1.2m$일 때 이 흐름의 특성을 판별하여라.

> **[해답]** 한계수심 $y = 0.86m$, 常流

5.10.2 사다리꼴 수로($n = 0.016$)의 저폭이 $8m$이고 양측벽의 경사가 $1H : 1.5V$이다. 이 수로에 $30\,m^3/s$의 물이 항상 흐르고 상류(常流) 상태가 되기 위해서 하상경사를 얼마로 하면 적절한가?

> **[해답]** $S = 0.0028 = 1/357$

5.10.3 정상류인 흐름의 유량이 $10\,m^3/s$이고 수심이 $0.65\,m$인 폭 $3\,m$의 직사각형 수로에서 도수가 발생하였다. 도수 후의 수심, 도수로 인한 에너지 손실, 손실동력, 도수길이, 도수 후의 비에너지를 구하여라.

[해답] 도수 후 수심 $y_2 = 1.569m$,

도수로 인한 에너지 손실 $\Delta E = 0.190m$,

손실동력 $P = 18.62kW$,

도수길이 $L = 5.514m$,

도수 후의 비에너지 $E_2 = 1.802m$

5.11.1 수로폭이 $60m$인 직사각형 콘크리트 수로($n = 0.02$)에 수심 $3m$인 등류가 흐르고 있다. 수로경사는 $1/500$이며 이 수로의 하류에 보가 설치되어 수심이 보에서 $3m$ 더 상승하였다. 보에서부터 등류수심의 101%가 되는 지점까지의 수면곡선을 직접적분법에 의해 구하여라. 단, 수리지수의 결정은 Manning 공식을 이용하여라.

[해답] 하류에서 상류방향으로, 즉 보에서 상류방향으로 약 $1798m$ 지점의 수심이 약 $3.03m$(등류수심의 101%)가 된다.

5.11.2 폭이 넓은 직사각형 수로에 대해 식(5.11.9)를 Manning 공식과 Chezy 공식을 이용하여 식(5.11.10)과 (5.11.11)을 유도하여라.

[해답] 생략

| 객관식 문제 |

5.1 완경사 수로에서 배수곡선(M1)이 발생할 경우에 각 수심 간의 관계로 옳은 것은? (단, 흐름은 완경사의 상류흐름 조건이고, y는 측정수심, y_n은 등류수심, y_c는 한계수심이다.)

가. $y > y_n > y_c$　　나. $y < y_n < y_c$　　다. $y < y_c < y_n$　　라. $y_n > y > y_c$

[정답 : 가]

5.2 폭 $5m$인 직사각형 수로에서 유량 $8m^3/s$가 $80cm$의 수심으로 흐를 때 프루드 수는?

가. 0.26 나. 0.71 다. 1.42 라. 2.11

[정답 : 나]

5.3 개수로에서 도수가 발생할 때 도수 전의 수심이 $0.5m$, 유속이 $7m/s$이면 도수 후의 수심은?

가. $2.5m$ 나. $2.0m$ 다. $1.8m$ 라. $1.5m$

[정답 : 나]

5.4 후루드 수(Froude number)가 1보다 큰 흐름의 상태는?

가. 상류(常流)   나. 사류(射流)   다. 층류(層流)   라. 난류(亂流)

[정답 : 나]

5.5 수로의 흐름에서 비에너지의 정의로 옳은 것은?

가. 단위중량의 물이 가지고 있는 에너지

나. 수로의 한 단면에서 물이 가지고 있는 에너지를 단면적으로 나눈 값

다. 수로의 두 단면에서 물이 가지고 있는 에너지를 수심으로 나눈 값

라. 압력에너지와 속도에너지 비

[정답 : 가]

5.6 최소비에너지가 $1m$인 직사각형 수로에서 단위폭당 최대유량은?

가. $2.89m^3/s$ 나. $2.37m^3/s$ 다. $1.70m^3/s$ 라. $1.28m^3/s$

[정답 : 다]

5.7 유량 $45m^3/s$이 흐르는 직사각형 수로에서 수면경사가 0.001인 조건에서 가장 유리한 단면이 되기 위한 수로 폭의 크기는? 단, Manning의 조도계수 $n=0.035$이다.

가. $8.66m$ 나. $8.28m$ 다. $7.94m$ 라. $7.48m$

[정답 : 다]

5.8 개수로의 지배단면(control section)에 대한 설명으로 옳은 것은?

　가. 개수로 내에서 유속이 가장 크게 되는 단면이다.

　나. 개수로 내에서 압력이 가장 크게 작용하는 단면이다.

　다. 개수로 내에서 수로경사가 항상 같은 단면을 말한다.

　라. 한계수심이 생기는 단면으로서 상류에서 사류로 변하는 단면을 말한다.

[정답 : 라]

5.9 직사각형 개수로에서 단위폭당 유량이 $5m^3/s$, 수심이 $5m$일 때 Froude 수 및 흐름의 종류는?

　가. Fr=0.143, 사류　　　　　　　나. Fr=1.430, 사류

　다. Fr=0.143, 상류　　　　　　　라. Fr=.1430, 상류

[정답 : 다]

5.10 개수로 점변류를 설명하는 $\dfrac{dy}{dx}$에 대한 설명으로 틀린 것은? 단, y는 수심, x는 수평좌표를 나타낸다.

　가. $\dfrac{dy}{dx}=0$이면 등류이다.

　나. $\dfrac{dy}{dx}>0$이면 수심은 증가한다.

　다. 경사가 수평인 수로에서 항상 $\dfrac{dy}{dx}=0$이다.

　라. 흐름 방향 x에 대한 수심 y의 변화를 나타낸다.

[정답 : 다]

5.11 단파(hydraulic bore)에 대한 설명으로 옳은 것은?

　가. 수문을 급히 개방할 경우 하류로 전파되는 흐름

　나. 유속이 파의 전파속도보다 작은 흐름

　다. 댐을 건설하여 상류 측 수로에 생기는 수면파

　라. 계단식 여수로에 형성되는 흐름의 형상

[정답 : 가]

5.12 비에너지와 한계수심에 관한 설명으로 옳지 않은 것은?

가. 비에너지가 일정할 때 한계수심으로 흐르면 유량이 최소가 된다.

나. 유량이 일정할 때 비에너지가 최소가 되는 수심이 한계수심이다.

다. 비에너지는 수로 바닥을 기준으로 하는 흐름의 전 에너지이다.

라. 유량이 일정할 때 직사각형 단면 수로의 한계수심은 최소 비에너지의 $\frac{2}{3}$이다.

[정답 : 가]

5.13 수심 h, 단면적 A, 유량 Q로 흐르고 있는 개수로에서 에너지 보정계수를 α라고 할 때 비에너지 H_e를 구하는 식은? (단, g는 중력가속도)

가. $H_e = h + \alpha \left(\dfrac{Q}{A}\right)$

나. $H_e = h + \alpha \left(\dfrac{Q}{A}\right)^2$

다. $H_e = h + \alpha \left(\dfrac{Q^2}{2g}\right)$

라. $H_e = h + \dfrac{\alpha}{2g} \left(\dfrac{Q}{A}\right)^2$

[정답 : 라]

5.14 도수 전후의 수심이 각각 $1m$, $3m$일 때 에너지손실은?

가. $\dfrac{1}{3}m$ 나. $\dfrac{1}{2}m$ 다. $\dfrac{2}{3}m$ 라. $\dfrac{4}{5}m$

[정답 : 다]

5.15 수심에 비해 수로 폭이 매우 큰 사각형 수로에 유량 Q가 흐르고 있다. 동수경사를 I, 평균유속계수를 C라고 할 때 Chezy 공식에 의한 수심은? (단, h: 수심, B: 수로 폭)

가. $h = \dfrac{3}{2} \left(\dfrac{Q}{C^2 B^2 I}\right)^{1/3}$

나. $h = \left(\dfrac{Q^2}{C^2 B^2 I}\right)^{1/3}$

다. $h = \left(\dfrac{Q}{C^2 B^2 I}\right)^{2/3}$

라. $h = \left(\dfrac{Q^2}{C^2 B^2 I}\right)^{7/10}$

[정답 : 나]

5.16 비력(specific force)에 대한 설명으로 옳은 것은?

가. 물의 충격에 의해 생기는 힘의 크기

나. 비에너지가 최대가 되는 수심에서의 에너지

다. 한계수심으로 흐를 때 한 단면에서의 총에너지 크기

라. 개수로의 어떤 단면에서 단위중량당 동수압과 정수압의 합계

[정답 : 라]

5.17 한계수심에 대한 설명으로 틀린 것은?

가. 한계유속으로 흐르고 있는 수로에서 수심

나. 흐루드 수(Froude number)가 1인 흐름에서의 수심

다. 일정한 유량을 흐르게 할 때 비에너지를 최대로 하는 수심

라. 일정한 비에너지 아래에서 최대유량을 흐르게 할 수 있는 수심

[정답 : 다]

5.18 개수로 내의 흐름에 대한 설명으로 옳은 것은?

가. 동수경사선은 에너지선과 언제나 평행하다.

나. 에너지선은 자유표면과 일치한다.

다. 에너지선과 동수경사선은 일치한다.

라. 동수경사선은 자유표면과 일치한다.

[정답 : 라]

제6장

유체 흐름의 측정

유체 흐름의 측정

유체 흐름의 측정은 여러 가지 수리구조물, 수리 시스템의 해석과 설계에 중요한 자료를 제공해주며 이들의 운영관리를 위한 기초적인 자료를 제공해준다. 여러 가지 기계장치가 유체 흐름을 측정하기 위해 사용되는데, 측정 원리는 유체역학이나 수리학의 기본법칙을 토대로 이루어진다. 수리학 분야에서 계측되는 분야는 유체의 성질, 유속, 압력, 유량 등이다. 유속측정 장치로는 피토관, 유속계, 열선유속계 등이 있으며 모형실험에서 사진 촬영 방법을 이용하기도 한다. 유량측정은 오리피스, 관, 노즐, 벤츄리미터, 플륨, 엘보우미터, 웨어와 이 기계장치가 개량된 제품과 새로 고안된 여러 장치가 있다.

6.1 유체의 성질 측정

수리학에서 취급하는 유체는 주로 물이지만 물을 포함한 유체의 중요한 성질로는 밀도(또는 비중), 점성 등이 있다. 이 성질들에 대해 측정하는 방법을 소개한다.

6.1.1 유체의 밀도

유체의 밀도는 직접 측정이 되는 것이 아니라 유체의 단위중량이나 비중을 측정하여 간접적으로 결정된다. 유체의 비중은 비중계에 의해 측정이 가능하며 아르키메데스 원리를 응용한 것이다. 유리관에 눈금을 새기고 이 속에 모래나 납 등을 약간 넣으면 간단한 비중계가 된다. 그림 6.1.1과 같이 비중계를 물속에 넣고 잠긴 길이를 표시해둔 다음, 다른 유체에 넣고 잠긴 길이를 표시해둔다. 이 결과를 아르키메데스의 원리를 적용하여 비중을 구할 수 있다. 즉,

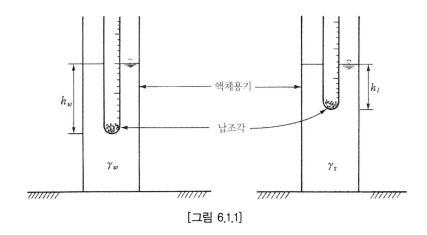

[그림 6.1.1]

$$\gamma_w(Ah_w) = (S\gamma_w)(Ah_l) \tag{6.1.1}$$

이며, 여기서 γ_w는 물의 단위중량, h_w는 물속에서 잠긴 길이, h_l은 유체 속에서 잠긴 길이, A는 비중계의 단면적이다. 이 식으로부터 비중 S에 대해 정리하면 다음과 같다.

$$S = \frac{h_w}{h_l} \tag{6.1.2}$$

비중계의 내용물을 조절하여 4℃ 물에 넣어서 잠긴 길이를 $h_w = 1$로 만들면 측정 유체의 잠긴 길이의 역수가 비중이다.

이와 같이 비중을 측정하여 밀도를 알 수 있다. 즉,

$$\rho = \frac{S\gamma_w}{g} \tag{6.1.3}$$

여기서 g는 중력가속도이고 γ_w는 물의 단위중량이다.

6.1.2 유체의 점성

유체의 점성계수를 측정하는 기구를 점성계(viscometer)라고 하며 점성계의 원리는 뉴턴의 점성법칙, Hagen−Poiseuille 법칙, Stokes 법칙 등을 적용하여 개발한 장치이다. 이 계기를 이용하기 위해서 층류 흐름이 유지되어야 하며 온도도 일정하게 유지되도록 해야 한다.

뉴턴의 점성법칙을 1장에서 다음과 같이 나타냈다.

$$\tau = \mu \frac{du}{dy} \tag{6.1.4}$$

이 식에서 전단응력 τ와 속도경사 $\frac{du}{dy}$를 측정하면 점성계수 μ를 결정할 수 있다. 이 원리를 이용하여 점성계수를 측정할 수 있는 MacMichael 형과 Stormer 형의 회전식 점성계가 있다 (그림 6.1.2 참조). 점성계의 원리는 그림 6.1.3(a)에서와 같이 2개의 원통 사이에 측정할 유체를 넣고 외부원통이 일정한 속도 Nrpm으로 회전시켜 내부원통에 전달되는 전단력을 측정하여 결정한다. 즉, 반경이 r_2인 외부 원통표면에서 유체속도는 $2\pi r_2 N / 60$이므로 속도경사는 다음과 같다.

$$du/dy = 2\pi r_2 N/60b \tag{6.1.5}$$

여기서 b는 외부원통과 내부원통 사이의 간격이다. 내부원통에 전달되는 토크 T는 그림 6.1.2에서 스프링에 연결된 철사의 회전 정도로 측정되고 내부원통 저면에 있는 유체에 의한 토크를 무시하면 다음과 같다.

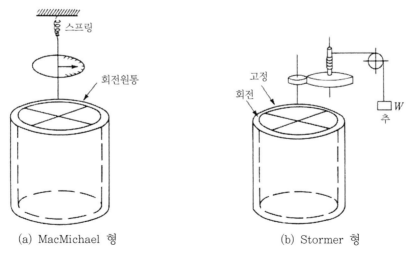

(a) MacMichael 형   (b) Stormer 형

[그림 6.1.2]

$$T_d = \tau \, 2\pi r_1^2 h \tag{6.1.6}$$

식(6.1.5)와 식(6.1.6)을 전단응력 τ에 관해 정리하여 식(6.1.4)에 대입하면 점성계수 μ를 결정할 수 있다.

$$\mu = \frac{15\,T_d b}{\pi^2 r_1^2 r_2 h N} \tag{6.1.7}$$

만일 내부원통과 외부원통 저면의 토크를 무시하지 못할 정도로 큰 경우에는 고려되어야 한다. 그림 6.1.3(b)에서 미소면적 $\delta A = r dr\, d\theta$에 대해 토크를 구하면 다음과 같다.

$$\delta T = (r)(\tau \delta A) = r\mu \frac{\omega r}{a} r dr\, d\theta \tag{6.1.9}$$

여기서 ω는 각속도이므로 wr은 속도이다. 뉴턴의 점성법칙으로부터 $\tau = \mu \dfrac{du}{dy} = \mu \dfrac{\omega r}{a}$이다. 이때 $\omega = 2\pi N/60$이며 바닥의 원판에 대한 토크를 구하려면 식(6.1.9)를 적분하면 가능하다.

$$T_b = \frac{\mu}{a}\frac{\pi}{30} N \int_0^{r_1} \int_0^{2\pi} r^3 dr\, d\theta = \frac{\mu \pi^2}{60a} N r_1^4 \tag{6.1.10}$$

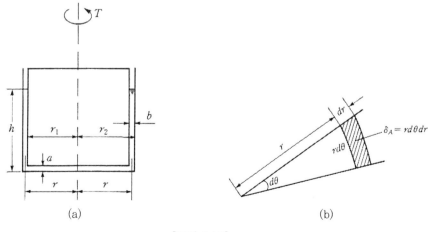

(a)   (b)

[그림 6.1.3]

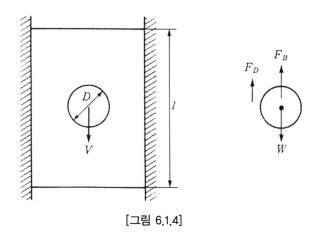

[그림 6.1.4]

식(6.1.7)에서 T_d는 원통 측면에서의 토크이고 식(6.1.10)은 원통 저면에서의 토크 T_b이므로 원통이 회전하면서 발생하는 총토크는 이들 양을 합해서 구하면 된다.

$$T = T_d + T_b = \frac{\mu\pi^2 r_1^2 r_2 hN}{15b} + \frac{\mu\pi^2 Nr_1^4}{60a} \tag{6.1.11}$$

여기서 r_1, r_2는 그림 6.1.3에서 원통의 제원이며 h는 2개의 원통 사이에 들어 있는 유체의 높이이고 a는 2개 원통 사이 거리이다. 그러므로 식(6.1.11)에 의해 점성계수를 구할 수 있다.

Hagen-Poiseulle 법칙을 이용하면 손실수두를 측정하여 점성계수를 결정할 수 있다. 4장에서 유도한 Hagen-Poiseulle 법칙은 다음과 같다.

$$Q = \frac{\pi D^4 \gamma h_f}{128\mu l} = \frac{\pi D^4 \Delta P}{128\mu l} \tag{6.1.12}$$

이 식에서 보는 바와 같이 단위중량 γ, 직경 D, 유량 Q, 관길이 l, 손실수두 h_f(또는 압력강하량 ΔP)가 주어지면 점성계수 μ를 구할 수 있다. 이 방법을 사용하기 위해서는 관 내의 흐름이 충분히 발달된 이후에 손실수두 또는 압력을 측정해야 하고 1장에서 제시된 바와 같이 점성계수는 온도에 따라서 값이 변하기 때문에 일정한 온도가 유지되도록 해야 한다.

Stokes 법칙을 이용한 점성계수 측정방법은 물체를 유체 속으로 낙하시켜 침강속도를 측정하여 결정할 수 있다. 그림 6.1.4에서와 같이 측정하려는 유체를 용기 속에 채우고 球를 낙하시켜 일정한 거리를 낙하하는 데 걸리는 침강속도를 측정하여 점성계수를 결정한다. 가능한 유체와 침강시키려는 球의 밀도 차를 작게 해야 침강속도 측정이 용이하다. 그림 6.1.4에서 유체속을 낙하하는 球 주위의 흐름 조건이 층류상태이고 그 흐름이 무한대 흐름이라고 가정하면 침강속도 V로 운동하는 직경이 D인 球의 항력 F_D는 힘의 평형 조건에 의해 구할 수 있다. 球에 작용하는 힘은 球의 무게 W, 부력 F_B, 항력 F_D이다. 이들 힘에 평형조건식을 적용시키면 다음과 같다.

$$W = F_B + F_D \tag{6.1.3}$$

일반적으로 항력을 나타내는 식은 다음과 같다.

$$F_D = C_D \rho A \frac{V^2}{2} \tag{6.1.4a}$$

여기서 C_D는 항력계수, ρ는 유체밀도, A는 낙하방향의 입자 투영면적, V는 침강속도이다. 레이놀즈 수가 1.0보다 작으면 항력계수는 오직 레이놀즈 수에 관계가 있으며 이때 $C_D = 24/Re$ 이다. 이를 Stokes 법칙이라 한다. 이 관계를 식(6.1.4a)에 대입하여 정리하면,

$$F_D = 3\pi\mu VD \tag{6.1.4b}$$

이다. 球의 무게와 부력을 구의 직경과 단위중량으로 표현하고 식(6.1.4b)의 항력을 식(6.1.3)에 대입하면 다음과 같다.

$$\frac{\pi D^3 \gamma_s}{6} = \frac{\pi D^3 \gamma}{6} + 3\pi\mu VD \tag{6.1.5}$$

여기서 γ_s와 γ는 각각 球와 측정유체의 단위중량이다. 식(6.1.5)에서 유체의 점성계수에 관해 정리하면 다음과 같다.

$$\mu = \frac{(\gamma_s - \gamma)D^2}{18\,V} \tag{6.1.6}$$

이 식은 무한대 유체 속에서 구를 낙하시킬 때 성립되기 때문에 일반적으로 보정해 사용된다.

6.2 유속측정

관수로와 개수로로 구분하여 유속측정방법을 소개한다. 흔히 도구를 이용하여 유속을 측정하는 것은 점유속(point velocity)을 의미한다. 그림 6.2.1과 같이 개수로 흐름에서 유속측정은 간단한 피토관에 의해 정압력과 정체압력을 측정하여 유속을 구할 수 있다. 즉, 그림 6.2.1에서 점1과 2에 베르누이 방정식을 적용하면 다음과 같다.

$$\frac{v_1^2}{2g} + \frac{p_1}{\gamma} = \frac{p_2}{\gamma} = h + \Delta h \tag{6.2.1}$$

유속 v_1에 관해 정리하면 다음과 같다.

$$v_1 = \sqrt{2g\frac{p_2 - p_1}{\gamma}} \tag{6.2.2}$$

그림 6.2.1에서 $p_1/\gamma = h$이므로 이를 식(6.2.1)에 대입하여 정리하면 다음과 같다.

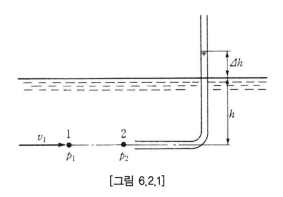

[그림 6.2.1]

$$v_1 = \sqrt{2g\,\Delta h}\qquad\qquad(6.2.3)$$

관수로에서의 유속분포가 앞에서 소개된 바와 같이 유속은 관벽에서 영(zero)이고 관 중심에서 최대가 된다. 이와 같이 임의 지점에서 측정된 유속은 점유속으로서 피토관을 이용하여 측정된다. 피토관에 의한 유속측정은 관 내의 압력 차를 측정하여 결정된다. 관수로에서 유속측정을 위해 사용되는 피토관은 2개의 가느다란 관(그림 6.2.2)으로 구성되어 있다. 한 개의 관은 흐름 방향에 직각이고 다른 한 개의 관은 흐름 방향에 평행하게 놓고 이들 관을 동심축을 따라서 일체형으로 제작한 것을 **피토 정압관**이라고 한다. 흐름에 평행하게 놓인 관의 끝단 0지점에서 점유속이 0이 되며 압력은 정체압력이 되고 동압력을 받는다. 관벽에 연결된 가느다란 관의 끝단 1에서의 유속은 정압력을 받는다. 즉, 점 0과 1사이에 베르누이 방정식을 적용하면 다음과 같다.

$$\frac{p_0}{\gamma}+0 = \frac{p_1}{\gamma}+\frac{v_1^2}{2g}\qquad\qquad(6.2.4)$$

이 식을 유속 v_1에 관해 정리하면 다음과 같다.

$$v_1 = \sqrt{2g\frac{p_0-p_1}{\gamma}} = \sqrt{2g\,\Delta h}\qquad\qquad(6.2.5)$$

여기서 Δh는 동압수두와 정압수두의 차이며 이 수두의 차를 결정하기 위해 사용된 액주계

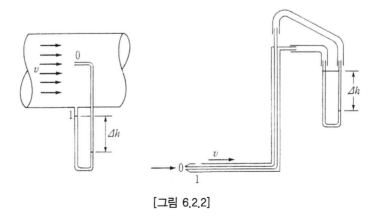

[그림 6.2.2]

| (a) 프로펠라형 | (b) 컵형 |

[그림 6.2.3]

내에 비중이 다른 유체가 사용되었을 경우에 비중 S를 이용하여 다시 나타내면,

$$v_1 = \sqrt{2g\,\Delta h\,(S-1)} \tag{6.2.6}$$

이다. 피토관은 단순하지만 비교적 양호한 유속을 측정할 수 있는 것으로 알려져 있다.

하천에서 유속측정은 **유속계**(current meter)를 사용하는데, 프로펠러형, 컵형, 센서형(감지식) 등이 있다. 그림 6.2.3과 같이 프로펠러형과 컵형은 유속의 크기에 따라 회전속도를 인지하여 다음과 같은 유속식에 대입하여 계산하거나 유속을 표시창에서 읽을 수 있도록 디지털식으로 되어 있는 경우도 있다.

$$v = a + bN \tag{6.2.7}$$

여기서 v는 점유속(m/s)이고 N은 회전자의 회전수(rev/s), a와 b는 계기상수이다. 유속계는 제품마다 계수가 다르고 일반적으로 매년 검정을 받아서 계수 값을 새로 결정하여 사용해야 한다. 또한 실험실에서 정밀한 유속을 측정하기 위해 전기적인 방법으로 제작된 열선유속계 등이 있다.

6.3 압력측정

압력측정은 주로 액주계가 사용되며 2장에서 액주계를 이용하여 압력을 측정하는 방법과 액주계의 종류에 대해 공부하였다. 일반적으로 액체의 경계면에 구멍을 뚫어 액주계에 연결하여 액주계의 높이를 측정하여 압력을 결정한다. 정지상태에 있는 액체에서 액주계에 의한 압력측정은 비교적 간단하며 그 압력은 정수압이다. 그러나 흐름 상태에 있는 액체에 대한 압력측정은 액주계의 설치방법에 따라 오차가 발생된다. 경계면에 뚫린 구멍은 면에 직각이고 돌기가 없어야 정확한 압력측정이 가능하다. 그림 6.3.1에 구멍을 올바르게 뚫은 경우(a)와 그렇지 않게 구멍을 뚫어 실제 압력과의 오차(b)를 보여주고 있다. (+)는 실제 압력보다 큰 경우이고 (−)는 실제 압력 보다 작은 경우이다.

6.4 유량측정

유량은 단위시간당 흐르는 물의 부피를 의미한다. 유량측정을 관수로의 유량측정과 개수로의 유량측정으로 구분하여 설명한다.

6.4.1 관수로의 유량측정

관수로의 유량측정은 관로 내의 유속에 그 단면적을 곱하여 구하는 방법, 임의 시간 동안에 흘러간 유체를 통에 받아서 그 체적을 시간으로 나누거나(체적측정법) 그 무게를 유체의 단위중량과 그 시간으로 나누어 측정하는 방법(중량측정법), 상수도의 유량계처럼 유량이 디지털 또는 아날로그 형태의 숫자로 표시되는 방법 등이 있다. 관수로의 유량측정은 베르누이 방정식

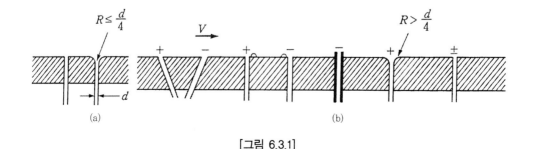

[그림 6.3.1]

을 적용한 것으로 벤츄리 미터, 노즐, 관 오리피스, 엘보우 미터 등이 있다.

(1) 벤츄리 미터

벤츄리 미터는 그림 6.4.1과 같이 관로의 중간에 단면 축소부를 두어 유입부, 수축부, 확대부로 구분되며 축소 전후의 단면사이의 손실수두를 측정하여 유량을 계산하는 데 사용된다. 단면 1에서 단면적, 평균유속, 정수압을 각각 A_1, V_1, p_1, 단면 2에서 단면적, 평균유속, 정수압을 각각 A_2, V_2, p_2라 하고 단면 1과 2 사이에 손실수두를 무시하고 단면 1과 2 사이에 베르누이 방정식과 연속방정식을 적용하여 유량 Q에 관해 정리하면 다음과 같다.

$$Q = A_2 V_2 = \frac{A_2}{\sqrt{1-(\frac{A_2}{A_1})^2}} \sqrt{2g\frac{(p_1-p_2)}{\gamma}}$$

$$= \frac{A_2}{\sqrt{1-(\frac{A_2}{A_1})^2}} \sqrt{2g\,\Delta h(S-1)} \tag{6.4.1}$$

그림 6.4.1에서 단면 1과 2지점에 피조미터을 설치하고 여기에 시차액주계를 연결하여 수두차 Δh를 읽어서 유량을 계산한다. 또한 시차액주계에 비중이 S인 다른 액체의 수두 차를 읽어서 유량을 계산하기도 한다. 그리고 식(6.4.1)은 이론식으로서 마찰이나 형상을 고려하지 않았기 때문에 실제유량은 이론유량에 유속계수 C_v를 곱하여 결정된다. 유속계수 C_v는 실험

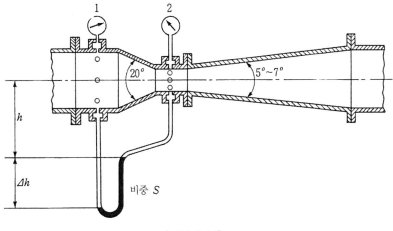

[그림 6.4.1]

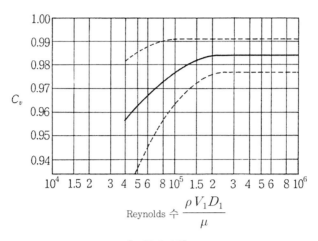

[그림 6.4.2]

적으로 결정되며 레이놀즈 수와 벤츄리미터의 크기에 따라 결정된다고 알려져 있다. 그림 6.4.2 는 레이놀즈 수와 유속계수와의 관계를 나타낸 것으로 관과 목부분의 직경비 D_2/D_1이 $0.25 \sim 0.75$ 범위에서 적용되고 점선은 허용범위를 나타낸다.

예제 6.4.1 그림 6.4.1에서 직경이 $300mm$인 관에 목의 직경이 $150mm$인 벤츄리 미터가 설치되어 있다. 유속계수 $C_v = 0.982$이고 유량이 $0.152 m^3/s$일 때 액주계에서 수은주$(S = 13.6)$의 높이 Δh를 구하여라.

풀이 $Q = \dfrac{C_v A_2}{\sqrt{1 - (\dfrac{A_2}{A_1})^2}} \sqrt{2g \Delta h (S-1)}$ 에서

$A_1 = \dfrac{\pi (0.300^2)}{4} = 0.07069 m^2,$

$A_2 = \dfrac{\pi (0.150^2)}{4} = 0.01767 m^2$

$0.152 = \dfrac{0.982(0.01767)}{\sqrt{1 - (\dfrac{0.01767}{0.07069})^2}} \sqrt{2(9.8) \Delta h (13.6 - 1)}$

$\Delta h = 0.291 m = 291 mm$

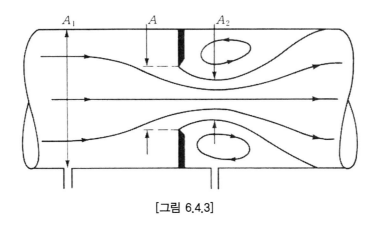

[그림 6.4.3]

(2) 관오리피스

관오리피스는 그림 6.4.3과 같이 관로에 원형의 구멍이 뚫려 있는 얇은 원형 금속판으로 되어 있다. 관오리피스를 통해서 흘러가는 흐름을 관찰하면 관오리피스 위치에서 단면이 최소가 되는 것이 아니라 그림에서처럼 약간 하류부에서 흐름 단면이 최소가 되며 이 단면을 **수축단면**(vena contracta)이라고 한다.

수축부에서 단면적을 A_2라고 하면 오리피스의 단면적 A와의 관계는 단면수축계수 C_c를 사용하여 다음과 같이 나타낸다.

$$A_2 = C_c A \tag{6.4.2}$$

벤츄리 미터에서와 같이 오리피스에서도 단면 1과 2에 베르누이 방정식을 적용하고 단면적 A_2 대신에 식(6.4.2)를 적용하여 유량을 결정할 수 있다.

$$
\begin{aligned}
Q &= \frac{C_v C_c A}{\sqrt{1 - C_c^2 (\frac{A}{A_1})^2}} \sqrt{2g \, \Delta h (S-1)} \\
&= CA \sqrt{2g \, \Delta h (S-1)}
\end{aligned}
\tag{6.4.3}
$$

여기서 C를 오리피스 계수라고 하며 벤츄리 미터와 같이 흐름의 레이놀즈 수와 관 오리피스의 직경비에 따라 달라진다.

$$C = \frac{C_v\, C_c}{\sqrt{1 - C_c^2\, (A/A_1)^2}} \qquad\qquad (6.4.4)$$

(3) 노즐(nozzle)

노즐은 관에서 유량측정을 위해 사용되는 도구로써 확대 원추부가 없는 벤츄리미터와 유사하고 유량측정 원리는 벤츄리미터처럼 베르누이방정식을 이용하여 구할 수 있다. 일반적인 노즐이 그림 6.4.4(미국기계학회 A.S.M.E. 제공)에 제시되어 있으며 이 노즐을 관의 플랜지 사이에 끼워 사용한다. 벤츄리미터처럼 확대부가 없기 때문에 수두손실이 다소 크지만 가격면에서 벤츄리미터보다 경제적인 것으로 알려져 있다. 노즐의 유량은 그림 6.4.4에서 노즐 전후에 시차액주계를 연결하여 측정된 수두 차를 읽어 식(6.4.1)에 의해 이론유량을 결정하며 유속계수 C_v를 고려하여 실제 유량을 구할 수 있다. 이 유속계수는 벤츄리미터처럼 실험적으로 결정되며 그림 6.4.4에서 알 수 있는 바와 같이 노즐의 단면축소비와 레이놀즈 수에 따라 달라진다.

6.4.2 개수로의 유량측정

개수로에서의 유량측정은 실험실의 수로인 경우에 일정시간 동안에 흐르는 물의 부피 또는 중량을 측정하여 직접 측정할 수 있다. 그러나 유량이 큰 경우에 간접적인 측정 방법이 필요하

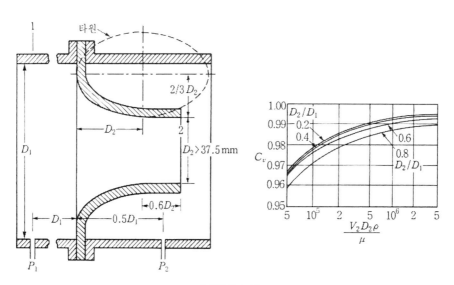

[그림 6.4.4]

다. 즉, 여러 가지 종류의 웨어나 계측수로를 이용하여 측정이 가능하다. 웨어는 수로를 가로막고 그 일부를 통해 유량을 측정하는 장치로써 수위를 증가시키거나 유량을 분배 및 조절 등의 목적으로 사용된다. 웨어는 크게 예연웨어와 광정웨어로 구분되고 계측수로에는 벤츄리 플륨과 파샬 플륨이 있다.

(1) 예연웨어(sharped-crested weir)

예연웨어는 그림 6.4.5와 같이 웨어의 정부가 칼날처럼 뾰족하게 되어 있으며 단면 수축이 없는 전폭웨어, 단면 수축이 있는 1단 웨어와 양단 웨어로 구분되고 단면의 형태에 따라 직사각형 웨어, 삼각형 웨어, 사다리꼴 웨어로 구분된다.

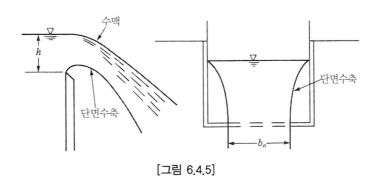

[그림 6.4.5]

직사각형 웨어

그림 6.4.6과 같이 웨어의 폭 b가 수로폭 W와 같은 경우의 전폭웨어를 생각하자. 그림 (a)에서 유체의 수면인 A지점과 그림(b)의 미소높이 dy 사이에 베르누이 방정식을 적용하면 다음과 같다.

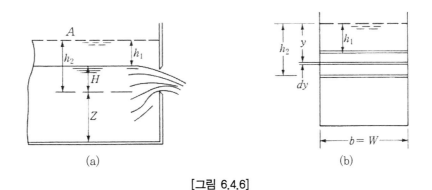

(a)   (b)

[그림 6.4.6]

$$0 + \frac{V_A^2}{2g} + y = 0 + \frac{V_{jet}^2}{2g} + 0 + h_f \qquad (6.4.5)$$

여기서 V_A는 접근유속이고 손실수두 h_f를 무시하면 미소단면을 통해서 흐르는 유체의 유속은 다음과 같다.

$$V_{jet} = \sqrt{2g\left(y + \frac{V_A^2}{2g}\right)} \qquad (6.4.6)$$

미소면적 dA를 통해서 흐르는 이론유량 dQ와 수심 h_1과 h_2를 통해서 흐르는 유량 Q는,

$$dQ = V_{jet}\,dA = (b\,dy)\,V_{jet} = b\sqrt{2g}\,\left(y + \frac{V_A^2}{2g}\right)^{1/2} dy \qquad (6.4.7)$$

$$Q = b\sqrt{2g}\int_{h_1}^{h_2}\left(y + \frac{V_A^2}{2g}\right)^{1/2} dy \qquad (6.4.8)$$

이다. 만일 $h_1 = 0$이면 $h_2 = H$가 되고 유량계수 C를 고려하여 실제 웨어의 유량은 다음과 같다.

$$\begin{aligned}
Q &= Cb\sqrt{2g}\int_0^H\left(y + \frac{V_A^2}{2g}\right)^{1/2} dy \\
&= \frac{2}{3}Cb\sqrt{2g}\left[\left(H + \frac{V_A^2}{2g}\right)^{3/2} - \left(\frac{V_A^2}{2g}\right)^{3/2}\right]
\end{aligned} \qquad (6.4.9)$$

식(6.4.9)는 수로와 웨어의 폭이 같은 경우이지만 수로의 양쪽에 단수축(端收縮)에 따라서 다음과 같이 나타낼 수 있다.

$$Q = \frac{2}{3}C\left(b - \frac{n}{10}H\right)\sqrt{2g}\left[\left(H + \frac{V_A^2}{2g}\right)^{3/2} - \left(\frac{V_A^2}{2g}\right)^{3/2}\right] \qquad (6.4.10)$$

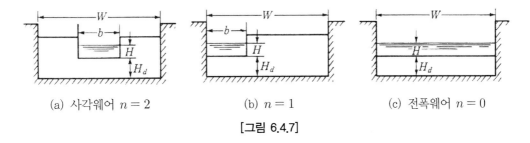

| (a) 사각웨어 $n = 2$ | (b) $n = 1$ | (c) 전폭웨어 $n = 0$ |

[그림 6.4.7]

여기서 n은 그림 6.4.7과 같이 양단 수축이면 2이고 일단 수축이면 1이다.

웨어가 높음으로써 접근유속이 작은 경우에 접근유속을 무시할 수 있는 경우에 식(6.4.10)은 다음과 같이 간단하게 나타낼 수 있다.

$$Q = \frac{2}{3} C (b - \frac{n}{10} H) \sqrt{2g} \, H^{3/2} \tag{6.4.11}$$

여기서 유량계수 C는 웨어 판의 두께, 웨어의 높이 등에 따라 다르며 이에 관한 실험을 통해서 발표된 몇 가지 공식 중에서 **프란시스**(Francis) **공식**을 소개하면 다음과 같다.

$$Q = 1.84 (b - \frac{n}{10} H) [(H + H_A)^{3/2} - H_A^{3/2}] \ (m^3/\text{sec}) \tag{6.4.12}$$

$$Q = 1.84 (b - \frac{n}{10} H) H^{3/2} \ (m^3/\text{sec}) \tag{6.4.13}$$

여기서 $H_A = \dfrac{V_A^2}{2g}$ 이며 **접근유속수두**라고 한다. 만일 접근유속이 작을 경우에 H_A를 무시할 수 있다. 그리고 프란시스는 다음과 같은 조건하에서 실험을 수행하였다.

> 월류수심 : $H = 0.19 \sim 0.5m$
> 수 로 폭 : $W = 3.03 \sim 4.24m$
> 웨어높이 : $H_d = 0.60 \sim 1.50m$
> 접근유속 : $V_A = 0.06 \sim 0.30m/s$
> 웨 어 폭 : $b = 2.42 \sim 3.00m$

이외에도 Rehbock 공식, Bazin 공식, 이타타니(板谷)·데지마(手島) 공식, 오키(沖) 공식 등이 있다.

예제 6.4.2 폭이 3.5m인 직사각형 전폭 웨어가 설치되어 있다. 웨어 위의 수심이 $0.50\,m$ 일 때 접근유속을 무시하고 유량을 구하여라.

풀이 프란시스 공식을 이용하면,

$$Q = 1.84 b H^{3/2} = 1.84 (3.5)(0.5^{3/2}) = 2.29\, m^3/s$$

삼각형 웨어

삼각형 웨어는 직사각형 웨어와 비교할 때 유량을 정확하게 측정할 수 있으며, 특히 작은 유량의 경우에 더 편리하다. 또한 수로 단면에 비해 웨어의 단면적이 작기 때문에 접근유속을 무시해도 오차가 적다. 삼각형 웨어를 통해서 흐르는 유량을 구하기 위해 그림 6.4.8에서 미소 단면적 dA를 통해 흐르는 미소유량 dQ를 구하여 전면적을 통해서 흐르는 유량 Q를 구할 수 있다. 수면에서 y만큼 떨어진 곳의 유속은 $V_{jet} = \sqrt{2g\left(y + \dfrac{V_A^2}{2g}\right)}$ (식 6.4.6 참고)이며 접근유속을 무시하면 $V_{jet} = \sqrt{2gy}$ 이다. 그러므로 미소유량 dQ는 다음과 같다.

$$dQ = V_{jet}\, dA = \sqrt{2gy}\; x\, dy \tag{6.4.14}$$

그림 6.4.8의 삼각형에서 $x/b = (H-y)/H$, $b = 2H\tan(\theta/2)$이다. 이 관계를 식(6.4.14)에 대입하여 웨어 위의 수심까지 적분하면 유량 Q를 결정할 수 있으며 유량계수를 고려하여 나타내면 다음과 같다.

$$Q = \left(\frac{b}{H}\right) C \sqrt{2g} \int_0^H (H-y) y^{1/2}\, dy = \frac{8}{15} C \tan(\theta/2)\, \sqrt{2g}\, H^{5/2} \tag{6.4.15}$$

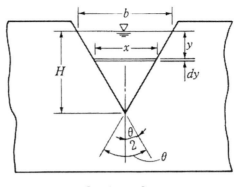

[그림 6.4.8]

사다리꼴 웨어

그림 6.4.9와 같은 사다리꼴 웨어는 저변의 폭이 b인 직사각형 웨어와 수면폭이 $(W-b)$인 삼각형 웨어의 유량을 합한 것과 같다. 즉, 사다리꼴 웨어를 통해서 흐르는 유량은,

$$Q = C_1 \frac{2}{3} b \sqrt{2g} H^{3/2} + C_2 \frac{8}{15} \tan \frac{\theta}{2} \sqrt{2g} H^{5/2} \qquad (6.4.16)$$

이다. 예연웨어에 의한 양단수축이 발생하고 $\tan(\theta/2) = 1/4$인 사다리꼴 웨어의 유량은 유효 폭이 b인 직사각형 웨어의 유량과 같다. 이와 같은 웨어를 **치폴리티**(Cipolletti) **웨어**라고 하며 다음과 같이 간단하게 나타낼 수 있다.

$$Q = CbH^{3/2} \qquad (6.4.17)$$

여기서 유량계수 C에 예연직사각형 웨어의 계수값이 사용된다. USBR(미국)의 표준 사다리 꼴 웨어의 유량공식은 다음과 같다.

$$Q = 1.859bH^{3/2} \qquad (6.4.18)$$

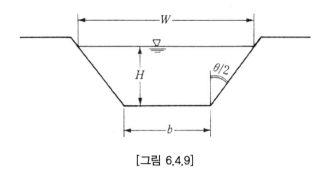

[그림 6.4.9]

(2) 광정(廣頂)웨어

광정웨어는 그림 6.4.10과 같이 월류수심 y에 비해 흐름방향으로 상당한 길이를 갖는 구조물로 웨어 위에서 한계수심이 발생하도록 힘으로써 유량을 측정할 수 있다. 즉, 주어진 흐름에 대해 최소비에너지가 되고 유량은 최대가 된다.

그림 6.4.10에서 단면 1과 2 사이에 베르누이 방정식을 적용하면 다음과 같다.

$$E = H + \frac{V_1^2}{2g} = y + \frac{V_2^2}{2g} \tag{6.4.19}$$

식(6.4.19)를 이용하여 광정웨어 위에서 평균유속 V_2를 나타내면 다음과 같다.

$$V_2 = \sqrt{2g(E-y)} \tag{6.4.20}$$

만일 광정웨어의 폭이 b라고 할 때 웨어 위를 통해 흐르는 유량은 다음과 같다.

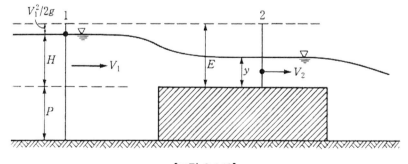

[그림 6.4.10]

$$Q = V_2 by = by\sqrt{2g(E-y)} \tag{6.4.21}$$

이 식에서 유량은 웨어 위의 수심 y의 함수이며 $y = 0$와 $y = E$일 때 $Q = 0$이므로 최대 유량은 $0 < y < E$에서 발생된다. 즉, $dQ/dy = 0$일 때 유량이 최대이며 이때 수심이 한계수심으로서 개수로 흐름에서 공부한 바와 같이 $y = \dfrac{2}{3}E$일 때이다. 이 관계를 식(6.4.21)에 대입하면 다음과 같다.

$$Q = \frac{2}{3}Eb\sqrt{2g\left(\frac{1}{3}E\right)} = \left(\frac{2}{3}\right)^{3/2}\sqrt{g}\,bE^{3/2} = 1.704bE^{3/2} \tag{6.4.22}$$

식(6.4.22)는 이론유량을 나타낸 공식이며 실제 유량을 위한 기본식의 형태는,

$$Q = CbH^{3/2} \tag{6.4.23}$$

이다. 여기서 H는 웨어 상류부의 수위이고 C는 웨어의 유량계수이며 Doeringsfeld–Barker의 경험식은 다음과 같다. 이때 P는 광정웨어의 높이이다.

$$C = 0.433\sqrt{2g}\left(\frac{P+H}{2P+H}\right)^{1/2} \tag{6.4.24}$$

(3) 수중웨어

웨어의 하류 수면이 웨어의 마루부보다 높은 경우를 **수중웨어**라고 한다. 그림 6.4.11에서 하류 수심 h_2가 웨어 상류(上流)의 비에너지 E와의 관계가 $h_2 < \dfrac{2}{3}E$이면 웨어의 마루에서 흐름은 사류가 되어 월류량은 하류 수심의 영향을 받지 않고 h_1에 의해 결정되기 때문에 이와 같은 경우를 **완전월류**라고 한다. 반대로 h_2가 크게 되어 $h_2 > \dfrac{2}{3}E$의 관계가 있으면 웨어 마루의 흐름은 상류(常流)가 되므로 월류량은 하류의 영향을 받게 되는데, 이와 같은 웨어를 **수중웨어**(submerged weir) 또는 **잠수웨어**라고 한다. 그리고 완전월류와 잠수웨어 사이에 과도상태(過渡狀態)가 발생하는데, 이와 같은 경우를 **불완전월류**라고 한다.

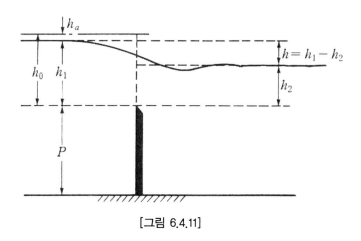

[그림 6.4.11]

예연 수중웨어에 의해 유량을 측정하는 경우에는 유량을 두 부분으로 구분하여 계산한다. 하류 수면보다 위의 부분은 월류수심 h로 월류하는 직사각형 웨어의 유량 Q_1으로, 하류 수면 이하의 부분은 h_2 높이의 수중 오리피스의 유량 Q_2로 구분하여 구해 합한다. 즉,

$$Q = Q_1 + Q_2$$
$$= \frac{2}{3} C_1 b \sqrt{2g} \left[(h+h_a)^{3/2} - h_a^{3/2} \right] + C_2 b\, h_2 \sqrt{2g(h+h_a)} \quad (6.4.25)$$

이다. 접근유속을 무시하면, 즉 $h_a = 0$이므로,

$$Q = \frac{2}{3} C_1 b \sqrt{2g}\, h^{3/2} + C_2 b\, h_2 \sqrt{2gh} \quad (6.4.26)$$

이다. 예연 수중웨어의 유량계수는 $C_1 = C_2 \fallingdotseq 0.63$이므로 식(6.4.26)은 다음과 같다.

$$Q = 1.86bh^{3/2} + 2.80bh_2 h^{1/2} \quad (6.4.27)$$

(4) 계측수로

개수로에서 유량을 측정하기 위해서 웨어가 경제적이고 간단하여 많이 이용되고 있으나 흐름 에너지의 손실이 크고 웨어의 상류에 토사가 퇴적된다는 단점이 있다. 이런 문제를 벤츄리

플룸과 같은 한계류 수로를 이용하면 극복할 수 있다. 벤츄리 플룸의 구조 일부를 변경하여 고안된 **파샬플룸**이 있으나 간단한 벤츄리 플룸에 대해 설명하자. 관수로에서 사용된 벤츄리 미터처럼 축소부와 확대부로 이루어져 있다. 그림 6.4.12에서 손실수두를 무시하고 단면 1과 한계수심이 발생하는 부분 사이에 베르누이 방정식을 적용하면 다음과 같다.

$$E = h_1 + \frac{V_1^2}{2g} = h_c + \frac{V_c^2}{2g} \tag{6.4.28}$$

그림 6.4.12에서 한계수심이 발생되는 지점에서 $h_c = \frac{2}{3}E$이므로 이 관계를 대입하여 유속 V_c를 구하면 다음과 같다.

$$V_c = \sqrt{gh_c} \tag{6.4.29}$$

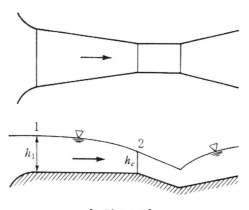

[그림 6.4.12]

연습문제

6.1.1 상당히 긴 메스실린더에 비중이 1.2인 유체가 들어 있다. 이 유체의 점성을 측정하기 위해 직경이 $5mm$인 낙하구(비중 1.8)를 투하하였다. 투하한 후에 메스실린더 내의 길이 $30cm$를 지나는 데 6초가 걸렸다. 이 유체의 점성계수를 구하여라.

[해답] $\mu = 0.017kg_f \cdot s/m^2$

6.2.1 직경이 $0.4m$인 관의 중심에 피토관이 그림과 같이 설치되어 있다. 이 관을 통해서 흐르는 유속과 유량을 구하여라. 단, 유속계수는 0.98로 가정하여라.

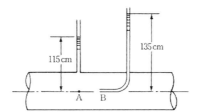

[해답] 유속 $V = 1.94m/s$
유량 $Q = 0.24m^3/s$

6.4.1 그림과 같은 벤츄리미터에서 물이 $300l$로 흐른다. A와 B 사이에 손실이 없는 경우에 A지점의 압력수두를 구하여라. 그리고 B와 C 사이에 손실수두가 B지점 유속수두의 10%일 때 C지점에서 압력수두를 구하여라.

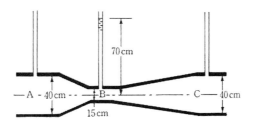

[해답] $\dfrac{p_A}{\gamma} = 15.12m$, $\dfrac{p_C}{\gamma} = 13.65m$

6.4.2 폭이 2.0m인 직사각형 웨어가 설치되었다. 월류수심이 0.5m일 때,

(1) 전폭웨어인 경우,

(2) 1단 웨어인 경우,

(3) 양단 웨어인 경우의 유량을 구하여라. 프란시스 공식을 이용하고 접근유속을 무시하여라.

[해답] (1) $Q = 1.30 m^3/s$

(2) $Q = 1.27 m^3/s$

(3) $Q = 1.24 m^3/s$

6.4.3 폭이 10m, 수심이 1.2m인 수로에 18m^3/s의 유량이 흐른다. 이 수로에 웨어를 설치하여 수심을 0.8m 더 높이려고 한다. 웨어의 높이를 결정하여라. 웨어의 유량계수는 0.6으로 가정하여라.

[해답] 0.99m

6.4.4 그림과 같은 수조에서 측벽의 오리피스를 통해 물이 유출될 때 수위가 H_1에서 H_2로 변하는 데 걸리는 시간을 구하여라. 수조의 단면적은 A이고 오리피스 단면적은 a이다. 그리고 $H_1 = 2.0m$, $H_2 = 1.2m$, $A = 1.0m^2$, $a = 25cm^2$, 유출계수 $C = 0.6$일 때 배수시간을 구하여라.

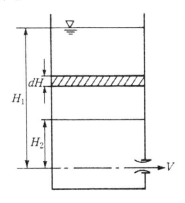

[해답] $t = \dfrac{2A}{Ca\sqrt{2g}}(H_1^{1/2} - H_2^{1/2})$, $t = 1.60 \text{min}$

6.4.5 예연 삼각형웨어를 통해서 물이 흐른다. 삼각형의 꼭지점 각은 $80°$이고 월류 수심이 $1.5m$로 측정되었다. 웨어의 유량계수를 0.6이라고 할 때 유량을 구하여라.

[**해답**] $Q = 3.28 m^3/s$

6.4.6 폭이 $10.0m$이고 수심이 $2.0m$인 수로에 $20.0 m^3/s$의 물이 흐른다. 이 수로에 그림과 같은 웨어를 설치하여 웨어의 상류 수심을 $0.5m$ 상승시키려고 한다. 웨어의 높이를 결정하여라. 단, 접근유속을 고려하고 웨어의 유량계수를 0.63으로 가정하여라.

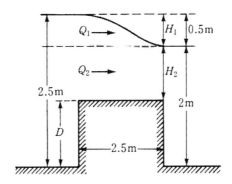

[**해답**] $D = 1.37m$

6.4.7 직사각형 웨어와 삼각형 웨어에서 수두를 측정할 때 $x\%$의 오차가 발생하였다면 유량에는 각각 몇 %의 오차가 발생하겠는가?

[**해답**] 직사각형 웨어 : $1.5x\%$, 삼각형 웨어 : $2.5x\%$

6.4.8 실험실의 개수로에 삼각형웨어를 설치하여 유량을 측정하였다. 이 웨어의 각은 $90°$, 유량계수는 0.6, 유량은 $20l/s$이다. 수심을 측정할 때 $3mm$의 오차가 발생하였다면 유량에는 어느 정도의 오차가 발생하는가?

[**해답**] $\dfrac{\Delta Q}{Q} = 4.12\%$

6.1 구형물체(球形物體)에 대하여 Stokes 법칙이 적용되는 범위에서 항력계수(C_D)는? (단, Re : Reynolds 수)

가. $C_D = \dfrac{1}{Re}$ 나. $C_D = \dfrac{4}{Re}$ 다. $C_D = \dfrac{24}{Re}$ 라. $C_D = \dfrac{64}{Re}$

[정답 : 다]

6.2 유수 중에 물체가 있는 경우, 흐름방향의 물체 투영면적을 A, 유체 밀도를 ρ, 그리고 항력계수를 C_D라고 하면 항력(抗力) D는?

가. $C_D A \dfrac{\rho V^2}{2}$ 나. $C_D \dfrac{V^2}{2g}$ 다. $C_D A \rho V^2$ 라. $C_D A \dfrac{V^2}{2g}$

[정답 : 가]

6.3 직각 삼각형 웨어에서 월류수심의 측정 오차에 1%의 오차가 있다고 하면 유량에 발생되는 오차는?

가. 0.4%   나. 0.8%   다. 1.5%   라. 2.5%

[정답 : 라]

6.4 직사각형 위어의 월류수심 $25cm$에 대하여 측정오차가 $5mm$가 발생하였다. 이때 유량에 미치는 오차는?

가. 4%   나. 3%   다. 2%   라. 1%

[정답 : 나]

6.5 개수로에서 유량을 측정할 수 있는 장치가 아닌 것은?

가. 위어   나. 벤츄리미터   다. 파샬플룸   라. 수문

[정답 : 나]

6.6 흐르는 유체 속에 물체가 있을 때 물체가 유체로부터 받는 힘은?

가. 장력(張力)   나. 충력(衝力)   다. 항력(抗力)   라. 소류력(掃流力)

[정답 : 다]

6.7 k가 엄격히 말하면 월류수심 h 등에 관한 함수이지만, 근사적으로 상수라 가정할 때에 직사각형 위어(Weir)의 유량 Q와 h의 일반적인 관계로 옳은 것은?

가. $Q = k \cdot h^{1/2}$　　나. $Q = k \cdot h^{3/2}$　　다. $Q = k \cdot h$　　라. $Q = k \cdot h^{3/2}$

[정답 : 라]

6.8 항력 $D = C \cdot A \cdot \dfrac{\rho V^2}{2}$에서 $\dfrac{\rho V^2}{2}$ 항이 의미하는 것은?

가. 속도　　　　나. 길이　　　　다. 질량　　　　라. 동압력

[정답 : 라]

6.9 폭이 $5m$인 수문을 높이 d만큼 열었을 때 유량이 $18m^3/s$가 흘렀다. 이때 수문 상하류의 수심이 각각 $6m$, $2m$였다면 유량계수 $C = 0.6$이라 할 때 수문 개방도(開放度)는?

가. $0.35m$　　　나. $0.43m$　　　다. $0.58m$　　　라. $0.68m$

[정답 : 라]

6.10 사각형 광정위어에서 월류수심 $h = 1m$, 수로 폭 $b = 2m$, 접근유속 $V_a = 2m/s$일 때 위어의 월류량은? (단, 유량계수 $C = 0.65$이고 에너지 보정계수=1.0이다.)

가. $1.76m^3/s$　　나. $2.21m^3/s$　　다. $2.66m^3/s$　　라. $2.92m^3/s$

[정답 : 라]

6.11 오리피스에서 수축계수의 정의와 그 크기로 옳은 것은? (단, a_0 : 수축단면적, a : 오리피스 단면적, V_0 : 수축단면의 유속, V : 이론유속)

가. $C_a = \dfrac{a_0}{a}$, $1.0 \sim 1.1$　　　　　　나. $C_a = \dfrac{V_0}{V}$, $1.0 \sim 1.1$

다. $C_a = \dfrac{a_0}{a}$, $0.6 \sim 0.7$　　　　　　라. $C_a = \dfrac{V_0}{V}$, $0.6 \sim 0.7$

[정답 : 다]

제7장

차원해석과 수리모형

제 7 장

수 리 학

차원해석과 수리모형

여러 가지 수리학 문제에 대한 실질적인 해를 구하기 위해 수학적 이론과 실험 자료가 이용된다. 복잡한 수리현상은 이론적인 해석으로 흐름 현상을 완벽하게 분석할 수 없다. 그러므로 중요한 수리구조물의 경우에 모형 연구를 수행하여 취득한 자료를 분석하고 정확한 수리현상을 파악하여 그 기초 자료를 토대로 설계와 시공을 한다. 즉, 원형의 성능을 사전에 파악하기 위해 원형을 축소시켜 만든 모형을 이용하여 원형에서 일어날 수 있는 각종 현상의 특성을 파악하고 정량적으로 해석하는 과정을 거치기도 한다. 그러나 수리모형 실험이 항상 수리현상에 대한 정답을 제공하는 것은 아니다. 올바른 모형실험과 실험자료의 분석을 위해 수리현상을 지배하는 수리학적 이론에 대한 이해가 필요하다. 어떤 수리현상에 포함되는 각종 물리량 간의 관계는 차원해석법에 의해 수립될 수 있다. 차원해석과 수리모형 상사의 적용은 실험을 체계화하고 간단하게 할 수 있으며 실험 결과를 분석하는 데 도움이 된다. 최근에는 전자계산기의 발달로 복잡한 수학적 모형의 해를 구하는 것이 가능해졌으며 수학적 모형에 의한 문제의 해결은 수리모형실험에 의해 수행하는 것보다 경제적이므로 복잡한 수리현상을 수학적으로 해석하려는 노력이 계속되고 있다.

7.1 차원해석

차원해석은 과학이나 공학에서 사용되지만 수리학에서 더욱 흥미가 있으며 이보다 성공적인 경우도 없을 것이다. 차원해석은 현대 유체역학의 유용한 도구이며 단순한 대수만 필요하기 때문에 쉽고 빠르다. 차원해석은 양적이고 물리적인 관계를 나타내는 방정식에서 수치적으로,

물리량		기호	FLT계	MLT계
기하학적양	길이(m)	L	L	L
	면적(m^2)	A	L^2	L^2
	체적(m^3)	vol	L^3	L^3
운동학적양	시간(t)	T	T	T
	속도(m/s)	V	LT^{-1}	LT^{-1}
	가속도(m/s^2)	a, g	LT^{-2}	LT^{-2}
	각속도(rad/sec)	ω	T^{-1}	T^{-1}
역학적양	힘(N)	F	F	MLT^{-2}
	질량(kg)	M	FT^2L^{-1}	M
	단위중량(N/m^3)	γ	FL^{-3}	$ML^{-2}T^{-2}$
	밀도(kg/m^3)	ρ	FT^2L^{-4}	ML^{-3}
	압력(N/m^2, Pa)	p	FL^{-2}	$ML^{-1}T^{-2}$
	점성계수(Pa s)	μ	FTL^{-2}	$ML^{-1}T^{-1}$
	동점성계수(m^2/s)	ν	L^2T^{-1}	L^2T^{-1}
	탄성력(N/m^2)	E	FL^{-2}	$ML^{-1}T^{-2}$
	동력(Nm/s, Watts)	P	FLT^{-1}	ML^2T^{-3}
	토크(Nm)	T	FL	ML^2T^{-2}
	유량(m^3/s)	Q	L^3T^{-1}	L^3T^{-1}
	전단응력(N/m^2)	τ	FL^{-2}	$ML^{-1}T^{-2}$
	표면장력(N/m)	σ	FL^{-1}	MT^{-2}

차원적으로 동일하게 존재해야 한다. 즉, 물리 현상을 표현하는 모든 산정식은 좌변과 우변의 차원이 원칙적으로 동일해야 한다. 차원해석에서 필요한 사항은 대상문제의 물리적인 통찰력이다. 일반적으로 이와 같은 물리적 관계를 힘 F, 길이 L, 시간 T(또는 질량 M, 길이 L, 시간 T)의 기본량으로 나타낸다. 이에 대한 응용은, (1) 한 단위 시스템에서 다른 단위 시스템으로의 변환, (2) 방정식의 전개, (3) 실험계획에서 필요한 변수의 수를 감소시킬 때, (4) 모형설계의 원칙을 수립할 때 이용된다. [FLT]계에서 [MLT]계로의 단위변환에 대해서는 1장에서 공부하였다. 수리학에서 사용되는 중요한 물리량의 차원이 표 7.1.1에 제시되어 있다.

7.1.1 Rayleigh 방법의 차원해석

차원해석은 차원 동차성의 원리에 기초를 두고 있다. 물리식의 각 항은 동일한 차원을 가져야 한다. 어떤 물리현상 α(2차적인 양)에 영향을 주는 기본(1차적인) 양 a를 n개라고 하면,

$$\alpha = f\left(a_1,\, a_2,\, a_3, \cdots,\, a_n\right) \tag{7.1.1}$$

이다. 이 식을 변형하면 다음과 같다.

$$\alpha = c\, a_1^{c_1}\, a_2^{c_2}\, a_3^{c_3}\, \cdots\, a_n^{c_n} \tag{7.1.2}$$

식(7.1.2)에서 α는 상수 c와 기본 양들의 지수 c_1, c_2, c_3, ...,c_n와의 곱으로 표시되는데, 이와 같은 지수는 차원해석에 의해 결정된다. 2차적인 양에 독립적인 양을 기본 양으로 가정하면 해당 기본 양의 지수는 영(0)이 되고 2차적인 양에 영향을 주는 기본 양이 누락되면 모든 지수가 일반적으로 영(0)이 된다.

예를 들면, 정지상태에서 낙하하는 물체의 낙하거리를 설명하는 일반식을 유도해보자. 이때 낙하거리 s에 영향을 주는 기본 양을 물체의 무게 W, 중력가속도 g, 시간 t의 함수로 가정하자. 이 관계를 식으로 나타내면 다음과 같다.

$$s = f\left(W, g, t\right) \ \text{또는} \ s = c\, W^{c_1}\, g_2^{c}\, t_3^{c} \tag{7.1.3}$$

이 식에서 양변의 차원은 동차이어야 한다. $[FLT]$계를 사용하여 나타내면,

$$[F^0\, L^1\, T^0] = [F]_1^c\, [LT^{-2}]_2^c\, [T]_3^c$$
$$= [F_1^c\, L_2^c\, T^{-2c_2+c_3}] \tag{7.1.4}$$

$$0 = c_1$$
$$1 = c_2$$
$$0 = -2c_2 + c_3$$

$$\therefore\ c_1 = 0,\ \ c_2 = 1,\ \ c_3 = 2$$

결정된 계수의 값을 식(7.1.3)에 대입하면 다음과 같다.

$$s = c\,W^0\,g^1\,t^2 = cgt^2 \tag{7.1.5}$$

여기서 상수 c는 실험에 의해 결정되는데, 실험에 의하면 $c = 1/2$이다.

예제 7.1.1 유체 흐름 중에 잠겨있는 물체의 저항력을 구해 보자. 이때 항력 F에 유체의 밀도 ρ, 유속 V, 점성계수 μ, 흐름 방향에 대해 물체의 투영면적 A와 관련되어 있다고 가정하여라.

풀이 $F = f\,(\rho,\,V,\,A,\,\mu),\quad$ 또는는 $F = c\,\rho_1^c\,A_2^c\,V_3^c\,\mu_4^c$

위 식에서 양변의 차원은 동차이어야 한다. 그러므로 차원방정식을 세우면 다음과 같다.

$$[LMT^{-2}] = [L^{-3}M]_1^c\,[L^2]_2^c\,[LT^{-1}]_3^c\,[L^{-1}MT^{-1}]_4^c$$

$$[L^1\,M^1\,T^{-2}] = [L^{-3c_1+2c_2+c_3-c_4}\,M^{c_1+c_4}\,T^{-c_3-c_4}]$$

$$1 = -3c_1 + 2c_2 + c_3 - c_4$$

$$1 = c_1 + c_4$$

$$-2 = -c_3 - c_4$$

미지수는 4개이고 방정식 수는 3개이므로 완전한 해를 구할 수 없기 때문에 c_1, c_2, c_3를 c_4로 나타내면 다음과 같다.

$$c_1 = 1 - c_4$$

$$c_2 = 1 - \frac{c_4}{2}$$

$$c_3 = 2 - c_4$$

이 관계를 이용하여 항력 F를 나타내면 다음과 같다.

$$F = c\,\rho_4^{1-c}\ A^{\,1-\frac{c_4}{2}}\ V^{2-c_4}\ \mu_4^{c}$$

$$= c\,\frac{\rho}{\rho_4^{c}}\ \frac{A}{A^{\,c_4/2}}\,\frac{V^2}{V^{c_4}}\ \mu_4^{c}$$

$$= c\,\rho A\,V^2 (\frac{\mu}{\rho A^{\,1/2}\,V})_4^{c}$$

l은 길이이므로 $A = l^2$이다. 그러므로 위 식은 다음과 같다.

$$F = c\,\rho A\,V^2 (\frac{\mu}{\rho l\,V})_4^{c}$$

$$= 2c\,(\frac{\mu}{\rho l\,V})_4^{c}\,A\ \frac{\rho V^2}{2}$$

$$= C_D\,A\,\frac{\rho V^2}{2}$$

이다. 여기서 $C_D = 2c\,Re_4^{-c}$, $Re = \dfrac{\rho l\,V}{\mu}$ 이다. C_D는 항력계수이며 레이놀즈 수의 함수이다.

7.1.2 버킹검의 π(Pi) 정리

통찰력이 있는 독자들은 예제 7.1.1에서 경험한 바와 같이 어떤 물리현상에 많은 변수가 관계있을 때에 Rayleigh 방법에 의한 차원해석 방법을 사용하기가 복잡해 질 것으로 예상을 했을 것이다. 어떤 물리변수에 많은 변수가 관계될 때에는 **버킹검**(Buckingham)**의 π정리**가 유용하게 사용된다.

어떤 물리현상에 n개의 물리변수가 관계되어 있다면 변수 간의 함수관계는 다음과 같이 나타낼 수 있다.

$$f\,(A_1,\,A_2,\,A_3,\,\cdots\,A_n) = 0 \tag{7.1.6}$$

또는,

$$A_1 = f'(A_2, A_3, A_4, \cdots, A_n) = 0 \tag{7.1.7}$$

수리학에서 물리량을 나타내는 물리변수로는 1장에서 소개한 바와 같이 $[MLT]$ 또는 $[FLT]$계가 있다. 즉, n개의 물리변수를 각각 r개의 차원(특별한 경우를 제외하고 수리학에서는 3이하임)으로 표시할 수 있기 때문에 식(7.1.6)은 $(n-r)$개의 무차원 변수로 나타낼 수 있다.

$$F(\pi_1, \pi_2, \pi_3, \cdots, \pi_{n-r}) = 0 \tag{7.1.8}$$

또는,

$$\pi_1 = F'(\pi_2, \pi_3, \pi_4, \cdots, \pi_{n-r}) \tag{7.1.9}$$

식(7.1.8) 또는 (7.1.9)을 차원해석의 기본이 되는 버킹검의 π정리라고 한다. π정리에 의해 무차원변수인 π항을 구하는 과정은 다음과 같다.

(1) n개의 물리변수 중에서 기본차원의 수와 동일한 수의 반복변수를 선택한다. 예를 들어 기본차원을 MLT(또는 FLT)로 선택했을 경우에 $r=3$이다.

(2) 식(7.1.6)의 n개의 물리변수 중에서 반복변수로 3개를 선택한다. 선택된 변수를 조합하여 반드시 MLT(또는 FLT)의 3개 차원이 포함되도록 선택한다.

(3) 선택된 반복변수(예를 들어 A_1, A_2, A_3을 선택했다고 하자)의 지수승에 3개의 반복변수를 제외한 나머지 변수를 1개씩 곱하여 π_1, π_2, π_3, ..., π_{n-r}의 무차원 변수를 만든다. 즉,

$$\pi_1 = A_1^{x_1} A_2^{y_1} A_3^{z_1} A_4$$
$$\pi_2 = A_1^{x_2} A_2^{y_2} A_3^{z_2} A_5$$
$$\pi_3 = A_1^{x_3} A_2^{y_3} A_3^{z_3} A_6 \tag{7.1.10}$$
$$\pi_{n-r} = A_1^{x_{n-r}} A_2^{y_{n-r}} A_3^{z_{n-r}} A_n$$

(4) 식(7.1.10)에서 π의 차원은 무차원이므로 $[M^0 L^0 T^0]$이다. 이 식의 우변 지수들을 정리하여 차원해석을 하면 각 방정식에 3개의 연립방정식을 세워 지수인 x_i, y_i, $z_i(i = 1, 2, \cdots, n - r)$를 결정한다. 즉, 식(7.1.10)의 π항이 결정된다.

이와 같이 몇 개의 무차원 항으로 표시하는 방법을 버킹검의 π정리라고 한다. 그리고 기본차원의 수는 항상 3개만 되는 것은 아니다. 3개 이상도 될 수 있지만 수리학에서 3개 이하가 대부분이다.

예제 7.1.2 직경이 D인 원관에 유체가 흐른다. 이 관에서 벽면의 거친 정도를 나타내는 돌기의 평균 크기를 k라고 하자. 그리고 유체의 밀도가 ρ, 점성계수가 μ이고 관 내에서 평균 유속을 V라고 할 때 관벽에서 마찰응력 τ_0가 레이놀즈 수와 상대조도의 함수임을 보여라.

풀이 마찰응력 τ_0와 물리변수간의 함수 관계는 다음과 같다고 하자.

$$F(\tau_0, V, D, \rho, \mu, k) = 0 \tag{1}$$

반복변수를 V, D, ρ를 선택하면 $r = 3$이고 물리변수 $n = 6$이므로 무차원 항은 $n - r = 3$이 된다. 즉,

$$\pi_1 = V_1^x D_1^y \rho_1^z \tau_0 \tag{2}$$

$$\pi_2 = V_2^x D_2^y \rho_2^z \mu \tag{3}$$

$$\pi_3 = V_3^x D_3^y \rho_3^z k \tag{4}$$

식(2)에 대한 차원방정식은,

$$[M^0 L^0 T^0] = [LT^{-1}]_1^x [L]_1^y [ML^{-3}]_1^z [ML^{-1} T^{-2}]$$

$$M : z_1 + 1 = 0$$

$$L : x_1 + y_1 - 3z_1 - 1 = 0$$

$$T : - x_1 - 2 = 0$$

이고, 방정식을 풀면, $x_1 = -2$, $y_1 = 0$, $z_1 = -1$이다. 이 값을 식(2)에 대입하면,

$$\pi_1 = V^{-2} D^0 \rho^{-1} \tau_0 = \frac{\tau_0}{\rho V^2} \tag{5}$$

이다. 식(3)에 대한 차원방정식은,

$$[M^0 L^0 T^0] = [LT^{-1}]_2^x [L]_2^y [ML^{-3}]_2^z [ML^{-1} T^{-1}]$$

$$M : z_2 + 1 = 0$$

$$L : x_2 + y_2 - 3z_2 - 1 = 0$$

$$T : - x_2 - 1 = 0$$

이고, 이 방정식을 풀면, $x_2 = -1$, $y_2 = -1$, $z_2 = -1$이다. 이 값을 식(3)에 대입하면,

$$\pi_2 = V^{-1} D^{-1} \rho^{-1} \mu = \frac{\mu}{\rho VD} \tag{6}$$

이다. 식(4)에 대한 차원방정식은 다음과 같다.

$$[M^0 L^0 T^0] = [LT^{-1}]_3^x [L]_3^y [ML^{-3}]_3^z [L]$$

$$M : z_3 = 0$$

$$L : x_3 + y_3 - 3z_3 + 1 = 0$$

$$T : - x_3 = 0$$

방정식을 풀면, $x_3 = 0$, $y_3 = -1$, $z_3 = 0$이다. 이 값을 식(4)에 대입하면,

$$\pi_3 = V^0 D^{-1} \rho^0 k = \frac{k}{D} \tag{7}$$

이다. 식(5), (6), (7)을 식(7.1.8)의 형태로 나타내면 다음과 같다.

$$F(\frac{\tau_0}{\rho V^2}, \frac{\mu}{\rho VD}, \frac{k}{D}) = 0 \tag{8}$$

마찰응력 항에 대해 식(7.1.9)의 형태로 나타내면 다음과 같다.

$$\frac{\tau_0}{\rho V^2} = F'(\frac{\mu}{\rho VD}, \frac{k}{D}) \tag{9}$$

여기서 $\mu/\rho VD$는 관 내의 흐름에서 레이놀즈 수의 역수이고 k/D는 상대조도이다. 식(9)을 다시 쓰면 다음과 같다.

$$\frac{\tau_0}{\rho V^2} = F''(\frac{\rho VD}{\mu}, \frac{k}{D}) = F'''(Re, \frac{k}{D}) \tag{10}$$

$$\tau_0 = F'''(Re, \frac{k}{D})\rho V^2 \tag{11}$$

참고로 식(4.2.3)의 $\tau_0 = \dfrac{f\rho V^2}{8}$과 식(11)을 비교하면 다음과 같은 관계를 알 수 있다.

$$f = 8F'''(Re, \frac{k}{D}) = F''''(Re, \frac{k}{D}) \tag{12}$$

식(12)로부터 관마찰손실계수 f는 레이놀즈 수와 상대조도의 함수임을 다시 한 번 확인할 수 있으며 이 관계는 여러 실험에 의해 증명되었다.

7.2 상사법칙

일반적으로 수리모형은 실제모형이나 왜곡모형이 될 수 있다. 원형의 모든 중요한 특성이 기하학적으로 유사하고 운동학적 상사성과 동력학적 상사성이 만족되도록 실제모형이 설계되어야 한다. 이와 같이 수리학적으로 상사가 되기 위해서는 기하학적 상사, 운동학적 상사, 동력학적 상사가 이루어져야 한다.

7.2.1 기하학적 상사

모형과 원형의 형상이 유사해야 한다. 즉, 대응하는 크기의 비가 같다면 원형과 모형에서 **기하학적 상사**가 존재한다. 기하학적인 상사에 관련된 물리량에는 길이(L), 면적(A), 체적(Vol)이 있다. 이들을 다음과 같이 나타낼 수 있다.

$$\frac{L_m}{L_p} = L_r \tag{7.2.1}$$

$$A_r = \frac{A_m}{A_p} = \frac{L_m^2}{L_p^2} = L_r^2 \tag{7.2.2}$$

$$Vol_r = \frac{Vol_m}{Vol_p} = \frac{L_m^3}{L_p^3} = L_r^3 \tag{7.2.3}$$

여기서 첨자 m은 모형(model), p는 원형(protype)을 나타낸다.

7.2.2 운동학적 상사

모형과 원형 사이에, (1) 운동하고 있는 대응입자가 기하적으로 상사이고, (2) 대응하고 있는 입자의 속도비가 동일하면 **운동학적 상사**라고 한다. 관련된 물리량인 속도, 가속도, 유량을 나타내면 다음과 같다.

$$V_r = \frac{V_m}{V_p} = \frac{L_m / T_m}{L_p / T_p} = \frac{L_m}{L_p} \div \frac{T_m}{T_p} = \frac{L_r}{T_r} \tag{7.2.4}$$

$$a_r = \frac{a_m}{a_p} = \frac{L_m / T_m^2}{L_p / T_p^2} = \frac{L_m}{L_p} \div \frac{T_m^2}{T_p^2} = \frac{L_r}{T_r^2} \tag{7.2.5}$$

$$Q_r = \frac{Q_m}{Q_p} = \frac{L_m^3 / T_m}{L_p^3 / T_p} = \frac{L_m^3}{L_p^3} \div \frac{T_m}{T_p} = \frac{L_r^3}{T_r} \tag{7.2.6}$$

여기서, T_r은 시간비이다.

7.2.3 동력학적 상사

동력학적 상사성은 기하학적으로 상사이고 운동학적으로 상사인 시스템에서 모형과 원형사이에 대응하는 힘의 비가 동일한 경우를 의미한다.

완전한 상사를 위한 필요조건은 뉴턴의 운동법칙 $\sum F_x = Ma_x$로부터 유도된다. 힘은 점성력, 압력, 중력, 표면장력, 탄성력 중에서 하나가 작용될 수도 있고 여러 개가 조합하여 작용될 수도 있다. 모형과 원형에 작용하는 힘의 관계는 다음과 같다.

$$\frac{\sum \text{힘}(\text{점성} + \text{압력} + \text{중력} + \text{표면장력} + \text{탄성력})_m}{\sum \text{힘}(\text{점성} + \text{압력} + \text{중력} + \text{표면장력} + \text{탄성력})_p} = \frac{M_m\, a_m}{M_p\, a_p} \tag{7.2.7}$$

관성력비는 다음과 같은 형태로 유도된다.

$$F_r = \frac{\text{힘}_m}{\text{힘}_p} = \frac{M_m\, a_m}{M_p\, a_p} = \frac{\rho_m\, L_m^3}{\rho_p\, L_p^3} \frac{L_r}{T_r^2} = \rho_r\, L_r^2 \left(\frac{L_r}{T_r}\right)^2$$

$$= \rho_r\, L_r^2\, V_r^2 = \rho_r\, A_r\, V_r^2 \tag{7.2.8}$$

이 방정식은 모형과 원형사이에 일반적인 동력학적 상사의 법칙을 나타내고 있으며 뉴턴방정식이라 한다.

7.2.4 특별상사법칙

모형과 원형 사이에 동역학적 상사성이 완전하게 만족되기 위해서 작용하는 여러 가지 힘을 고려해야 한다. 그러나 특별한 경우에는 주로 지배하는 힘을 고려하여 지배력과 관성력의 비가 일정하다는 조건하에서 특별상사법칙을 적용하여 해결한다.

흐름 현상을 주로 지배하는 힘이 점성력일 경우에 **레이놀즈 상사법칙**을 적용한다. 관성력–점성력의 비인 Reynolds 수는 다음과 같다.

$$\frac{Ma}{\tau A} = \frac{Ma}{\mu(\frac{dv}{dy})A} = \frac{\rho L^2 V^2}{\mu(\frac{V}{L})L^2} = \frac{\rho VL}{\mu} \tag{7.2.9}$$

이 식을 구체적으로 풀어쓰면 다음과 같으며 좌변과 우변은 각각 원형과 모형에서 흐름에 대한 레이놀즈 수임을 알 수 있다.

$$\frac{\rho_p V_p L_p}{\mu_p} = \frac{\rho_m V_m L_m}{\mu_m} \quad \text{또는} \quad \frac{\rho_r V_r L_r}{\mu_r} = 1 \tag{7.2.10}$$

이처럼 원형과 모형에서 관성력비와 점성력비가 서로 같다는 것은 원형에서 레이놀즈 수와 모형에서 레이놀즈 수의 값이 서로 같다는 의미이며 이 조건이 바로 점성력이 지배하는 흐름의 수리학적 상사조건이다.

모형과 원형에서 흐름을 지배하는 힘이 주로 중력인 경우에 **프루드 상사법칙**을 적용시킨다. 주로 개수로 흐름이 해당된다. 이 법칙을 위한 관성력–중력의 비는 다음과 같다.

$$\frac{Ma}{Mg} = \frac{\rho L^2 V^2}{\rho L^3 g} = \frac{V^2}{Lg} \tag{7.2.11}$$

이 비의 제곱근, 즉 $\frac{V}{\sqrt{Lg}}$는 Froude 수이다. 이 식을 구체적으로 풀어쓰면 다음과 같으며 좌변과 우변은 각각 원형과 모형에서 흐름에 대한 프루드 수임을 알 수 있다.

$$\frac{V_p}{\sqrt{g_p L_p}} = \frac{V_m}{\sqrt{g_m L_m}} \quad \text{또는} \quad \frac{V_r}{\sqrt{g_r L_r}} = 1 \tag{7.2.12}$$

유체의 탄성력이 흐름을 지배하는 경우에 **Cauchy 상사법칙**을 적용시킨다. 관성력−탄성력의 비인 **Cauchy 수**는 다음과 같다.

$$\frac{Ma}{EA} = \frac{\rho L^2 \, V^2}{EL^2} = \frac{\rho \, V^2}{E} \tag{7.2.13}$$

이 식을 구체적으로 풀어쓰면 다음과 같으며 좌변과 우변은 각각 원형과 모형에서 흐름에 대한 Cauchy 수임을 알 수 있다.

$$\frac{\rho_p \, V_p^2}{E_p} = \frac{\rho_m \, V_m^2}{E_m} \quad \text{또는} \quad \frac{\rho_r \, V_r^2}{E_r} = 1 \tag{7.2.14}$$

탄성력이 주로 흐름을 지배하는 예는 수격작용이나 관수로의 부정류 흐름에서 찾아볼 수 있다. 그리고 이 비의 제곱근, 즉 $\dfrac{V}{\sqrt{E/\rho}}$ 는 **마하**(Mach) **수**로 알려져 있다.

흐름을 지배하는 힘이 주로 표면장력일 때 **Weber 상사법칙**을 적용시킨다. 관성력−표면장력의 비인 **Weber 수**는 다음과 같다.

$$\frac{Ma}{\sigma L} = \frac{\rho L^2 \, V^2}{\sigma L} = \frac{\rho L V^2}{\sigma} \tag{7.2.15}$$

이 식을 구체적으로 풀어쓰면 다음과 같으며 좌변과 우변은 각각 원형과 모형에서 흐름에 대한 Weber 수임을 알 수 있다.

$$\frac{\rho_p \, L_p \, V_p^2}{\sigma_p} = \frac{\rho_m \, L_m \, V_m^2}{\sigma_m} \quad \text{또는} \quad \frac{\rho_r L_r V_r^2}{\sigma_r} = 1 \tag{7.2.16}$$

Weber의 모형법칙은 수두가 작은 웨어 상의 흐름이나 미소진폭파의 전파를 해석할 때 사용된다.

흐름 현상에서 주로 압력이 지배적일 경우에 **Euler 상사법칙**을 적용시킨다. 관성력-압력의 비인 **Euler 수**는 다음과 같다($T = L/V$를 이용한다).

$$\frac{Ma}{pA} = \frac{\rho L^3 \, L/T^2}{pL^2} = \frac{\rho L^4 \, (V^2/L^2)}{pL^2} = \frac{\rho L^2 \, V^2}{pL^2} = \frac{\rho V^2}{p} \qquad (7.2.17)$$

일반적으로 기술자는 지배적인 힘의 영향에 관심이 있다. 대부분의 유체 흐름 문제에서 중력, 점성, 그리고/또는 탄성력이 지배적이지만 동시에 반드시 지배적인 것은 아니다. 이 책에서 흐름의 형태에 가장 지배적인 힘에 대해 해를 구하였고 다른 힘은 무시하거나 별도로 고려하였다. 여러 가지 힘이 합성되어 흐름 조건에 영향을 미친다면 그 문제는 이 책에 포함되기도 하였고 이 책의 영역 밖일 수도 있다.

점성력, 중력, 표면장력, 탄성력에 의해 지배받는 흐름의 형태에 대한 시간의 비는 각 각 다음과 같다.

$$T_r = \frac{L_r^2}{\nu_r} \text{ (레이놀드 상사법칙)} \qquad (7.2.18)$$

$$T_r = \sqrt{\frac{L_r}{g_r}} \text{ (프루드 상사법칙)} \qquad (7.2.19)$$

$$T_r = \sqrt{L_r^3 \, \frac{\rho_r}{\sigma_r}} \text{ (Weber 상사법칙)} \qquad (7.2.20)$$

$$T_r = \frac{L_r}{\sqrt{E_r/\rho_r}} \text{ (Cauchy 상사법칙)} \qquad (7.2.21)$$

예제 7.2.1 1:20로 축소된 댐 여수로를 모형실험하기 위해 프루드 상사법칙을 이용하였다. 모형 흐름에서 유속은 $0.8 m/s$이고 유량은 $0.07 m^3/s$로 측정되었을 때 원형에서 유속과 유량을 계산하여라.

풀이 프루드 상사법칙을 이용하면, $V_m / V_p = \sqrt{L_m / L_p}$ 이다. 문제에서 $L_m / L_p = 1/20$ 이므로 $0.8/V_p = \sqrt{1/20}$ 이다. 즉,

$$V_p = 3.58 \, m/s$$
$$Q_m / Q_p = (V_m / V_p)(L_m/L_p)^2 = \sqrt{1/20} \, (1/20)^2$$
$$Q_p = Q_m \sqrt{20} \, (20^2) = (0.07)(\sqrt{20})(20^2) = 125 \, m^3/s$$

예제 7.22 원유($\nu_{oil} = 1.248 \times 10^{-5} \, m^2/s$)가 직경 $1.2m$ 인 관속에서 $2.5 \, m/s$의 유속으로 흐르고 있다. 직경이 $0.3m$인 관속에서 물($\nu_{water} = 1.299 \times 10^{-6} \, m^2/s$)이 흐를 때 역학적으로 상사법칙이 성립하려면 물의 유속은 얼마인가?

풀이 레이놀즈 상사법칙을 적용하면 $(\dfrac{VD}{\nu})_m = (\dfrac{VD}{\nu})_p$ 이다.

$$V_m = V_p (\frac{D_p}{D_m})(\frac{\nu_m}{\nu_p}) = (2.5)(\frac{1.2}{0.3})(\frac{1.299 \times 10^{-6}}{1.248 \times 10^{-5}}) = 1.04 \, m/s$$

$\triangleleft$

7.3 기타 상사법칙

어떤 흐름에서 중력과 점성력이 동시에 지배적인 흐름일 경우에 프루드 상사법칙과 레이놀즈 상사법칙을 동시에 만족되도록 모형실험을 해야 한다. 이와 같은 조건이 동시에 만족되도록 모형실험을 하는 것은 쉬운 일이 아니다. 이런 경우에는 두 힘의 상대적인 중요성에 따라 두 가지 방법을 사용한다. 예를 들어 레이놀즈 상사법칙에 따라 모형을 제작하고 프루드 상사법칙에 맞추어 실험을 하여 해석하는 경우도 있다. 또 다른 방법으로는 모형의 축척비를 크게 하면 모형 유체를 선택하는 것이 어려운 경우가 있다. 이와 같은 경우에 상대적 중요성을 고려하여

상사법칙을 선택하고, 부족한 부분은 경험적인 물리법칙을 이용하여 해결하는 **불완전상사법칙**(incomplete similarity)이 있다.

자연하천에 대한 모형 축척을 작게 하면 모형에서 수심이 작아져 실험에서 수심 차를 측정할 수 없으며 모형의 조도를 맞출 수 없고 원형인 하천에서 흐름은 난류이지만 모형에서 흐름은 층류가 되고 모형에서 표면장력이 흐름을 지배하는 경우가 발생된다. 또한 이동상수로의 경우에 유속이 너무 느려 하상물질을 전혀 소류($掃流$)하지 못하는 등의 현상이 발생되어 모형에서의 흐름이 하천에서의 흐름 특성과 크게 달라진다. 이와 같은 문제점을 극복하기 위해 **왜곡모형**(distorted model)이 사용된다. 연직축척비를 Y_r이라고 하면 수평축척비 X_r을 Y_r보다 크게 만들어 실험을 수행한다. 일반적으로 개수로 흐름에서 왜곡모형에 사용되는 축척비는 $Y_r > (1/100)$, 수평축척은 $(1/200) > X_r > (1/500)$ 정도로 하는 것이 보통이며 왜곡도(X_r / Y_r)는 $(1/3 \sim 1/6)$이 보통이다.

연습문제

7.1.1 레이놀즈 수는 밀도, 점성계수, 유속, 특성길이의 함수이다. 차원해석에 의해 레이놀즈 수에 대한 식을 수립하여라.

[해답] $Re = K(\dfrac{VL\rho}{\mu})_2^{-c}$

여기서, K와 c_2는 물리적 해석이나 실험에 의해 결정되며
그 결과, $K = 1$, $c_2 = -1$이다.

7.1.2 난류영역에서 수리학적으로 매끈한 관의 손실 $\Delta p/L$는 유속 V, 직경 D, 점성계수 μ, 밀도 ρ에 의해 영향을 받는다. 차원해석을 이용하여 $F(\Delta p/L, V, D, \rho, \mu) = 0$에 대한 일반식을 유도하여라.

[해답] $\Delta p/L = f(Re)(1/D)(V^2/2g)$

[참고로 난류흐름에서 수리학적으로 매끈한 관이고 $3000 < Re < 100,000$인 경우에 마찰손실계수 $f = 0.3164/Re^{1/4}$이다. 이 식을 Blasius 공식이라 한다.]

7.2.1 개수로 흐름을 실험하기 위해 모형을 1:10의 축척으로 제작하였다. 원형에서 유량이 $120m^3/s$일 때 기하학적 상사성을 만족하는 모형에서의 유량을 구하여라.

[해답] $Q_m = 0.12m^3/s$

7.2.2 원형 펌프의 설계를 위해 모형 펌프를 1:12으로 제작하여 실험하였다. 원형과 모형에서 속도비가 1:3이고 모형 펌프의 소요출력이 $0.15kW$라고 할 때 이에 해당하는 원형 펌프의 출력은 얼마인가? 단, 원형과 모형에서 동일한 유체를 사용한다.

[해답] $P_p = 583.20kW$

7.2.3 모형과 원형에서 동일한 유체가 사용되고 중력가속도가 일정할 때 레이놀즈 모형법칙과 프루드 모형법칙하에서 시간, 유량, 가속도, 힘, 동력비를 길이비(L_r)로 나타내고 그 과정을 보여라.

구분	시간비 T_r	유량비 Q_r	가속도 비 a_r	힘비 F_r	동력비 P_r
Re 모형법칙	L_r^2	L_r	L_r^{-3}	1	L_r^{-1}
Fr 모형법칙	$L_r^{1/2}$	$L_r^{5/2}$	1	L_r^3	$L_r^{7/2}$

7.2.4 벤츄리미터 모형을 원형의 1:6으로 축소시켰다. 원형에서는 $10°C$의 물을 이용하고 모형에서는 $100°C$의 물을 이용하였다. 원형인 벤츄리미터 목의 직경은 $600mm$이고 목에서 유속은 $7.5m/s$이라면 모형에서의 유량은 얼마인가?

[해답] $Q_m = 0.08m^3/s$

7.2.5 1:30로 축소된 댐 여수로를 모형 실험하기 위해 프루드 모형 법칙을 이용하였다. 모형 흐름에서 유속은 $0.6m/s$이고 유량은 $0.07m^3/s$로 측정되었을 때 원형에서 유속과 유량을 계산하여라.

[해답] $V_p = 3.28m/s$

$Q_p = 345.07m^3/s$

7.2.6 대하천에서 유속은 $3.5m/s$이고 수심은 $24.5m$이다. 유사한 형태의 소하천에서 수심이 $3.5m$일 때 역학적으로 상사법칙이 성립하려면 소하천에서 유속은 얼마이면 되는가?

[해답] $V_m = 1.32m/s$

7.2.7 길이가 $25m$인 개수로 모형을 만들어 프루드 모형 법칙하에서 실험을 하였다. 원형에서 유량이 $500m^3/s$이고 축척이 1:20일 경우에 모형에서 유량과 힘의 비를 구하여라.

[해답] 유량 $Q_m = 0.28m^3/s$

힘의 비 $F_r = 1/8000$

7.2.8 길이가 $0.9m$인 모형 배가 물($\nu = 1.003 \times 10^{-6}m^2/s$) 속에 잠겨 있다. 이 모형 배의 최대 횡단면적은 $0.78m^2$이고 파가 발생하는 수조에서 $0.5m/s$로 예인되고 있다. 배의 형상에 따른 항력계수는 다음과 같다.

$$C_D = 0.06/Re^{0.25} \qquad 10^4 < Re < 10^6$$
$$C_D = 0.0018 \qquad\qquad Re > 10^6$$

원형과 모형의 비는 1:50이고 이 모형 실험에 프루드 모형 법칙을 적용한다. 모형 실험에서 예인할 때 $0.40N$의 힘이 필요하였다면 원형 배의 총저항력을 구하여라.

[해답] $F_p = 44867.3N$

7.2.9 원유($\nu_{oil} = 1.248 \times 10^{-5}m^2/s$)가 직경 $1.5m$인 관속에서 $3.0m/s$의 유속으로 흐르고 있다. 직경이 $0.5m$인 관속에서 물($\nu_{water} = 1.299 \times 10^{-6}m^2/s$)이 흐를 때 역학적으로 상사법칙이 성립하려면 물의 유속은 얼마인가?

[해답] $V_w = 1.041m/s$

7.2.10 모형의 여수로에서 단위폭당 유량이 $200l/s$로 흐른다. 모형을 1:25로 축소시켰다면 원형의 여수로에서 유량은 얼마인가?

[해답] $q_p = 25.0m^3/s/m$

7.1 원형 댐의 월류량이 $400m^3/s$이고, 수문을 개방하는 데 필요한 시간이 40초라 할 때 1/50 모형에서의 유량과 개방시간은? (단, g_r은 1로 가정한다.)

    가. $Qm=0.0226m^3/s$, $Tm=5.657\text{sec}$ 나. $Qm=1.6232m^3/s$, $Tm=0.825\text{sec}$

    다. $Qm=56.560m^3/s$, $Tm=0.825\text{sec}$ 라. $Qm=115.00m^3/s$, $Tm=5.657\text{sec}$

[정답 : 가]

7.2 축척이 1:50인 하천 수리모형에서 원형 유량 $10,000m^3/\text{sec}$에 대한 모형 유량은?

    가. $0.401m^3/\text{sec}$ 나. $0.566m^3/\text{sec}$ 다. $14.412m^3/\text{sec}$ 라. $28.284m^3/\text{sec}$

[정답 : 나]

7.3 수리학적 완전상사를 이루기 위한 조건이 아닌 것은?

    가. 기하학적 상사(geometric similarity)

    나. 운동학적 상사(kinematic similarity)

    다. 동력학적 상사(dynamic similarity)

    라. 대수학적 상사(algebraic similarity)

[정답 : 라]

7.4 개수로 내의 흐름에서 가장 많이 적용되는 수류 상사법칙은?

    가. Reynolds의 상사법칙   나. Froude의 상사법칙

    다. Mach의 상사법칙   라. Weber의 상사법칙

[정답 : 나]

7.5 흐름을 지배하는 가장 큰 요인이 점성일 때 흐름의 상태를 구분하는 방법으로 쓰이는 무차원수는?

    가. Froude 수   나. Reynolds 수   다. Weber 수   라. Cauchy 수

[정답 : 나]

참고문헌

1. 김민환, 수리학연습, 새론.

2. 송재우, 수리학, 구미서관.

3. 김경호외, 토목유체역학, 사이텍미디어.

4. 안수한, 수리학, 동명사.

5. 우효섭, 하천수리학, 청문각.

6. 윤용남, 수리학, 청문각.

7. 이택식, 유체역학, 동명사.

8. 이원환, 수리학, 문운당.

9. 최영박외, 현대수리학, 구미서관.

10. 시오노 나나미, 로마인 이야기 10-모든 길은 로마로 통한다, 한길사.

11. 水村和正, 基礎水理學, 共立出版.

12. Chadwick, A and Morfett, J., Hydraulics in Civil and Environmental Engineering, E & FN SPON.

13. Chow, Open Channel Hydraulics, McGraw-Hill.

14. Hwang, Ned H C, Fundamentals of Hydraulic Engineering Systems, Prentice-Hall

찾아보기

ㄱ

개수로 79
검사체적 84
경사액주계 44
경심 58
경심고 58
계기압력 37
관망 172
관수로 79
교차점 방정식 172
국지대기압 37
급경사 226
급변류 194
기하학적 상사 302

ㄴ

난류 81
뉴턴유체 24

ㄷ

단위중량 21
대응수심 218, 220
도수현상 229
동력학적 상사 309
동수반경 111
동수경사선 88
동압력 89

ㄷ

동점성계수 24
등가(等價)길이 관 159
등가조도계수 203
등류 80
등류 수로경사 209
등류수심 226

ㄹ

레이놀즈 상사법칙 304
레이놀즈 수 82

ㅁ

마하(Mach) 수 305
모(세)관현상 25
모관고 26
무디도표 138
미소손실 144
미차액주계 44
밀도 21

ㅂ

발달거리 81
배수곡선 235
버킹검(Buckingham)의 π 정리 297
베르누이 방정식 88
베르누이의 에너지방정식 88
변(화)류 194

변류함수 243
복원모멘트 58
복합조도계수 203
부등류 91
부력 54
부정류 80, 192
부착력 25
불완전상사법칙 307
불완전월류 283
비뉴턴유체 24
비력 227
비에너지 217
비정상-등류 195
비정상-부등류 195
비정상류 192
비중 21

ㅅ

사류(射流) 196
사이폰 164
상류(常流) 196
상대조도 136
상한계 레이놀즈 수 82
손실수두 109
수리상 유리한 단면 209
수리특성곡선 213
수압관 44
수중웨어 283
수축단면 275

ㅇ

아르키메데스 원리 54
압축성 26
압축률 27
에너지선 88

역사이펀 166
역적 99
연속방정식 84, 95
연직액주계 44
오리피스 92
오일러 운동방정식 86, 98
완경사 226
완전 발달 흐름영역 126
완전월류 283
왜곡모형 308
운동량 99
운동량방정식 99
운동학적 상사 302
위치압력 89
유관 79
유량 77
유선 78
유선방정식 79
유속 77
유속계 271
유적 77
유적선 78
응집력 25
입구영역 126

ㅈ

자유수면 79
잠수웨어 283
저하곡선 236
전단력 23
전도모멘트 58
전수압 36
점변류 194
점변류의 수면곡선식 233
점성계수 24

접근유속수두 279
정류 192
정상-등류 194
정상-부등류 194
정상류 79, 192
정수압 35
정수역학 35
정압력 88
정체압력 89
주장력공식 57
중량유량 85
질량유량 85

ㅊ

체적유량 83
체적탄성계수 27
층류 81
층류저층 113
치폴리티(Cipolletti) 웨어 281

ㅌ

탄성 26
토리첼리 정리 93
통수능 205

ㅍ

파샬플룸 285
파스칼 원리 42
평균마찰응력 200
폐합회로 방정식 172
표면장력 26
표준대기압 37

프란시스(Francis) 공식 279
프루드 상사법칙 304
피토 정압관 270

ㅎ

하한계 레이놀즈 수 82
한계경사 225
한계등류 225
한계류 196
한계수심 218, 220
한계유속 81, 218
히스테리시스 82

기타

Cauchy 상사법칙 305
Cauchy 수 305
Chezy의 평균유속공식 140
Darcy-Weisbach 공식 132
Euler 상사법칙 306
Euler 수 306
Hagen-Poiseulle 법칙 131
Hardy Cross 방법 173
Kirchoff의 법칙 173
Kutter 공식 143
Manning의 평균유속공식 141
Navier-Stokes의 운동방정식 98
Strickler 공식 201
Stokes 법칙 268
Weber 상사법칙 305
Weber 수 305
Williams-Hazen 공식 142

수리학

초판발행 2014년 7월 3일
초판 2쇄 2019년 8월 21일

저   자 김민환, 정재성, 최재완
펴 낸 이 김성배
펴 낸 곳 도서출판 씨아이알

책임편집 박영지
디 자 인 김나리, 윤미경
제작책임 김문갑

등록번호 제2-3285호
등 록 일 2001년 3월 19일
주   소 (04626) 서울특별시 중구 필동로8길 43(예장동 1-151)
전화번호 02-2275-8603(대표)
팩스번호 02-2265-9394
홈페이지 www.circom.co.kr

I S B N 979-11-5610-046-1 93530
정   가 18,000원